本书获“土壤肥料学通论”线下一流课程建设项目（XXYL202215）资助

土壤肥料学实验

施娴　刘艳红　孟衡玲◎主编

图书在版编目（CIP）数据

土壤肥料学实验 / 施娴，刘艳红，孟衡玲主编. -- 哈尔滨：哈尔滨出版社，2024.1

ISBN 978-7-5484-7700-6

Ⅰ. ①土… Ⅱ. ①施… ②刘… ③孟… Ⅲ. ①土壤肥力—实验 Ⅳ. ① S158-33

中国国家版本馆 CIP 数据核字（2024）第 039642 号

书　　名：土壤肥料学实验
TURANG FEILIAOXUE SHIYAN

作　　者：施　娴　刘艳红　孟衡玲　主编
责任编辑：王嘉欣
封面设计：叶杨杨

出版发行：哈尔滨出版社（Harbin Publishing House）
社　　址：哈尔滨市香坊区泰山路 82-9 号　　邮编：150090
经　　销：全国新华书店
印　　刷：武汉鑫佳捷印务有限公司
网　　址：www.hrbcbs.com
E-mail：hrbcbs@yeah.net
编辑版权热线：（0451）87900271　87900272

开　　本：787mm × 1092mm　1/16　印张：20　字数：297 千字
版　　次：2024 年 1 月第 1 版
印　　次：2024 年 1 月第 1 次印刷
书　　号：ISBN 978-7-5484-7700-6
定　　价：96.00 元

土壤肥料学实验

编委会

主　编： 施　娴　刘艳红　孟衡玲

编　委： 陈永川　杨　萍

前　言

根据国家地方本科院校教育改革发展的要求和本校教育课程改革的趋势，围绕植物生产类专业岗位，根据土壤利用、改良、肥料知识和技能的要求，以土壤改良、培肥和科学合理施肥为主线，按照“项目导向、任务驱动、工学结合、校企合作”等应用型人才教育教学理念，对农学、植物保护、设施农业科学与工程、园艺、园林、草业科学、蔬菜等植物生产类专业开设的土壤肥料学课程进行教学内容重新梳理和构建，以项目化的形式对教学内容中土壤和肥料两部分内容进行选择、组织和整合等，将土壤和肥料两部分理论知识贯通于技能训练的过程中，突破传统教材体系模式，进行教材的编写工作。

本教材共设计了七个项目单元，各项目单元中又设置若干的任务，各任务中包括任务实施等过程。本教材按项目提出、项目目标、任务描述、知识准备和任务实施等板块编写，以引导学习者完成项目中各个任务，做到理论联系实际。与传统教材相比，本教材完全以学习者完成工作任务为目标，突出职业技能和综合职业素质的培养。

本教材适用于高等院校植物生产类专业，如农学、植物保护、设施农业科学与工程、园林、园艺、蔬菜、森林保护、草业科学等，亦适用于中等职业学校种植类专业如现代农艺、果蔬花卉生产、设施农业生产、园林绿化等，同时可用于培训农业科技实用人才和新型职业农民。

本教材项目一、项目二、项目三、项目五、项目六由施娴执笔，项目四由陈永川、杨萍执笔，项目七由孟衡玲执笔，刘艳红负责全文统稿。

由于本书是按项目化教学设置项目任务，对内容进行选择、组织、整合和融合，在编写上存在一定难度；加之编者水平有限，编写时间短，难免会出现错误和不妥之处，恳请提出宝贵意见和建议，对错误之处，敬请指正。

编者

2023 年 10 月

目　录

项目一　田间识土

[项目提出]

土壤是农业基本生产资料和生产的基地，人类的食物如粮食、水果、蔬菜、蛋、肉、奶等都是通过农业生产获得的，因此土壤的重要性不言而喻。农业生产主要包括土壤管理、动物生产和植物生产三个重要环节。植物生产主要通过绿色植物的光合作用生产有机物质，其产品可直接作为粮食或工业原料被人类直接利用，也可作为饲料、饵料用于动物生产，从而为人类提供丰富的动物性食品和其他产品。农业生产中的废弃物通过耕作归还土壤，继续参与土壤物质循环，更新和提高土壤有机质含量，从而维持和提高土壤的生产能力。

土壤不仅是植物生长的载体，还能为植物生长提供必需的矿质营养元素。同时，植物生长所需的水分和养分可通过其根系从土壤中吸收。因此，无论是植物生产还是动物生产，都离不开土壤。

土壤作为陆地生态系统的重要组成部分，处在岩石圈、水圈、大气圈和生物圈交界面上，各种物质和能量大多数需要通过土壤进行交流，因而土壤的污染会对人类造成极大的危害。它不仅直接导致粮食减产，而且可能通过食物链影响人类的健康。此外，土壤中的污染物可以通过地下水和物质转移对人类生存环境的多个层面造成不良影响和危害。因此，不合理的土壤利用会导致土壤流失、土地退化和土壤污染等问题，进而影响整个生态系统。

土壤是非常重要的自然资源，从某种意义上说，它是一种不可再生资源，主要是因为土壤的形成和更新速度非常缓慢，而土壤质量的破坏却十

分迅速。因此，应熟悉地形地貌特征及分布规律，辨识土地类型和土壤形态，摸清土壤底细，客观准确评价土壤资源，进行合理的开发利用和保护，不断提高土壤资源的利用效率，维护和改善生态环境，以保障农业的可持续发展。

任务一　主要造岩矿物和成土岩石的观察鉴定

[任务描述]

土壤是由固相、液相和气相三种物质组成的疏松多孔体。其中，固相物质即固体土粒，约占土壤总体积的 50%，包括矿物质和有机质，矿物质占总体积的 38% 以上，有机质占 12% 左右。土壤是由母质发育而成，母质是岩石风化的产物，岩石是矿物的集合体，而矿物本身又具有自己的化学组成和物理性质。岩石风化形成的矿物颗粒统称为土壤矿物质。

土壤矿物质，如按质量计，一般占土粒的 95% 以上。因此，矿物质就成为土壤的“骨架”，它是植物矿质营养的源泉，也是影响土壤肥力的决定性因素之一。因此，本任务通过学习主要造岩矿物和成土岩石，了解土壤母质。

[知识准备]

1 土壤矿物质

1.1 土壤矿物质分类

土壤矿物质来源于土壤母质，组成土壤矿物质的部分矿物被称为成土矿物，常见的成土矿物有数十种。按其成因可分为原生矿物和次生矿物两类（详见表 1–1）。原生矿物是指在风化过程中未改变化学组成而遗留在土壤中的一类矿物称为原生矿物，主要是一些石英、长石等原生铝硅酸盐类，这类矿物比较稳定、较难风化，构成了土壤中较大颗粒的组成物质，占据了土壤矿物的大部分比例，构成了土壤的“骨架”。次生矿物指原生矿物在风化和成土作用下，形成的新矿物，主要存在于土壤中的细小颗粒部分，是土壤黏粒的主要组成部分，也是土壤中最活跃的部分。次生矿物种类很多，可分为三类：①成分简单的盐类，如各种碳酸盐、重碳酸盐、硫酸盐、氯化物等；②成分复杂的各种次生铝硅酸盐矿物，也称黏土矿物或黏粒矿物，与土壤中的腐殖质一起构成土壤胶体；③各种晶质和非晶质的含水硅、铁、铝的氧化物。次生矿物在土壤中比例较小，但对土壤的物理、化学和生物学特性产生着深刻的影响。

表 1–1　主要成土矿物

种类	名称	化学成分	风化特点和分解产物
原生矿物	石英	SiO_2	不易风化，是土壤中砂粒的主要来源
	正长石 斜长石	$K[AlSi_3O_8]$ $nNaAlSi_3O_8 \cdot mCaAl_2Si_2O_8$	不易风化，是土壤中沙粒的主要来源。斜长石呈现白色或灰白色，玻璃光泽
	白云母 黑云母	$KAl_2[AlSi_3O_{10}](OH)_2$ $K(Mg, Fe)_3[AlSi_3O_{10}](OH)_2$	白云母不易化学风化，易破碎，黑云母易风化，均形成黏粒，是土壤中钾素和黏粒的主要来源
	角闪石 辉石	$Ca_2Na(Mg, Fe)_4(Al, Fe)[(Si, Al)_4O_{11}]_2(OH)_2$ $Ca(Mg, Fe, Al)[(Si, Al)_2O_6]$	易风化，风化后形成黏粒，并释放出盐基养分
	橄榄石	$(Mg, Fe)_2[SiO_4]$	容易风化，风化分解后形成褐铁矿、二氧化硅及蛇纹石等次生矿物
次生矿物	方解石 白云石	$CaCO_3$ $CaMg[CO_3]_2$	易风化，易受碳酸作用溶解移动，是土壤中碳酸盐和钙、镁的主要来源
	磷灰石	$Ca_5[PO_4]_3(F, Cl, OH)$	风化后是土壤中磷素的主要来源
	赤铁矿 褐铁矿 磁铁矿 黄铁矿	Fe_2O_3 $Fe_2O_3 \cdot H_2O$ Fe_3O_4 FeS_2	赤铁矿和褐铁矿分布很广，特别在热带土壤中最为常见，是土壤的染色剂。磁铁矿难以风化，但可氧化成赤铁矿和褐铁矿。黄铁矿分解形成的硫酸盐是土壤中硫的主要来源
	高岭石 蒙脱石 伊利石	$Al_4[Si_4O_{10}](OH)_8$ $(Na, Ca)_{0.33}(Al, Mg)_2[Si_4O_{10}](OH)_2 \cdot nH_2O$ $(K, H_3O)Al_2[(Al, Si)Si_3O_{10}][(OH)_2, H_2O]$	是长石、云母风化后形成的次生矿物，是土壤中黏粒的主要来源

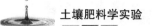

1.2 土壤矿物质的化学组成

土壤矿物质的化学组成非常复杂，几乎包括了地壳中所有的元素。其中，氧、硅、铝、铁、钙、镁、钠、钾、钛、碳 10 种元素占据了土壤矿物质总质量的 99% 以上，这些元素中以氧、硅、铝、铁四种元素含量最多，一般以氧化物的形态来表示，如 Si_2O_3、Al_2O_3 和 Fe_2O_3，约占土壤矿物质部分总质量的 75% 以上。

2 土壤的机械组成

2.1 土壤粒级

土壤粒级分类，一般根据土粒当量粒径将土粒分为石砾、砂粒、粉砂粒和黏粒四级，每级大小的具体标准各国不尽相同，但大同小异。新中国成立前，我国多采用国际制，新中国成立后，采用国际制和苏联制并用，以后者为主粒级分类。现将四种标准分述如下。

（1）国际制土粒分级标准：国际制是由瑞典土壤学家 A. Tterberg 于 1905 年提出，并经 1930 年第二届国际土壤学会讨论通过的粒级划分标准。其特点是基于十进位制，以粒径 2 mm 为土粒的上限，以小于 0.002 mm 为土粒的下限，国际制的划分界限简单、容易掌握（详见表 1–2）。

（2）美国农部制土粒分级标准：美国农部制由美国农业部 1951 年拟定。其特点是砂粒的划分标准比国际制更细致，将砂粒再细分成五级；砂粒和黏粒的上限与国际制相同，只有粉粒的上限与国际制不同（详见表 1–3）。

表 1–2　国际制土粒分级标准

粒级		粒径 /mm
石砾		＞2
砂粒	粗砂粒	2 ~ 0.2
	细砂粒	0.2 ~ 0.02
粉砂粒		0.02 ~ 0.002
黏粒		＜0.002

表 1–3　美国农部制土粒分级标准

粒级名称		粒径 /mm
石块		> 3.0
石砾		3 ~ 2
砂粒	极粗砂粒	2 ~ 1
	粗砂粒	1 ~ 0.5
	中砂粒	0.5 ~ 0.25
	细砂粒	0.25 ~ 0.1
	极细砂粒	0.1 ~ 0.05
粉粒		0.05 ~ 0.002
黏粒		< 0.002

（3）苏联制土粒分级标准：苏联制又称卡庆斯基制，是以粒径 1 mm 为土粒的上限，以粒径小于 0.001mm 为土粒的下限。先把所有颗粒分为石砾（大于 1 mm）、物理性砂粒（1 ~ 0.01 mm）、物理性黏粒（小于 0.001 mm）。物理性砂粒和物理性黏粒这两大粒级的相对含量，将是土壤质地分类的主要依据。这两大粒级进一步细分，又可分出粗、中、细砂粒，粗、中、细粉粒和粗、细黏粒及胶粒等级（详见表 1–4）。

表 1–4　苏联制土粒分级标准（1957）

粒级名称		粒径 /mm
石块		> 3
石砾		3 ~ 1
砂粒	粗砂粒	1 ~ 0.5
	中砂粒	0.5 ~ 0.25
	细砂粒	0.25 ~ 0.05
粉粒	粗粉粒	0.05 ~ 0.01
	中粉粒	0.01 ~ 0.005
	细粉粒	0.005 ~ 0.001
黏粒	粗黏粒	0.001 ~ 0.000 5
	细黏粒	0.000 5 ~ 0.000 1
	胶粒	< 0.000 1

（4）我国土粒分级标准：早在 1937 年熊毅首次提出了土粒分级标

准；之后，在 1959 年、1961 年、1978 年分别由邓时琴、田积莹、南京土壤研究所和西北水土保持研究所协作组提出。1982 年，邓时琴再次修改了分级标准（详表 1–5）。中国的粒级分类标准参考了美国农部制和苏联制，砂粒和粉粒的上限均与苏联制相同，但黏粒的上限与美国农部制和国际制相同。目前，虽然我国已经发布了几个版本的土粒分级标准，但是应用并不广泛。

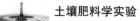

表 1–5　我国土粒分级标准

粒级名称		粒径 /mm
石块		＞ 3
石砾		3 ~ 1
砂粒	粗砂粒	1 ~ 0.25
	细砂粒	0.25 ~ 0.05
粉粒	粗粉粒	0.05 ~ 0.01
	中粉粒	0.01 ~ 0.005
	细粉粒	0.005 ~ 0.002
黏粒	粗黏粒	0.002 ~ 0.001
	细黏粒	＜ 0.001

2.2 各粒级的组成

（1）矿物组成：由于岩石中各种矿物抵抗风化的强弱不同，造成各粒级土粒的矿物组成有较大差别。由图 1–1 可以看出，砂粒和粉粒主要是由各种原生矿物组成的，其中以石英最多，其次是原生硅酸盐矿物。而土壤黏粒部分的矿物组成则完全不同。在黏粒中，原生矿物很少，基本上是次生矿物，主要包括高岭石、蒙脱石和伊利石三类，以及铁、铝等的氧化物和氢氧化物。

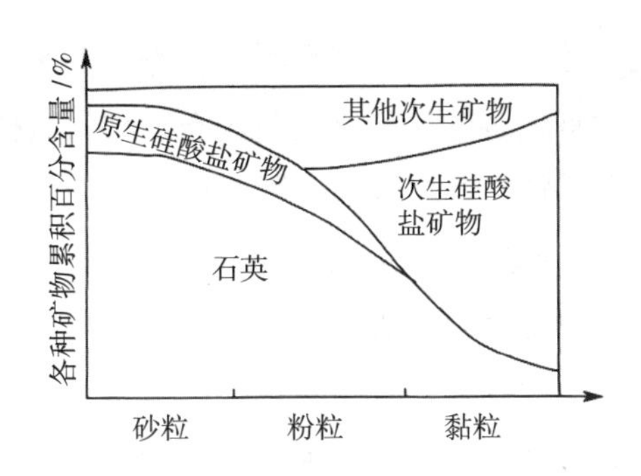

图 1–1　土壤颗粒的矿物组成示意图

（2）化学组成：各个粒级的矿物组成不同，它们的化学组成也不同。砂粒和粉粒以石英和长石等原生矿物为主，二氧化硅含量较高；在黏粒中，则以次生硅酸盐矿物为主，铁、钾、钙、镁等的含量较多。

3 岩石

3.1 主要成土岩石

主要的成土岩石是一种或数种矿物的集合体。根据其成因可分为三类。

（1）岩浆岩：由岩浆冷凝而成。岩浆岩的共同特征是没有层次和化石。当岩浆侵入地壳在深处逐渐冷凝而成的岩石叫侵入岩，冷却慢，结晶粗，如花岗岩、正长岩等；岩浆喷出地面而冷凝形成的岩石叫喷出岩，冷却快，结晶细，呈多孔斑状结构，如玄武岩等。

（2）沉积岩：由各种先成的岩石经风化、搬运、沉积、重新固积而成，或由生物遗体堆积而成的岩石称为沉积岩。沉积岩有层次性，常含有生物化石，如砾岩、页岩、砂岩、石灰岩等。

（3）变质岩：在高温高压下，岩石中的矿物发生重新结晶或结晶定向排列而形成的岩石称为变质岩。岩石致密坚硬，不易风化，呈片状组织，如片麻岩、石英岩、大理岩、板岩等。

常见的主要成土岩石列于表 1–6。由表 1–6 可以看出，不同岩石矿物与土壤的化学组成和物理性质密切相关。首先，对土壤质地的影响较大，在花岗岩、石英岩、片麻岩、砾岩地区的土壤中，因含石英较多，形成了

很多砂粒，质地粗，通透性好，保水保肥能力差；在玄武岩、页岩地区的土壤中，因岩石中含有较多的黑云母、角闪石、辉石、橄榄石等易风化的深色矿物，形成较多黏粒，通透性差，保水保肥能力强。其次，对土壤养分含量的影响也较大，母质中含正长石、云母较多时，土壤含钾素较多；含有磷灰石的土壤含磷量高；含辉石、角闪石、橄榄石和褐铁矿的土壤，则含有较多的钙、镁、铁等养分；含石英多的土壤养分贫乏。此外，岩石类型也会影响土壤的酸碱度，石灰岩地区形成的土壤一般偏碱性；南方花岗岩地区的土壤一般偏酸性。

表 1–6　主要成土岩石

种类	名称	矿物成分	风化特点和分解产物
岩浆岩（火成岩）	花岗岩与流纹岩	主要含石英、正长石、云母及少量角闪石等	含二氧化硅 65% 以上，称为酸性岩，易发生物理风化，石英变成砂粒，正长石变成黏粒，且钾素丰富，形成的土壤母质砂黏适中
	正长岩与粗面岩	正长岩主要含正长石，粗面岩含正长石和角闪石	含二氧化硅 52% ~ 65%，为中性岩。较易风化形成大量黏土矿物，砂粒较少，含钾素多
	辉长岩与玄武岩	辉长岩主要由辉石及少量角闪石和黑云母组成。玄武岩主要由辉长石、斜长石组成	含二氧化硅 42% ~ 52%，为基性岩（碱性岩）。易风化成黏土，含钙、镁、铁等盐基较多
	闪长岩与安山岩	主要由斜长石、角闪石组成，含少量云母和辉石	为中性岩，易风化，风化产物含黏粒多，钙、镁等盐基成分较多
沉积岩（水成岩）	砾岩	由直径大于 2 mm 的碎石砾胶结而成	圆形石砾胶结而成的不易风化，角砾岩易风化，风化产物含砂粒砾石多，养分贫乏
	砂岩	由 0.1 ~ 2mm 的砂粒胶结而成	不易风化，风化后形成的土层薄，砂粒多
	页岩	由黏土经压实脱水和胶结作用硬化而成	易风化，风化产物含黏粒多，养分含量多
	石灰岩	由碳酸钙沉积胶结而成	易风化，形成土壤土层薄，质地黏重，富含钙质
变质岩	片麻岩	由花岗岩经高温高压变质而成	呈片状结构，有条带状特征，对土壤影响与花岗岩相似
	板岩	由泥质页岩变质而成	较粗脆，较难风化，风化土壤母质较黏
	石英岩	由砂岩变质而成	极硬，不易风化，形成砂质土或砾质土，质地粗
	大理岩	由石灰岩变质而成	性质与石灰岩相似

3.2 岩石的风化

风化是指岩石、矿物在外界因素和内部因素的共同作用下，逐渐发生崩解和分解的过程。按其作用因素和风化特点，可分为以下三种类型。

（1）物理风化：指外力作用使岩石、矿物发生崩解和破碎，但不改变其化学成分和结构的过程。这种外力作用可分为温度作用、结冰作用以及水流和大风的磨蚀作用等。

（2）化学风化：指岩石、矿物在水、二氧化碳等因素的作用下，发生化学变化而产生新物质的过程。这种风化过程包括溶解、水化、水解和氧化。

（3）生物风化：指岩石矿物在生物及其分泌物或有机质分解产物的作用下，进行的机械破碎和化学分解的过程。

自然界的物理风化、化学风化和生物风化作用绝不是单独进行的，而是相互联系、相互促进的，只是在不同条件下各种因素的作用强度不同而已。岩石矿物经过风化，破碎成疏松的堆积物，形成土母质。

4 主要造岩矿物和成土岩石的认识

4.1 性质

主要造岩矿物和成土岩石的性质如下。

（1）形态：矿物形态除表面为一定几何外形的单独体外，还常常聚集成各种形状的集合体，常见的有下列形态：柱状——由许多细长晶体平行排列组成，如角闪石；板状——形状似板，如透明石膏、斜长石；片状——可以剥离成极薄的片状体，如云母；粒状——大小基本相等并按一定规律排列的晶粒集合体，如橄榄石、黄铁矿；块状——具有结晶或非结晶形态的矿物，呈不规则的块状体，如结晶的块状石英、非结晶的蛋白石；土状——细小均匀的粉末状集合体，如高岭石；纤维状——晶体细小，纤细且平行排列，如石棉；鲕状——似鱼卵状的圆形小颗粒集合体，如赤铁矿；豆状——集合体呈圆形或椭圆形，大小似豆，如赤铁矿。

（2）颜色：矿物的颜色是人们首先注意到的特征之一，也是矿物的重要特征之一。一般来说，颜色是光的反射现象。如孔雀石为绿色，是孔雀石吸收绿色以外的色光而独将绿色反射所致。矿物的颜色根据其成色物质的不同，可以分为自色、他色和假色。自色是指矿物本身所含的化学成分中具有的色素所表现出来的颜色，如石英的白色。他色是指矿物因含外来的带色杂质所形成的颜色，如无色透明的石英（水晶）因锰的混入而被染成紫色，即他色。假色是指矿物内部裂缝、解理面及表面由于氧化膜的干涉效应而呈现的颜色。

（3）条痕：矿物粉末的颜色称为条痕。将矿物在无釉瓷板上擦划（注意矿物的硬度必须小于瓷板），留在瓷板上的颜色即条痕。条痕对有色矿物具有鉴定意义。

（4）光泽：矿物表面对入射光线的反射能力称为光泽。按其表现可分为：金属光泽，如黄铁矿；半金属光泽，如赤铁矿；非金属光泽，如玻璃光泽，即石英晶面；油脂光泽，如石英断口面；丝绢光泽，如石棉；珍珠光泽，如白云母；土状光泽，如高岭石。

（5）硬度：矿物抵抗刻划的能力称为硬度。在确定硬度时，常使用两个矿物相对刻划的方法进行比较，得出其相对硬度。硬度的大小以摩氏硬度表的十种矿物做标准，从滑石到金刚石依次定为十个等级，其排列次序如下：

代表矿物	滑石	石膏	方解石	萤石	磷灰石	长石	石英	黄玉	刚玉	金刚石
硬度等级	1	2	3	4	5	6	7	8	9	10

在野外，可用指甲（硬度 2 ~ 2.5）、回形针（3）、玻璃（5）、小刀（5 ~ 5.5）、钢锉（5 ~ 7）代替标准硬度计。

（6）解理：矿物受击后沿一定方向裂开成光滑平面的性质称为解理，矿物破裂时呈现有规则的平面称为解理面，按其裂开的难易程度、解理面的厚薄、大小和平整光滑程度，我们可以将解理分为以下几个等级。极完全解理——解理面非常平滑，可以裂成薄片状，如云母。完全解理——解理面平滑，不易发生断口，往往可沿解理面裂成小块，其外形仍与原来的晶形相似，如方解石的菱面体小块。中等解理——在矿物碎块上既可看到解理面，又能看到断口，如长石、角闪石。不完全解理——在矿物的碎块上很难看到明显的解理面，大部分为断口，如灰磷石。无解理——矿物碎块中除晶面外，找不到其他光滑的面，如石英。必须指出，在同一矿物上可以出现不同方向和不同程度的多向解理。例如，云母具有一向极完全解理，长石、辉石具有二向完全解理，方解石具有三向完全解理等。

（7）断口：矿物受击后产生不规则的破裂面，称为断口。在解理不发达或者非结晶矿物受击后，容易发生断口。其形状有：贝壳状（如石英的断口）、参差状（如自然铜）、平坦状（如磁铁矿）等。同一矿物，解理和断口的性质表现出互为消长的关系，如极完全解理的云母则不易形成断口。

（8）盐酸反应：含有碳酸盐的矿物与盐酸反应会产生气泡，其反应式为 $CaCO_3+2HCl \rightarrow CaCl_2+CO_2\uparrow+H_2O$。根据与 10% 的盐酸发生反应时产生气泡的程度，我们可以将其分为四级：低——产生细小的气泡；中——产生明显的气泡；高——产生强烈的气泡；极高——产生剧烈的气泡，呈沸腾状。

4.2 认识各种矿物

根据表 1–7 所列项目，认识各种矿物。

表 1–7　各种矿物的性质和风化特点

<table>
<tr><th>特征名称</th><th>形状</th><th>颜色</th><th>条痕</th><th>光泽</th><th>硬度</th><th>解理</th><th>断口</th><th>10% HCl 反应</th><th>其他</th><th>风化特点与分解产物</th></tr>
<tr><td>石英</td><td>六方柱、粒或块状</td><td>无、白</td><td></td><td>玻璃油脂</td><td>7</td><td>无</td><td>贝壳状</td><td></td><td>晶面上有条纹</td><td>不易风化、难分解，是土壤中砂粒的主要来源</td></tr>
<tr><td>正长石</td><td>板状、柱状</td><td>肉红为主</td><td></td><td rowspan="2">玻璃</td><td>6</td><td rowspan="2">二向完全</td><td rowspan="2"></td><td rowspan="2"></td><td></td><td rowspan="2">风化后产生黏粒、二氧化硅和盐基物质，正长石含钾较多，是土壤中钾素来源之一</td></tr>
<tr><td>斜长石</td><td>板状</td><td>灰白为主</td><td></td><td>5 ~ 6.5</td><td>解理面上可见双晶条纹</td></tr>
</table>

续表

特征名称	形状	颜色	条痕	光泽	硬度	解理	断口	10% HCl反应	其他	风化特点与分解产物
白云母	片状、板状	无	白	玻璃珍珠	2 ~ 3	一向极完全			有弹性	白云母抗风化分解能力较黑云母强，风化后均能形成黏粒。释放大量钾素，是土壤中钾素和黏粒来源之一
黑云母		黑褐	浅绿							
角闪石	长柱状	暗绿、灰黑		玻璃	5.5 ~ 6	二向完全	参差状			容易风化分解产生含水氧化铁、含水氧化硅及黏粒。并释放大量钙、镁等元素
辉石	短柱状	深绿、褐黑			5 ~ 6					
橄榄石	粒状	橄榄绿		玻璃油脂	6.5 ~ 7	不完全	贝壳状			易风化形成褐铁矿、二氧化硅以及蛇纹石等次生矿物
方解石	菱面体或块体	白、灰黄等		玻璃	3	三向完全		强		易受碳酸作用溶解移动，但白云石比方解石稍稳定，风化后释放出钙、镁元素，是土壤中碳酸盐和钙、镁的重要来源
白云石					3.5 ~ 4			弱		
磷灰石	六方柱或块状	绿、黑、黄灰、褐		玻璃油脂	5	不完全	参差状贝壳状			风化后是土壤中磷素营养的主要来源
石膏	板状、针状、柱状	无、白		玻璃、珍珠、绢丝	2	完全				溶解后为土壤中硫的主要来源
赤铁矿	块状、鲕状、豆状	暗红至铁黑	樱红	半金属、土状	5.5 ~ 6	无				易氧化，分布很广，特别在热带土壤中最为常见
褐铁矿	块状、土状、结核状	黑、褐、黄	棕黄	土状	4 ~ 5					其分布与赤铁矿同
磁铁矿	八面体、粒状、块状	铁黑	黑	金属	5.5 ~ 6	无			磁 性	难风化，但也可氧化成赤铁矿和褐铁矿
黄铁矿	立方体、块状	铜黄	绿黑	金属	5 ~ 6.5	无			晶面有条纹	分解形成硫酸盐，为土壤中硫的主要来源
高岭石	土块状	白、灰、浅黄	白、黄	土状		无			有油腻感	由长石、云母风化形成的次生矿物，颗粒细小，是土壤黏粒矿物之一

5 主要成土岩石的观察

组成地壳的岩石按其成因不同分为三大类，即由岩浆冷凝而成者称岩浆岩；由各种沉积物经硬结而成者称沉积岩；由原生岩经高温、高压以及化学性质活泼的物质作用后发生了变质的岩石称变质岩。三者由于成因不同，在各自的组成、结构和构造方面都有较大的差异。肉眼鉴定岩石的方法，主要是通过观察岩石的颜色、矿物组成、结构、构造等方面的特征，以区分其所属的岩类并确定其名称。

5.1 颜色

岩石的颜色取决于其中矿物的颜色。观察岩石的颜色，有助于了解岩石的矿物组成，如岩石深灰或黑色是含有深色矿物所致。

5.2 矿物组成

岩浆岩的主要矿物包括石英、长石、云母、角闪石、辉石和橄榄石。沉积岩除了含有石英、长石等主要矿物外，还可能含有方解石、白云石、黏土矿物和有机质等。变质岩的矿物组成除石英、长石、云母、角闪石、辉石外，还常含变质矿物，如石榴石、滑石、蛇纹石、绿泥石和绢云母等。

5.3 结构

（1）岩浆岩结构：指岩石中矿物的结晶程度、颗粒大小、形状以及它们相互组合的关系。其主要结构类型包括：全晶等粒、隐晶质、斑状和玻璃质（非结晶质）。

①全晶等粒结构：岩石中矿物晶粒在肉眼或放大镜下可见，且晶粒大小一致，如花岗岩。

②隐晶质结构：岩石中矿物全为结晶质，但晶粒很小，肉眼或放大镜无法看出晶粒。

③斑状结构：岩石中矿物颗粒大小不等，包括粗大的晶粒和细小的晶粒，或隐晶质甚至玻璃质（非晶质）。大的晶粒称为斑晶，其他的被称

为石基，如花岗斑岩。

（2）沉积岩结构：指岩石的颗粒大小、形状和结晶程度所形成的特征。常见的沉积岩结构有：碎屑结构（砾、砂、粉砂）、泥质结构、化学结构和生物结构等。

①碎屑结构：碎屑物经胶结而成。胶结物可能含有钙质、铁质、硅质、泥质等成分。按碎屑的大小来划分有：砾状结构——大于 2mm 的碎屑胶结而成的岩石，如砾岩；砂粒结构——碎屑颗粒直径为 2 ~ 0.1mm 者，如砂岩；粉砂结构——碎屑颗粒直径为 0.1 ~ 0.01mm 者，如粉砂岩。

②泥质结构：颗粒非常细小，由直径小于 0.01mm 的泥质组成，彼此紧密结合，呈致密状，如页岩、泥岩。

③化学结构：由化学原因形成，有晶粒状、隐晶状、胶体状（如鲕状、豆状）。为化学岩所特有，如粒状石灰岩。

④生物结构：由生物遗体或生物碎片组成，如生物灰岩。

（3）变质岩结构：变质岩多半具有结晶质，其结构含义与岩浆岩相似，有等粒状、致密状或斑状等。在结构命名上，为了区别起见，特加上“变晶”二字，如等粒变晶、斑状变晶、隐晶变晶。

5.4 构造

（1）岩浆岩构造：指矿物颗粒之间的排列方式和填充方式所表现出的整体外貌。一般有块状、流纹状、气孔状、杏仁状等构造。块状构造——岩石中矿物的排列完全没有秩序，为侵入岩的特点，如花岗岩、闪长岩、辉长岩均为块状。流纹状构造——岩石中可以看到岩浆冷凝时遗留下来的纹路，为喷出岩的特征，如流纹岩。气孔状构造——岩石中具有大小不一的气孔，为喷出岩特征，如气孔构造的玄武岩。杏仁状构造——喷出岩中的气孔内被次生矿物填充，其形状如杏仁，常见的填充物有蛋白石、方解石等。

（2）沉积岩构造：指岩石中各物质成分之间的分布状态和排列关系所表现出来的外貌。沉积岩的最大特征是具有层理构造，即岩石表现出成层的性质。层理的面上常常保留有波浪、雨痕、泥裂、化石等地质现象，称为层面构造。

（3）变质岩构造：变质岩的构造受温度、压力两个变质因素的较大影响，其主要构造是片理构造，它是由片状或柱状矿物按照一定方向排列而成，由于变质程度的不同，矿物结晶颗粒的大小和排列情况也会有所不同，主要有下列几种构造：板状构造——变质较浅，变晶不全，劈开成薄板，片理较厚，如板岩。千枚状构造——能劈开成簿板，片理面光泽很强，变晶不大，在断面上可以看出是由许多非常薄的层所构成，故称千枚，如千枚岩。片状构造——能劈开成薄片，片理面光泽强烈，矿物晶粒粗大，为显晶变晶。片麻状构造——片状、柱状、粒状矿物呈平行排列，显现深浅相间的条带状，如片麻岩。块状构造或层状构造——矿物重结晶后呈粒状或隐晶质，在肉眼下一般很难看出它的片理构造，而呈块状或保持原来的层状构造，如大理岩、石英岩。

[任务实施]

1 工作准备

1.1 明确任务

对主要的造岩矿物和成土岩石进行肉眼观察鉴定。

1.2 准备用品

矿物和岩石标本、小刀、硬度计、小锤、放大镜、条痕板、稀盐酸等。

2 主要造岩矿物观察及记录

根据任务实施目的，自行对矿物标本进行综合观察。选定常见矿物标本（石英、长石、方解石、角闪石、辉石、橄榄石、黄铁矿、云母）做典型深入的分析、对比，并将观察情况记录在下表中（表 1–8）。

表 1-8　常见矿物观察记录表

标本编号	矿物名称	形态	光学性质			力学性质			其他性质
			颜色	光泽	透明度	解理	断口	硬度	

3 主要成土岩石观察及记录

根据任务实施目的，自行对岩石标本进行综合观察。选定外观相似但成因不同的岩石标本（如花岗岩与片麻岩、石英砂岩与石英岩、砾岩与斑岩等）做典型深入的分析、对比，并将观察情况记录在下表中（表 1-9，表 1-10，表 1-11）。

表 1-9　岩浆岩观察记录表

标本号	岩石名称	颜色	结构	构造	可见主要矿物成分

表 1-10　沉积岩观察记录表

标本号	岩石名称	颜色	碎屑物成分	胶结物成分	结构	其他特征

表 1-11　变质岩观察记录表

标本号	岩石名称	颜色	矿物成分	结构	构造	其他

[复习思考]

1. 矿物的分类依据是什么，分为哪些大类?

2. 简述用肉眼鉴定矿物的方法。

任务二　土壤剖面观察

[任务描述]

土壤是成土母质在一定水热条件和生物的作用下，经过一系列物理、化学和生物的作用而形成的。在这个过程中，母质与成土环境之间发生了一系列的物质和能量的交换和转化，形成了层次分明的土壤剖面，形成土壤的肥力特性。土壤作为一种自然体，与其他自然体一样，具有其本身特有的发生和发展规律。通过对土壤剖面的研究可了解土壤的成土因素和土壤的肥力特性，是认识土壤和区分土壤类型的重要方法之一。

本任务通过挖掘和观察土壤剖面的形态特征，并对周围的自然条件、水利设施、农业利用情况进行土壤生产性能调查，可以初步分析土壤的肥力状况，为土壤改良提供意见。

[知识准备]

1 土壤及土壤肥力

1.1 土壤定义

根据土壤学的定义，土壤是地球陆地表面由矿物质、有机质、水分、空气和生物组成的，具有肥力且能生长植物的疏松表层。该定义概述了土壤的地理位置（处于地球陆地表面）、组成成分（矿物质、有机质、水、空气和生物）、基本特性（具有肥力，适宜植物生长）以及物理状态（疏松多孔的结构）。

1.2 土壤肥力

植物在生长发育的过程中，土壤具有不断供应和协调植物正常生长发育所需的养分、水分、空气和热量和其他生活条件的能力，这种能力称为土壤肥力。狭义认为土壤肥力是指土壤供给植物必需养分的能力。

根据肥力产生的主要原因，可将土壤肥力分为自然肥力和人为肥力。自然肥力是指土壤在自然因素综合作用下形成的肥力；人为肥力是自然土壤经人类开垦耕种后，通过耕作、施肥、灌排、土壤改良等人为因素作用创造的肥力。自然土壤仅具有自然肥力，而农业土壤则兼有自然肥力和人为肥力。

根据土壤肥力在农业生产中的表现，可以将其分为有效肥力和潜在肥力。有效肥力是指在一定农业技术措施下，反映土壤生产能力的那部分肥力；潜在肥力是指受环境条件和科技水平限制暂无法在生产中直接体现的那部分肥力。潜在肥力和有效肥力之间没有明确的界限，它们相互联系和相互转化，受环境条件和土壤耕作、施肥管理水平等因素的影响。

土壤的植物生产性能还可以通过土壤生产力加以描述。土壤生产力是指在特定的管理制度下，土壤能够生产某种或某系列产品的能力。土壤肥力是土壤生产力的基础，但并不包含所有影响土壤生产力的因素。土壤生产力由土壤本身的肥力特性和外界条件的影响共同决定。

2 土壤形成因素及其在土壤发生中的作用

2.1 土壤形成因素

19 世纪末，俄国自然地理学家、土壤学家道库恰耶夫对俄罗斯大草原土壤进行调查，认为土壤是在母质、气候、地形、生物和时间五大成土因素综合作用下形成的。

2.1.1 母质对土壤发生的作用

成土母质是土壤物质形成的基础。成土母质主要是一些风化壳的表层，是原生基岩经过风化、搬运和堆积等过程于地表形成的一层疏松和年轻的地质矿物质层。母质的矿物组成和理化性质的差异，在其他成土因素的制约下，直接影响着成土过程的速度、性质和方向。例如，在石英含量较高的花岗岩风化物中，其含有的盐基成分（钾、钠、钙、镁）较少，在强淋溶下容易完全溶解，导致土壤呈酸性反应；而玄武岩、辉绿岩等风化物，因不含或少含石英，盐基丰富，抗淋溶作用较强。在我国，成土母质主要有以下六种类型：碳酸盐型母质、碎屑型母质、含盐型母质、硅铝型母质、富铝型母质和还原型母质。

2.1.2 气候对土壤发生的作用

就土壤形成而言，气候既是因素也是条件，以水文和热条件最为重要，影响着土壤中矿物质和有机质的物理作用、化学作用和生物化学作用。大气降水和太阳辐射是土壤水分和热量的根本来源。影响成土过程的气象因素主要包括降水量、降水分布、热辐射平衡、气温及其变幅、大气湿度、干燥度和风等。气候对土壤形成影响主要体现在两个方面：首先，气候直接参与母质的风化，水热状况直接影响矿物质的分解和合成；其次，气候控制着植物的生长和微生物的活动，进而影响有机质的积累和分解，决定物质循环的速度。

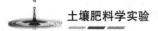

2.1.3 地形对土壤发生的作用

在成土过程中，地形是影响土壤与环境之间进行物质和能量交换的重要条件之一，与其他成土因素的作用不同，地形本身不能提供新的物质，并且与土壤之间并不存在物质和能量的交换。地形主要通过影响其他成土因素来影响土壤形成过程，表现为母质在地表的再分配。例如，平原土层厚，质地均匀，养分不易流失，而坡地土层薄，质地粗，养分易流失。此外，地形还影响着水、热、气等能量的分配情况，地形高低不同，坡向不同，地表水热状况不同。如随海拔高度的上升，地面辐射加强，气温呈规律性下降。

2.1.4 生物对土壤发生的作用

营养元素的生物学积累和循环在成土过程中起主导作用，直接的作用是绿色植物通过庞大的根系进行选择性的吸收，从而改变了某些元素和化合物在地质循环中的迁移特点和顺序，使部分营养元素得以集中和积累。大量的微生物参与了土壤有机质的转化过程，不仅为作物提供了大量的营养物质，而且形成了腐殖质，对土壤肥力具有重要作用。此外，生物活动还改变了周围环境的湿度、温度和空气状况，间接影响了土壤的性状。例如在针叶林植被下，形成强酸性的灰化土。

2.1.5 时间对土壤发生的作用

土壤的发生和发育必然需要经过相当长的时间，时间越长，土壤发生层的分化越明显，土壤个体发育越显著，土壤相对的年龄也越长。在土壤系统发育阶段和土壤类型的转化上，时间也具有重要的意义。

2.2 土壤剖面、发生层和土体构型

在土壤形成过程中，物质进行一系列的物理作用、化学作用和生物化学作用，某些物质发生富集、淋溶、迁移和沉积，土层发生侵蚀、堆积和扰动。这些变化土体自上而下发生分化，形成特定的土壤剖面构造和形态。因此，土壤剖面、发生层和土体构型是土壤发育的具体表现。

2.2.1 土壤剖面

土壤剖面是指具体土壤的垂直断面。一个完整的土壤剖面应包括土壤形成过程中生成的发生学层次和母质层。土壤发生层是指土壤形成过程中形成的具有特定性质和组成的、大致与地面相平行且具有成土过程特性的层次。作为一个发育完全的土壤剖面，从上至下一般由最基本的三个发生层组成。

2.2.2 土体与土体构造

土体是指整个剖面内的土壤，土体的深度在农田中一般以影响作物生产的深度为其下限。土体构造是指土层在土体中的排列组合方式。土壤中不同层次的排列情况直接影响着土壤的保水性、保肥性以及作物的生长发育。因此，观察土壤剖面，评价土体构造，对了解土壤的理化性质、肥力状况以及合理利用土壤、改良土壤和培肥等具有极为重要的意义。

2.3 土壤剖面特征

2.3.1 自然土壤剖面特征

土壤形成条件不同，土体内物质的运动也会有所不同，从而形成特定的形态特征和土体构造。每一种土壤类型都有其特定的剖面特征。典型的自然土壤剖面发生层次如图 1–2 所示。

由于自然条件和发育程度不同，有些土壤常常只包含部分层次，如微度发育的土壤只有 A–C 层；中度发育的土壤虽然有 A–B–C 层，但 B 层较薄；强度发育的土壤才有明显的 B 层；表土冲刷严重的土壤只有 B–BC–C 层；在地势低洼的土壤中可能会出现一些特殊的层次，如潜育层（G）等。当土层具有两种发生层特征时，被称为过渡层，使用两个大写字母的代号联合表示，如 AB、BC 层，其中第一个字母表示占优势的土层。

	淋溶层	E	A_1
			A_2
	淀积层	B	
	母质层	C	
	母岩层	R	

图 1–2　自然土壤剖面发生层模式图

2.3.2 耕作地土壤剖面

（1）旱作土壤剖面特征（图 1–3）

耕作层（A_{11}）：一般厚度 15 ~ 18 cm，是对耕作、施肥、灌溉等生产措施影响最强烈的土层。

亚耕层（A_{12}）：指紧接耕作层之下、相对紧实的土层，也称犁底层，厚度为 5 ~ 8 cm。这些层是由于当年耕作时犁的机械压力和耕层黏粒淀积形成的。

心土层（C_1）：紧接亚耕层之下，一般在地表下 30 ~ 80 cm 的范围内，为某些作物根能到达的深度。

底土层（C_2）：位于心土层之下，一般不受耕作和施肥的影响，大多仍保持着母质的原貌。因此也被称为生土层。

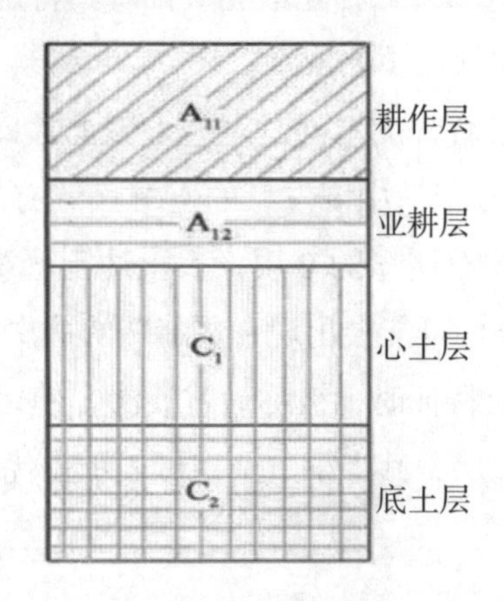

图 1–3　旱作土壤剖面发生层模式图

（2）水稻土壤剖面特征

水稻土是在各种母土（原始土壤）上，经水旱交替作用而形成的一种特殊土壤类型。发育程度高、分化明显的典型水稻土壤剖面从上到下依次为耕作层、犁底层、渗育层、潴育层、潜育层。

2.4 土壤剖面的主要形态

（1）土层厚度：从地表向下，各土壤层的薄厚程度，采取连续记载法，如 0 ～ 15 cm、15 ～ 25 cm，直到底层。

（2）土壤颜色：土壤颜色在一定程度上能够反映土壤的组成物质和成土过程，因此可用它鉴定土壤的发育程度和肥力状况。土壤颜色的命名采用复合名词法，有主次之分，描述时主色在后，副色在前，如灰棕色，即棕色为主，灰色为副。也可加上浅、深、暗等形容词来描述颜色的深浅，如浅灰棕色。

（3）土壤质地：一般按沙土、沙壤土、轻壤土、中壤土、重壤土、黏土六个质地类别划分，使用手测法逐层进行鉴定。

（4）土壤结构：土壤结构可分为粒状、团粒状、核状、块状、柱状、片状等不同形态。在各层分别掘出较大的土块，于 1m 处落下并观察其结构体的外形、大小、硬度和颜色，以确定其结构类型。

（5）新生体：土壤形成过程中产生的各种淀积物称为新生体，它不仅反映了土壤形成过程的特点，而且对土壤的生产性能产生重要影响。土壤新生体常见的包括砂姜、假菌丝体、锈纹锈斑和铁锰结核等。

（6）侵入体：是指外界混入土壤中的物体，如动物的骨骼、贝壳、砖瓦片、铁木屑、煤炭炉渣等，它们反映了人为因素对土壤产生的影响程度。

（7）土壤干湿度：指土壤剖面中各土层的自然含水状况。野外判断分级标准如下。

①干：土壤呈干硬土块或干燥的土面，手试无凉意，用嘴吹时无尘土扬起；

②润：放在手中稍凉，用嘴吹时无尘土扬起；

③湿润：放在手中有明显潮润感觉，可握成土团，但落地即散开，放在纸上能使纸变湿；

④潮湿：放在手中使手湿润，能握成土团，用手轻压时，土壤表现出塑性，但无水流出；

⑤湿：用手挤压时，土中有水流出。

（8）土壤紧实度：是土粒互相排列的紧实程度。可根据土钻（或竹筷）入土难易程度进行大致划分。

①疏：土粒呈单粒分散，像一盘散沙，不加力或稍加压力土钻即可入土；

②松：土粒间多是疏松团粒结构，加压力时土钻能顺利入土；

③紧：土粒结构紧实，土块不易压碎，用力可插入，取出稍困难；

④极紧：土粒结合很紧，多为大块状，粒状结构，极为坚硬，不易压碎，需大力土钻才能入土，取出很困难。

（9）石灰反应：用 10% 稀盐酸直接滴在土壤上，观察泡沫反应的有无和强弱。标准如下。

①无石灰反应：滴加盐酸无气泡，无声，以“–”表示；

②弱石灰反应：缓慢产生小气泡或难以产生气泡，可听到响声，以“+”表示；

③中石灰反应：明显放出气泡，以“++”表示；

④强石灰反应：气泡急剧、持久产生，声较大，以”+++”表示。

（10）酸碱度：可用手持土壤酸度计测定土壤 pH。

（11）植物根系：按土层中根系分布的多少，可分为以下几种。

①多量：根系交织，4 条 /cm^2 以上；

②中量：根系适中，2 ~ 4 条 /cm^2；

③少量：根系稀疏，1 ~ 2 条 /cm^2；

④无：没有根系。

（12）其他：如土壤动物、水田土壤亚铁和高铁在剖面中出现程度和强度、土壤通气性等。

3 土壤肥力的初步评定

根据以上观察到的土壤剖面形态特性，进一步分析土壤生产性能，主要从土壤的保水性、保肥性、透水性、透气性、耕作难易和土壤中养分含量等方面进行评估，并结合土壤所处的自然条件和人为措施，分析和评定土壤肥力。

[任务实施]

1 工作准备

1.1 明确任务

挖掘土壤剖面，并进行观察记录和剖面样品采集。

1.2 准备土壤剖面挖掘工具与试剂

小铁锹、10% 稀盐酸溶液、土壤标准比色卡、橡皮擦、土铲、剖面刀、钢卷尺、土盒、塑料袋、土钻、小刀、土壤硬度计、标签、铅笔、土壤剖面形态描述记录表、土壤剖面标本盒、去离子水、放大镜。

2 田间识土

2.1 设置挖掘土壤剖面

2.1.1 选择剖面点

在成土因素相对一致的地段，选择具有代表性的挖掘点来设置剖面。一般选择中央地段，避免选在路旁、粪堆、田边、沟渠旁以及人工搬动过的地块，应能够代表整个地块的情况。

2.1.2 挖掘剖面

剖面坑宽度一般为 0.8 ~ 1 m，长 1.5 ~ 2 m，深 1 ~ 2 m。土层厚度不足 1 m 时则挖至母质层，地下水位高时，挖至地下水面或到达地下水位

（图 1–4）。剖面观察面要垂直向阳，挖出的表土与底土分别堆放在两侧，观察面上方不得堆土或站立，保持观察面自然状态，坑的后方要呈阶梯状。

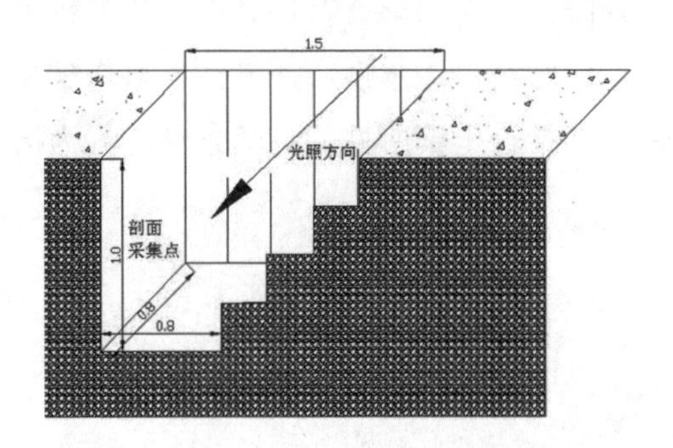

图 1–4　土壤剖面示意图

2.1.3 划分剖面层次

根据土壤剖面的颜色、结构、质地、松紧度、湿度、根系分布等，自上而下划分土层。旱耕地土壤大体划分为耕作层、犁底层、心土层和底土层；水稻土壤划分为淹育层（耕作层和犁底层）、渗育层、潴育层和潜育层。

2.2 观察记载剖面形态特征

从上到下依次观测并记载各个层次的剖面形态特征：土层厚度、土壤颜色、土壤质地、土壤结构、土壤 pH、干湿度、紧实度、新生体、侵入体、石灰反应、植物根系等（表 1–12）。

2.3 采集剖面土壤样品

在所挖掘的土壤剖面上，根据土壤发生层次自下而上采集土样，采样的部位通常是各发生层的中间部位，一般采集厚约 10 cm，但耕作层要全层柱状连续采样，每层采 1 kg 左右；将所采集的样品装入布袋或塑料袋内，袋内外附上标签，标签上写明采集地点、剖面号码、土层和深度、采集时间和采集人员等信息。

3 土壤肥力的初步评定

根据以上土壤剖面形态特性的观察，进一步分析土壤生产性能，主要从土壤的保水性、保肥性、透水性、透气性、耕作难易度和土壤中养分含量等方面进行评估，并结合土壤所处的自然条件和人为措施，分析和评定土壤肥力。具体见表 1–12 土壤剖面形态描述记录表。

4 完成任务实施报告

根据野外剖面观察和土壤肥力等调查资料，进行资料归纳整理，做出综合评述，对该土壤肥力进行初步分析和评定，提出改良意见等。评述内容主要包括：生产性能、土壤环境条件、发生特点、障碍因素、利用情况及利用过程中存在的问题。

表 1–12　土壤剖面形态描述记录表

剖面号：　　剖面地点：　　土壤名称：　　母质类型：

植　被：　　天　　气：　　观 察 员：　　日　　期：

<table>
<tr><td colspan="12">1. 土壤剖面环境条件</td></tr>
<tr><td colspan="2">地形</td><td>成土母质</td><td>海拔</td><td>自然植被</td><td>农业利用方式</td><td>排灌条件</td><td>地下水位</td><td colspan="2">侵蚀情况</td><td colspan="2">地下水质</td></tr>
<tr><td colspan="2"></td><td></td><td></td><td></td><td></td><td></td><td></td><td colspan="2"></td><td colspan="2"></td></tr>
<tr><td colspan="12">2. 土壤剖面记录表</td></tr>
<tr><td colspan="2">土壤剖面层次</td><td rowspan="2">颜色</td><td rowspan="2">质地</td><td rowspan="2">结构</td><td rowspan="2">pH</td><td rowspan="2">干湿度</td><td rowspan="2">紧实度</td><td rowspan="2">新生体</td><td rowspan="2">侵入体</td><td rowspan="2">石灰反应</td><td rowspan="2">植物根系</td></tr>
<tr><td>符号</td><td>深度 /cm</td></tr>
<tr><td></td><td></td><td></td><td></td><td></td><td></td><td></td><td></td><td></td><td></td><td></td><td></td></tr>
<tr><td></td><td></td><td></td><td></td><td></td><td></td><td></td><td></td><td></td><td></td><td></td><td></td></tr>
<tr><td></td><td></td><td></td><td></td><td></td><td></td><td></td><td></td><td></td><td></td><td></td><td></td></tr>
<tr><td></td><td></td><td></td><td></td><td></td><td></td><td></td><td></td><td></td><td></td><td></td><td></td></tr>
<tr><td></td><td></td><td></td><td></td><td></td><td></td><td></td><td></td><td></td><td></td><td></td><td></td></tr>
</table>

[复习思考]

1. 土壤形成过程中五大成土因素是什么？五大成土因素如何影响土壤形成？

2. 什么是母质？母质和土壤的区别？

任务三　土壤样品的采集

[任务描述]

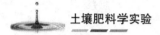

土壤样品（简称土样）的采集是土壤分析工作中的一个重要环节，是直接影响着分析结果和结论是否正确的一个先决条件。由于耕地土壤、肥料（尤其是有机肥料）和作物的不均一性，很容易造成采样误差，而采样误差要比分析误差大若干倍。即使室内分析结果再准确，也难以完全反映客观实际情况。因此，必须重视采集有代表性的样品。此外，根据不同的分析目的，需要采用不同的采样和处理方法。本任务为采集用于了解土壤肥力状况和供求状况的耕作层土壤样品，为科学合理施肥提供参考数据。

[知识准备]

1 土壤样品的种类

土壤样品采集是土壤理化分析的重要环节。土壤样品的种类根据分析目的不同可分为以下几种。

1.1 土壤剖面样品

研究土壤的基本理化性质，按照土壤发生层次进行采样。一般采集厚度约为 10cm，但耕作层需要全层柱状连续采样，每层采 1kg 左右。

1.2 土壤物理性质样品

如果是进行土壤物理性质的测定，必须采集原始状态的土壤样品。在取样过程中，须保持土块不受挤压，样品不变形，并要剥去土块外面直接与土铲接触而变形部分。

1.3 土壤盐分动态样品

研究盐分在土壤剖面中的分布和变动时，不必按发生层次采样，可从地表起每 10 cm 或 20 cm 采集一个样品。

1.4 耕作层土壤混合样品

如果研究耕层土壤的理化性质、养分状况，则应选择代表性田块，在耕作层多点采取混合样品，如有必要，还可在土耕作层以下再采集一层混合样品。

2 耕作土壤混合样品

为了解土壤肥力情况，一般采用混合土样，即在同一采样地块上多点采土，混合均匀后取出一部分样品，以减少土壤差异，提高土样的代表性。

2.1 采样点的选择

选择有代表性的采样点，每个点约取 0.5 kg 土壤，然后混合均匀。样点的数目和分布，应根据田块的形状、大小和肥力状况确定，一般采集 5 ~ 20 个点。一般可采用以下三种采样法。

（1）对角线采样法：田块面积较小，接近方形，地势平坦，肥力较均匀的田块可用此法（见图 1–5），取样点不少于 5 个。

（2）棋盘式采样法：面积中等，形状方整，地势较平坦，而肥力不均匀的田块宜用此法（见图 1–6），取样点不少于 10 个。

（3）蛇形采样法：适用于面积较大，地势不太平坦，肥力不均匀的田块（见图 1–7）。按此法采样，在田间曲折前进分布样点，至于曲折的次数则依田块的长度、样点密度而变化，一般在 3 ~ 7 次。

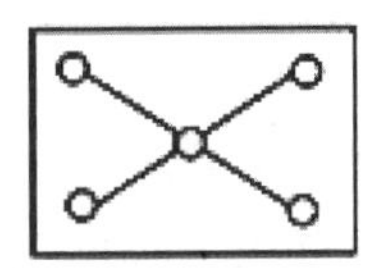

图 1–5　对角线采样法

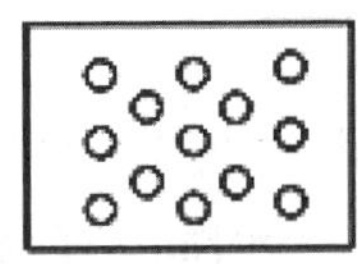

图 1–6　棋盘式采样法

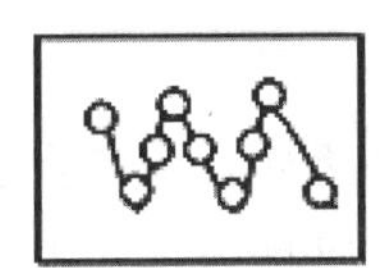

图 1–7　蛇形采样法

取样时必须在有代表性的位置进行采集，避免在植株生长特殊的位置、田边、路旁、沟边、低洼积水部位或放置过肥料的地方取样。

2.2 采样方法

常用的采样工具包括小铁铲、管形土钻和螺旋土钻。在确定的采样点上，采集耕作层土壤时，应先把田面的枯枝落叶或其他杂物清除，然后使用小土铲去掉表层 3 mm 左右的土壤，然后倾斜向下切取一片片的土壤（见图 1–8）。将各采样点土样集中并进行充分混合，按需要量装入袋中带回。

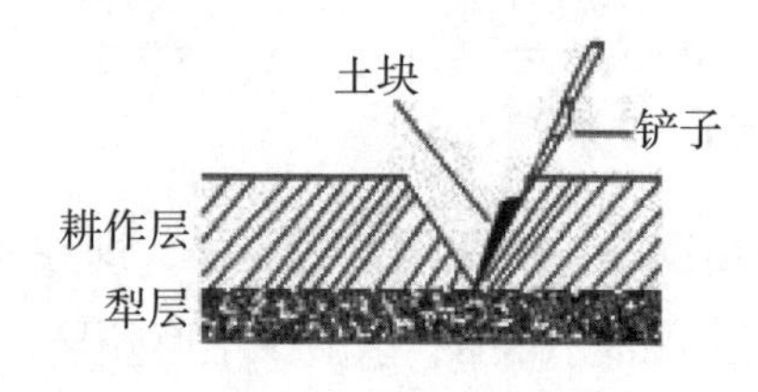

图 1–8　土壤采集图

2.3 土样取舍

如果采集土样样品数量过多，可用四分法将多余的土壤舍去，一般保留 1kg 左右的土样。四分法是将采集的土样样品捣碎混合后铺成四方形，然后画对角线分成四等份，再取对角线上的两份，其余两份舍去，直至获得所需的土样量为止。

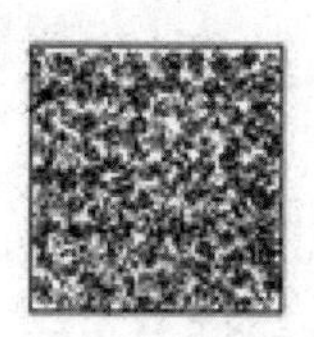  

图 1–9　四分法取样步骤图

2.4 样品保存

将土样装入布袋或塑料袋内，袋内外附标签，标签上应详细记录样品编号、采样地点、土壤名称、采样时间、采样深度、采样人员等信息。将采集的样品带回室内，及时进行风干处理。

[任务实施]

1 明确任务

明确土壤样品类型，并掌握耕作层土壤混合样品采集方法和步骤。

2 准备样品采集工具

小铁铲、钢卷尺、土钻、塑料布、塑料袋、笔、标签、镊子等。

3 确定采样地点和样品

根据耕地面积大小、形状、地势等，选择合适的采样方法和采集点数量。

4 采集土样

用小铁铲或土钻根据土样采集方法完成土壤采集并收集土样。

5 取舍土样

采用四分法取舍所需的土样量。

6 土样保存

根据样品保存方法填写标签，并完成土壤样品采集现场记录表（表1–13）记录工作。土样带回室内进行风干。

7 撰写任务实施报告

根据田间采样和现场调查等工作，完成任务实施报告的撰写。

表 1–13　土壤样品采集现场记录表

<table>
<tr><td>采样地点</td><td colspan="3"></td></tr>
<tr><td>采样人员</td><td colspan="3"></td></tr>
<tr><td>采样时间 / 天气</td><td></td><td>天气</td><td></td></tr>
</table>

续表

<table>
<tr><td>专题类型</td><td colspan="12">普查区　　自然保护区　　重点区域</td></tr>
<tr><td>样品编号</td><td></td><td></td><td></td><td></td><td></td><td></td><td></td><td></td><td></td><td></td><td></td><td></td></tr>
<tr><td>土壤类型</td><td colspan="12"></td></tr>
<tr><td>采样深度（cm）</td><td colspan="4"></td><td colspan="3">作物种类</td><td colspan="5"></td></tr>
<tr><td>耕作类型</td><td colspan="12">旱地　水田　水浇地　菜地　其他</td></tr>
<tr><td>用地类型</td><td colspan="12">耕地（水田、旱地、蔬菜地）园地 林地（林地、灌木林、疏木林）
牧草地 居民点及工矿用地 交通用地 未利用土地 滩地 其他</td></tr>
<tr><td>灌溉方式</td><td colspan="12">地面灌溉　地下灌溉　喷灌　滴灌　其他</td></tr>
<tr><td>与交通干线的距离（m）</td><td colspan="12"></td></tr>
<tr><td>点位是否有调整</td><td colspan="12"></td></tr>
<tr><td>点位调整情况及原因</td><td colspan="12"></td></tr>
<tr><td>经纬度 / 海拔</td><td colspan="3">东经</td><td colspan="4">北纬</td><td colspan="5">海拔</td></tr>
<tr><td>母质与母岩</td><td colspan="12">花岗岩 紫色砂页岩 泥质岩 石灰岩 第四纪红色黏土 河流冲积物</td></tr>
<tr><td>地形</td><td colspan="12">平坝　山地　丘陵　坡地　河谷</td></tr>
<tr><td>侵蚀情况</td><td colspan="12">无　轻度　中度　高度　严重</td></tr>
<tr><td>坡度</td><td colspan="3"></td><td colspan="3">颜色</td><td colspan="6"></td></tr>
<tr><td>土壤质地</td><td colspan="12">粗砂土　砂壤土　轻壤土　中壤土　黏土</td></tr>
<tr><td>湿度</td><td colspan="12">干　潮　湿　中潮　极潮</td></tr>
<tr><td>植被</td><td colspan="12">针叶林　阔叶林　针阔混交林　灌木林
草甸　灌丛　农作物</td></tr>
<tr><td>植物根系含量</td><td colspan="12">无根系　少量　中量　多量　根密集</td></tr>
<tr><td>地下水情况</td><td colspan="2">水位</td><td colspan="4">离地面　cm</td><td colspan="2">水质</td><td colspan="4"></td></tr>
<tr><td>土壤密度</td><td colspan="2"></td><td colspan="2">酸碱度</td><td colspan="3"></td><td colspan="2">碳酸钙反应</td><td colspan="3"></td></tr>
<tr><td>备注 1（土壤特征及自然情况综合叙述）</td><td colspan="12"></td></tr>
<tr><td>备注 2（如属污控区，应说明采样点位所处区域及周边企业行业、污染来源等特征）</td><td colspan="12"></td></tr>
</table>

[复习思考]

1. 采集土壤样品有哪些要求?
2. 为什么土样样品采集是必须有代表性的?
3. 土壤样品采集方法有哪些? 各种方法都在什么情况下采用?

任务四　识别当地土壤类型

[任务描述]

我国地域辽阔，自然条件复杂，农业生产历史悠久，土壤种类繁多，不同地区土壤类型差异大。农业生产过程中，为做到科学合理利用土壤资源，进行土壤改良和培肥，需要了解当地土壤类型，认识其生产性能和存在的障碍因子，才能有针对性地制定土壤种植、合理施肥和培肥改良措施，做到合理安排农林牧业等生产。本任务通过结合调查区土壤普查资料、现场调查及访谈，确定调查区土壤的主要类型、面积和分布，了解其特征特性和障碍因子、农业生产情况等，并初步提出土壤种植、合理施肥和培肥改良措施。

[知识准备]

1 我国土壤分类情况

我国现行的土壤分类系统分为土纲、亚纲、土类、亚类、土属、土种和亚种七类。前四类为高级分类单元，土属为中级分类单元，土种为基层分类单元，其中土类和土种最为重要。各级分类单元的划分依据如下。

（1）土纲是对具有相似成土过程的土类进行归纳与概括，反映了不同成土阶段中，土壤物质运动积累所引起的重大属性差异，因此，具有相近成土过程的土壤划分为同一土纲。

（2）亚纲是在土纲范围内根据土壤形成的水热条件和岩性级的盐碱差异进行划分，反映了控制现代成土过程的成土条件，也对植物生长和种植制度有控制作用。

（3）土类是土壤分类系统中最重要和最基本的分类级别，是根据土壤形成条件、成土过程和土壤属性进行划分的。同一土类的土壤具有相同的成土条件、主导成土过程和主要土壤属性。每一个土类均要求：①具有一定特性的土层或组合特征；②具有一定的生态条件和地理分布区域；③具有一定的成土过程和物质迁移的化学规律；④具有一定的理化性质、肥力特性和改良利用方向。

（4）亚类是土类的细分，除了反映主导土壤形成过程以外，还包含其他附加的成土过程。一个土类中有代表其典型特性的典型亚类，这类亚类是在定义土类的特定成土条件和主导成土过程作用下产生的；还有表示一个土类向另外一个土类过渡的亚类，主要根据主导成土过程之外的附加成土过程进行划分。

（5）土属是根据成土母质的成因、岩性级、区域水分条件等地方性因素的差异进行划分。它是亚类和土种两个分类级别的过渡单元，在发生学上具有相互联系，是分类体系中承上启下的分类单元。它既是亚类的细分，又是土种的归纳。对于不同的亚类，所选取的土属划分具体标准会有所不同。

（6）土种是基层分类的基本单元。它是在相同母质基础上，具有类似发育程度和土体构造的一群土壤。同一土种要求：①景观特性、地形部位、水热条件相同；②母质类型相同；③土体构型（厚度、层位、形态特性）一致；④生产性和生产潜力相似，并且具有一定的稳定性，在短期内不会改变。

（7）亚种，又称为变种，是对土种进行辅助分类的单元，根据耕层或表层性状的差异进行划分。

我国现行土壤分类标准将全国土壤划分为 12 个土纲，30 个亚纲，60 个土类（如表 1–14 所示）。

表 1-14　中国土壤分类与代码表（GB/T 17296-2009）

土纲		亚纲		土类	
代码	名称	代码	名称	代码	名称
A	铁铝土	A1	湿热铁铝土	A11 A12 A13	砖红壤 赤红壤 红壤
		A2	湿暖铁铝土	A21	黄壤
B	淋溶土	B1	湿暖淋溶土	B11 B12	黄棕壤 黄褐土
		B2	湿暖温淋溶土	B21	棕壤
		B3	温湿淋溶土	B31 B32	暗棕壤 白浆土
		B4	湿寒温淋溶土	B41 B42	棕色针叶林土 灰化土
C	半淋溶土	C1	半湿热半淋溶土	C11	燥红土
		C2	半湿暖温半淋溶土	C21	褐土
		C3	半湿温半淋溶土	C31 C32 C33	灰褐土 黑土 灰色森林土
D	钙层土	D1	半湿温钙层土	D11	黑钙土
		D2	半干温钙层土	D21	栗钙土
		D3	半干暖温钙层土	D31 D32	栗褐土 黑垆土
E	干旱土	E1	干温干旱土	E11	棕钙土
		E2	干暖温干旱土	E21	灰钙土
F	漠土	F1	干温漠土	F11 F12	灰漠土 灰棕漠土
		F2	干暖温漠土	F21	棕漠土
G	初育土	G1	土质初育土	G11 G12 G13 G14 G15	黄绵土 红黏土 新积土 龟裂土 风沙土
		G2	石质初育土	G21 G22 G23 G24 G25 G26	石灰（岩）土 火山灰土 紫色土 磷质石灰土 粗骨土 石质土

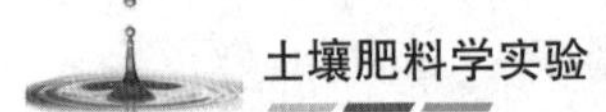

续表

土纲		亚纲		土类	
代码	名称	代码	名称	代码	名称
H	半水成土	H1	暗半水成土	H11	草甸土
		H2	淡半水成土	H21 H22 H23 H24	潮土 砂姜黑土 林灌草甸土 山地草甸土
J	水成土	J1	矿质水成土	J11	沼泽土
		J2	有机水成土	J21	泥炭土
K	盐碱土	K1	盐土	K11 K12 K13 K14 K15	草甸盐土 滨海盐土 酸性硫酸盐土 漠境盐土 寒原盐土
		K2	碱土	K20	碱土
L	人为土	L1	人为水成土	L11	水稻土
		L2	灌耕土	L21 L22	灌淤土 灌漠土
M	高山土	M1	湿寒高山土	M11 M12	草毡土 黑毡土
		M2	半湿寒高山土	M21 M22 M23	寒钙土 冷钙土 冷棕钙土
		M3	干寒高山土	M31 M32	寒漠土 冷漠土
		M4	寒冻高山土	M41	寒冻土

2 我国主要土壤类型概述

2.1 铁铝土纲

铁铝土是我国南方热带、亚热带地区的重要土壤资源，是在南方湿热气候条件下，经过脱硅富铝化过程形成的土壤。自南向北有砖红壤、赤红壤、红壤和黄壤四个土类。下面将铁铝土中部分土壤类型的分布和性质总结如表 1–15 所示。

表 1–15　铁铝土纲部分土壤类型分布和性质

土类	分布	主要性质和利用
砖红壤	海南、雷州半岛、云南南部及台湾南部热带地区	遭强烈脱硅富铝风化，氧化硅大量迁出，游离铁占全铁的 80%，黏粒硅铝率＜ 1.6，风化淋溶系数＜ 0.05，盐基饱和度＜ 15%。黏粒矿物以高岭石、赤铁矿与三水铝矿为主，pH4.3 ~ 5.5，具有深厚的红色风化壳。是我国发展热带经济作物的重要基地，为橡胶主要产区，可种植香蕉、菠萝、咖啡、油棕等热带经济作物。发展林下种植。如橡胶树下间种三七、肉桂、可可、茶叶等。但需注意土壤培肥和防止冲刷
赤红壤	南岭以南、雷州半岛以北的东西狭长地带，包括：福建、台湾、广东和广西壮族自治区等省（区）南部暨云南中南部的南亚热带地区	脱硅富铝风化程度仅次于砖红壤，比红壤强，游离铁介于二者之间。黏粒硅铝率 1.7 ~ 2.0，风化淋溶系数 0.05 ~ 0.15，盐基饱和度 15% ~ 25%，pH5.0 左右，黏土矿物主要为高岭石，并有蛭石与赤铁矿。可因地制宜发展亚热带、热带经济作物和林木
红壤	长江以南至赤红壤带以北，包含：湖南、江西、浙江三省大部分，云南、广西、广东、福建、台湾等省（区）北部以及贵州、四川、安徽、江苏等省（区）南部	中度脱硅富铝风化，黏粒中游离铁占全铁 50% ~ 60%，深厚红色土层。底层可见深厚红、黄、白相间网纹红色黏土。黏土矿物以高岭石、赤铁矿为主，黏粒硅铝率 1.8 ~ 2.4，风化淋溶系数＜ 0.2，盐基饱和度＜ 35%，pH5.0 ~ 6.0。红壤是发展多种经营的重要土壤资源。在利用时，注意农林牧结合，合理利用土壤，增施有机肥与磷肥
黄壤	亚热带和热带山地上，以四川、贵州两省为主，在云南、广西、广东、海南、台湾、湖北、湖南、福建、江西、浙江、安徽等省（区）均有分布	富含水合氧化物（针铁矿），呈黄色，中度富铝风化，有时含三水铝石。土壤有机质累积较高，可达 100g/kg，pH4.5 ~ 5.5。多为林地，林内可采集和培育药用植物，如天麻、当归、五加等。一般山地黄壤以发展林、茶为主，造林植物主要为杉木、毛竹等。低山丘陵坡缓土厚处，可开辟梯田梯地种植农作物

2.2 淋溶土纲

淋溶土纲主要在我国温带和亚热带气候条件下形成，诊断层为明显的黏化层或黏盘层，土壤结构上覆有淀积黏粒的胶膜，包括黄棕壤、黄褐土、棕壤、暗棕壤、白浆土和棕色针叶林土和灰化土七个土类。下面将淋溶土纲中部分土壤类型的分布和性质总结如表 1–16 所示。

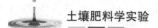

表 1–16 淋溶土纲部分土壤类型分布和性质

土类	分布	主要性质和利用
黄棕壤	北亚热带湿润地区，包括陕西南部、河南西南部、江苏、安徽长江两侧暨浙江北部的山地丘陵，江西、湖北等中山上部，及四川、云南、贵州、广西等中山区	弱度富铝风化，黏化特征明显，呈黄棕色黏土。B层黏聚现象明显，硅铝率 2.5 左右，铁的游离度较红壤低，交换性酸 B 层大于 A 层，pH5.0 ~ 6.5。多由砂页岩及花岗岩风化物发育而成。黄棕壤是我国发展用材林和经济林的重要基地。在林业生产上主要荒山造林，发展茶、桑、果树等，但要做好水土保持工作
黄褐土	主要分布在江苏和安徽两省中部，江西、浙江和湖北三省北部及河南南部的低丘岗地	土体中游离碳酸钙不存在，土色灰黄棕，在底部可散见圆形石灰结核。黏化淀积明显，B 层黏聚，有时呈黏盘。黏粒硅铝率 3.0 左右；pH 表层 5.5 ~ 7.5。可采取发展灌溉，注意水土保持，逐年加深耕层，增施有机肥，种植绿肥等，发展桑园、桃园，种植绿肥或造林
棕壤	暖温带湿润的低山丘陵区，以辽东半岛、山东半岛、河北东部较集中	处于硅铝风化阶段，具有黏化特征的棕色土壤，土体见黏粒淀积，盐基充分淋失，pH5.0 ~ 7.0，见少量游离铁。适宜种植多种旱作物和果树。利用上注意发展灌溉，保持水土，培肥地力
暗棕壤	分布于小兴安岭、长白山、完达山及大兴安岭东坡，其范围北到黑龙江，西到大兴安岭中部，东到边境乌苏里江，南到四平、通化一线	有明显有机质富集和弱酸性淋溶，A 层有机质含量可达 200g/kg，弱酸性淋溶，铁铝轻微下移。B 层呈棕色，结构面见铁锰胶膜，呈弱酸性反应。开发利用注意：坡度较大地区，应退耕还林；已垦耕为农田的应注意培肥，维护地力

2.3 半淋溶土纲

半淋溶土纲土壤在中性或碱性环境中进行腐殖质的累积，石灰的淋溶和淀积作用较明显，残积—淀积黏化现象均有不同程度的表现。包括燥红土、褐土、灰褐土、黑土、灰色森林土五个土类。下面将半淋溶土纲中部分土壤类型的分布和性质总结如表 1–17 所示。

表 1-17　半淋溶土纲部分土壤类型分布和性质

土类	分布	主要性质和利用
燥红土	海南西南部和云南南部红河谷地	生物积累作用较差，风化淋溶作用大大减弱，黏粒的硅铝率为 2.0% ~ 2.8%，黏土矿物以高岭石和伊利石为主，并含赤铁矿，土壤呈中性至微酸性反应，盐基饱和度在 70% 以上。燥红土地区热量丰富、光照充足，但是缺点在于干旱缺水。所以利用时除兴修水利、截留河水、发展灌溉外，还应注意选择适当树种（如木麻黄、小叶桉等）植树造林，改善生态环境。可种植耐旱热带作物如剑麻、龙舌兰等；有条件的地方可发展经济价值较高的腰果或特种水果等
褐土	暖温带东部半湿润、半干旱地区。包括：关中、晋东南、豫西以及燕山、太行山、吕梁山、秦岭等	表土呈褐色至棕黄色；剖面中、下部有黏粒和钙的积聚；呈中性（表层）至微碱性（心底土层）反应。土壤剖面构型为有机质积聚层－黏化层－钙积层－母质层。具有明显的黏化作用和钙化作用，呈中性至碱性反应，碳酸钙多为假菌丝体状，广泛存在于土层中、下层，有时出现在表土层。广泛适种小麦、玉米、甘薯、花生、棉花、烟草、苹果等粮食和经济作物。利用时注意：开展水土保持、增施有机肥、合理施用磷肥和微量元素肥料、因土种植、适当发展畜牧业和林果业
灰褐土	主要分布在东北至东南部的峡谷坡地带，其次在柴达木盆地东部南北两侧山地也有零星分布	腐殖质累积与积钙作用明显的土壤。枯枝落叶层有机质可达 100g/kg，下见暗色腐殖层，有弱黏淀特征，钙积层在 40 ~ 60 cm 出现，铁、铝氧化无移动，pH 7 ~ 8。在我国干旱地区可发展林业生产
黑土	黑龙江及吉林中部，以大、小兴安岭和长白山的山关波状平原台地最为集中	具深厚均腐殖质层的无石灰性黑色土壤，均腐殖质层厚 30 ~ 60cm，有机质含量一般为 30 ~ 60g/kg。质地多为黏壤土至轻黏，淀积层和母质层较上部黏重。黏土矿物以蒙脱石和伊利石为主。土壤肥力较高。肥能力较强。盐基饱和度一般为 80% ~ 90%，南部黑土高于北部，土壤呈中性至微酸性反应，pH5.7 ~ 6.8。黑土是我国最肥沃的土壤之一，黑土分布区是重要的粮食基地。适种性广，尤适玉米、大豆、谷子、小麦等生长。但开垦后，需注意腐殖质含量下降，因母质黏重，土壤侵蚀明显等问题

2.4 钙层土纲

钙层土纲是我国北方广泛分布的一些草原土壤，该区域主要是一些牧

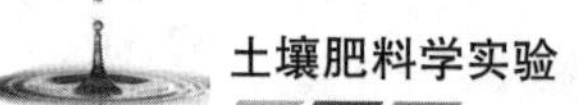

业基地和重要的旱作农业区，需因地制宜实行农牧结合。这类土壤均具有较明显的腐殖质累积和石灰的淋溶—淀积过程，并多存在弱度的石膏化和盐化过程。主要包括黑钙土、栗钙土、栗褐土、黑垆土四个土类，下面将钙层土纲部分土壤类型的分布和性质总结如表 1–18 所示。

表 1–18　钙层土纲部分土壤类型分布和性质

土类	分布	主要性质和利用
黑钙土	发育于温带半湿润半干旱地区草甸草原和草原植被下的土壤。我国主要分布在东北地区的西部和内蒙古东部	成土过程主要是强烈的腐殖质累积和明显的钙化过程，腐殖质层一般厚 30 ~ 40cm，呈黑或黑灰色，有机质含量为 5% ~ 10%；石灰在土壤中淋溶淀积，常在 60 ~ 90cm 处形成粉末状或假菌丝状的钙积层，潜在肥力较高，适宜农林牧业多种经营；但区内春旱普遍，风蚀较重，垦后肥力消减较快
栗钙土	主要分布在内蒙古东部—中南部，呼伦贝尔高原西部、鄂尔多斯高原东部、大兴安岭东南麓平原、大同盆地以及阴山、贺兰山、祁连山、阿尔泰山、天山、昆仑山的垂直带与山间盆地	表层为栗色或暗栗色的腐殖质层，厚度为 25 ~ 45cm，有机质含量在 1.5% ~ 4.0%；腐殖质层以下含有多量灰白色斑状或粉状石灰的钙积层，石灰含量达 10% ~ 30%。我国东部内蒙古高原的栗钙土具有少腐殖质、少盐化、少碱化和无石膏或深位石膏及弱黏化的特点，西部新疆地区在底土有数量不等的石膏和盐分聚积，腐殖质的含量也相对较高，但土壤无碱化和黏化现象等特点。栗钙土是我国主要的牧业基地，也是重要的旱作杂粮农业区，干旱缺水是土壤肥力和生产潜力发挥的极大限制因子
栗褐土	主要分布内蒙古的哲里木盟、赤峰和乌兰察布南部、河北和山西晋西北地区	腐殖质累积与积钙作用明显的土壤。枯枝落叶层有机质可达 100g/kg，下面存在弱腐殖质积累和发育微弱的黏化层，全体呈强石灰反应而无明显钙段层，略显微弱积钙现象。栗褐土区为半干旱一年一熟杂粮旱作区，耕作粗放，水土流失严重、土壤贫瘠
黑垆土	分布于中国陕西北部、甘肃东部、宁夏南部、山西北部和内蒙古的黄土塬、黄土丘陵和河谷阶地	有机质含量低，但腐殖质层却很深厚，达到 1m 以上。原位黏化，但明显黏化层，具有假菌丝状石化累积。无盐化，多旱耕。利用黑垆土的腐殖质层深厚，适耕性又较强，已全部为耕种土壤。利用时应采取措施，充分利用地表和地下水资源，扩大灌溉面积并增施肥

2.5 干旱土纲

干旱土是指发育在干旱水分条件下具有干旱表层和下方表层的土壤。

主要包括棕钙土和灰钙土两个土类。下面将干旱土纲部分土壤类型的分布和性质总结如表 1–19 所示。

表 1–19　干旱土纲部分土壤类型分布和性质

土类	分布	主要性质和利用
棕钙土	内蒙古高原的中西部、鄂尔多斯高原的西部和准噶尔盆地的北部	表层腐殖质含量为 1% 左右。有明显的钙积层，以及石膏累积和盐渍化特征。棕钙土地带主要为牧区，仅局部有灌溉农业
灰钙土	在银川平原、青海东部湟水河中下游平原、河西走廊武威以东地区	土壤剖面分化不明显，发生层次不及栗钙土、棕钙土清晰，腐殖质层的基本色调为浅黄棕带灰色，钙积层没有棕钙土明显，没有明显的腐殖质层而具有荒漠土层，有机质含量较低。利用上可作为天然放牧场、开垦为旱作农田和在有水源条件地区开辟为灌溉农田。用作天然牧场的灰钙土当前普遍存在的主要问题是放牧利用过度，引起土壤侵蚀和土壤退化，应适当限制载畜量

2.6 漠土土纲

漠土是我国西北荒漠地区的重要土壤资源，包括灰漠土、灰棕漠土、棕漠土三个土类。其中，棕漠土和灰棕漠土分别为温带和暖温带典型的漠境土壤；灰漠土为温带漠境边缘的过渡性土壤。下面将漠土土纲部分土壤类型的分布和性质总结如表 1–20 所示。

这些土壤的共同特征是：具有多孔状的荒漠结皮层，腐殖质含量低，石灰含量高且表聚性强，石膏和易溶性盐分在剖面的较浅深度处聚积，存在较明显的残积黏化和铁质染红现象，整个剖面的厚度较薄且富含石砾。在成土过程中，主要表现为钙化作用（石灰聚积）、石膏化与盐化作用，还有弱的铁质化作用，同时风成作用相当明显。在土壤利用方面，主要受制于细土物质含量和灌溉水源的情况，大部分用作牧地，仅有小部分为农田。

表 1–20　漠土土纲部分土壤类型分布和性质

土类	分布	主要性质和利用
灰漠土	漠境边缘地带内蒙古河套平原、宁夏银川平原的西北角，新疆准噶尔盆地到沙漠的南北两边山前倾斜平原、古老冲积平原和剥蚀高原地区，甘肃河西走廊的西段也有一部分	初步显示石灰表聚及易溶盐与石膏分层积累，地表有明显结皮层，有一定碱化现象，碱化度 10% ~ 20%。下为淡棕色片状土层呈强碱性反应，pH8.5 ~ 10，以紧实层为最高。分布区内因干旱少水，灰漠土大部分用来放牧。可在有足够的灌溉条件和合理的耕作施肥管理下进行农业生产，效果还是比较好的
灰棕漠土	主要分布在我国西北地区，如准噶尔盆地、河西走廊等地，青海柴达木盆地西北部戈壁	其成土过程为石灰的表聚作用、石膏和易溶性盐的聚积、残积黏化和铁质化作用。地表为一片黑色砾漠，表层为发育良好的灰色或浅灰色多孔状结皮，厚 1 ~ 2cm；其下为褐棕色或浅紧实层，厚 3 ~ 15cm，黏化明显，多呈块状或团块状结构；再下为石膏与盐分聚积层。腐殖质累积极不明显。土壤呈碱性或强碱性反应，pH 值 8.0 ~ 9.5。灰棕漠土是中国重要的养驼业基地。土质矿质元素较丰富，但农业生产受气候干旱影响，地表水缺乏，灌溉条件差；土壤粗骨化，细土物质少，开垦利用困难
棕漠土	广泛分布在新疆天山山脉、甘肃的北山一线以南，嘉峪关以西，昆仑山以北的广大戈壁平原地区。以河西走廊的西半段，新疆东部的吐鲁番、哈密盆地和噶顺戈壁地区最为集中	成土过程，受漠境水热条件所左右，碳酸钙、石膏与易溶盐的聚积作用普遍。地表通常为成片的黑色砾幂，全部表面由砾石或碎石组成。剖面分化比较明显，腐殖质含量极低，多小于 0.3%，呈碱性反应，土壤代换量很小

2.7 初育土纲

初育土纲土壤性状仍保持母岩或成土母质的特征。主要包括黄绵土、红黏土、新积土、龟裂土、风沙土、石灰（岩）土、火山灰土、紫色土、磷质石灰土、粗骨土和石质土十一个土类。下面将初育土纲部分土壤类型的分布和性质总结如表 1–21 所示。

表 1-21　初育土纲部分土壤类型分布和性质

土类	分布	主要性质和利用
风沙土	主要分布我国北纬36°～49°的干旱和半干旱地区。包括塔克拉玛干、古尔班通古特、库姆塔格、柴达木等沙区，东南沿海也常见	发育于风成沙性母质的土壤。其主要特征是土壤矿质部分几乎全由细砂颗粒（直径在 0.25 ～ 0.05 mm）组成；无剖面发育，风蚀严重；土壤处于幼年阶段。利用上大致以 300mm 的降水量等值线为界，东部为牧业和部分旱作农业，属半牧半农区；西部基本只有牧业，但在河流沿岸的一定范围内有绿洲农业区，水源足，日照长，温差大，作物产量一般均较高，常常成为瓜果之乡。改良风沙土的基本要求是制止风沙土的流动，保护与之相邻的农田不受破坏
紫色土	主要分布于四川盆地，其他如云南、江西、浙江、福建、江苏等	紫色土是亚热带地区由富含碳酸钙的紫红色砂岩和页岩土的初育土。土层浅薄，通常不到 50cm。呈中性或微碱性反应，有机质含量低，富含钙质（碳酸钙）和磷、钾等营养元素，是一种肥沃土壤。但水土流失快，风化也快。利用上，除丘陵顶部或陡坡岩坎外，均已开垦种植。因侵蚀和干旱缺水现象时有发生，利用时需修建梯田和蓄水池，开发灌溉水源。开辟肥源以增加土壤有机质和氮的含量，也是提高其生产力的重要措施
黄绵土	广布于黄土丘陵强烈侵蚀地区，常与黑垆土交错出现	土壤色泽与母质层极相近，剖面由耕作层和底土层两个层段组成，层间过渡不明显，耕层质地均匀，疏松多孔，耕性良好，有机质含量低，仅 0.5%，矿质养分丰富；底土层仍显黄土母质特征，利用中注意水土保持，广开肥源，不断培肥土壤

2.8 半水成土纲

半水成土纲土壤以具有强烈的腐殖质累积过程为特点。主要包括草甸土、潮土、砂姜黑土、林灌草甸土、山地草甸土五个土类。下面将半水成土纲部分土壤类型的分布和性质总结如表 1-22 所示。

表 1–22　半水成土纲部分土壤类型分布和性质

土类	分布	主要性质和利用
草甸土	在我国北方广泛分布，如我国东北地区的三江平原、松嫩平原、辽河平原以及内蒙古及西北地区的河谷平原或湖盆地区	发育于地势低平、受地下水或潜水的直接浸润并生长草甸植物的土壤。其主要特征是有机质含量较高，腐殖质层较厚，土壤团粒结构较好，水分较充分，土壤较肥沃，是我国重要的粮食生产基地和优质牧场。盐化草甸土盐分含量高低不一，是限制生物产量的主要因素。在干旱区，结合旱灌淋盐；在半湿润区，修建条、台田，配合其他农业技术措施综合治理，或改种水稻，或做放牧用地。碱化草甸土多数碱化层均含有苏打，碱性强，土壤物理性质差，改良难度大，宜于牧用
潮土	在我国多分布于黄河中、下游的冲积平原及其以南江苏、安徽的平原地区和长江流域中、下游的河、湖平原和三角洲地区	地下水位浅，潜水参与成土过程，底土氧化还原作用交替，形成锈色斑纹。长期耕作土壤有机质含量在 10 ~ 15g/kg。潮土分布区是我国主要的旱作土壤，盛产粮棉。但黄淮海平原潮土大部分属中低产土壤，须加强潮土的合理利用与改良
砂姜黑土	分布于山前交接洼地、岗丘间洼地和河间洼地，我国砂姜黑土在淮北平原分布最多	砂姜黑土剖面构型为黑土层—脱潜层—砂姜层。在 1.5m 控制层段内，必须同时具有黑土层与砂姜层两个基本层次，而且黑土层上覆的近期浅色沉积物厚度必须小于 60 cm。土壤呈中性至微碱性反应，质地较黏，黏粒含量多在 30% 下，阳离子交换量较高，一般不含石灰，全磷含量较低

2.9 水成土纲

水成土是在生长喜湿和耐湿植被条件下，地面积水或土层长期呈水分饱和状态形成的土壤。由于土层长期处于厌氧还原状态，土壤潜育过程十分活跃，土层中的游离铁、锰发生还原和移位反应，形成蓝灰色潜育土层。局部铁、锰在孔隙、裂隙中氧化淀积，形成锈色斑纹和铁锰斑层。包括沼泽土和泥炭土两个土类。下面将水成土纲部分土壤类型的分布和性质总结如表 1–23 所示。

表 1-23　水成土纲部分土壤类型分布和性质

土类	分布	主要性质和利用
沼泽土	主要分布在我国东北的三江平原、川西北高原的若尔盖地区	剖面形态一般分 2 或 3 个层次，即泥炭层和潜育层，或腐殖质层（腐泥层）和潜育层，或泥炭层、腐殖质层和潜育层。有机质含量在 5% ~ 25%，泥炭层高达 40% 以上，有机质分解不充分，大都尚未充分利用
泥炭土	主要分布于东北及青藏高原地区	成土过程表现为强烈的泥炭化过程和潜育化过程，剖面上部是 50 ~ 200cm 或更厚的泥炭层，下为潜育层。因土少水多，不加排水改良则难以农用；但它富含泥炭，可用作肥料或做其他工业之用

2.10 盐碱土纲

盐碱土纲的主要成土过程是盐化和碱化过程。尽管盐土和碱土在形成过程上有一定联系，但它们在土性上却迥然不同，前者是盐化过程的产物，导致土壤含有较多的可溶性盐；后者是碱化过程的产物，导致土壤吸附有显著数量的交换性钠。包括草甸盐土、滨海盐土、酸性硫酸盐土、漠境盐土、寒原盐土和碱土六个土类。下面将盐碱土纲部分土壤类型的分布和性质总结如表 1-24 所示。

表 1-24　盐碱土纲部分土壤类型分布和性质

土类	分布	主要性质和利用
草甸盐土	主要分布于河流冲积平原，如黄淮海平原、汾渭河谷平原、内蒙古河套平原、宁夏银川平原等	高矿化地下水经过毛细管上升地表，使土壤中盐分积累大于 6g/kg。土壤积盐状况各地差异很大，愈干旱积盐愈重，积盐层或盐壳愈厚。表层有一定数量的有机质积累，底土有明显的锈色斑纹
滨海盐土	主要分布在我国南方的滨海地带及诸海岛沿岸也有零星分布	盐分累积特点是整层土体均含较高盐分。盐分主要成分以氯盐为主，其次为硫酸盐和重碳酸盐，盐分以钠、钾为主，钙、镁次之。土壤积盐强度随距海由近到远，从南到北逐渐增加。土壤 pH 值 7.5 ~ 8.5。利用治理上，可根据土壤的不同类型及环境条件，应用适宜的技术方案，采取工程建设、土壤改良、科学施肥、合理种植等措施，改善排灌条件，逐步消除障碍性因子

续表

土类	分布	主要性质和利用
酸性硫酸盐土	主要分布在广东、广西、海南、福建等地区，其中广东省分布面积最大	土壤形成过程中，作物残体归还过程中大量硫化物在裂隙中累积，可见到黄钾铁矾矿，黄铁矿养化成硫酸，土壤呈现强酸性，pH 值可低到 2.8。酸性硫酸盐土有产生毒性物质、强酸性引起营养元素缺乏等很多不利于农作物生长的因素，因此，可根据当地气候、农作物不同生长期、土壤酸害发生规律制定相应的灌排水方案，采用填土、客土、移土等生态技术改造，增施有机肥料，以碱性肥料改酸和优化栽培技术等措施进行培土改良
漠境盐土	主要分布于我国荒漠地区洪积扇前沿及河流泛滥平原	漠境盐土土体干燥，由于气候极端干旱，强烈蒸发而聚积了大量盐分，在地表形成起伏不平的盐结皮或结壳。其特点是盐分在剖面不同深度累积。盐分组分比较复杂，有以中性盐为主形成的氯化物、硫酸盐氯化物、氯化物硫酸盐、硫酸盐土；也有受当地植被影响而形成的硝酸盐土。可选择盐分含量相对少、有水源之处，可在建立合理灌溉工程的基础上，平整土地和冲洗土壤盐分，发展农业。注意提高土壤肥力，广种绿肥和多施有机肥料。其他的漠境盐土，应尽可能保持现有植被，如骆驼刺等盐生植物，作为放牧用地，但也应加强管理，实行轮牧
碱土	主要分布在我国的东北、华北和西北地区，多以斑块状零星分布于盐土中间	土壤胶体中含交换性钠较多（碱化度达 15% 或 20%）的土壤。其主要特征是：呈强碱性反应（pH8.5 ~ 11）；胶体高度分散，干时收缩坚硬板结，湿时膨胀泥泞; 结构性差 ,通透性不良; 含盐量不高。利用上可根据碱土分布地区的自然条件，因地制宜地采取综合措施，合理安排农、林、牧生产。改良的中心任务则在于降低交换性钠的含量，可采用施用石膏、磷石膏和氯化钙等一类物质，施用硫黄、废酸、硫酸亚铁等一类酸性物质等方法。但各种化学改良方法必须与水利措施（灌水、排水）和农业措施（深耕、客土、施用有机肥料等）相配合方能奏效

2.11 人为土纲

人为土是在长期人为生产活动下，通过耕作、施肥、灌溉排水等方式改变了原有土壤在自然状态下的物质循环和迁移积累过程，促使土壤性状发生明显的改变，同时也具备了新的发生层段和属性，从而成为一种新的土壤类型。包括水稻土、灌淤土和灌漠土三个土类。下面将人为土纲部分土壤类型的分布和性质总结如表1–25所示。

表1–25　人为土纲部分土壤类型分布和性质

土类	分布	主要性质和利用
水稻土	在秦岭—淮河一线以南，其中长江中下游平原、珠江三角洲、四川盆地和台湾西部平原最为集中	指发育于各种自然土壤之上、经过人为水耕熟化、淹水种稻而形成的耕作土壤。这种土壤由于长期处于水淹的缺氧状态，土壤中的氧化铁被还原成易溶于水的氧化亚铁，并随水在土壤中移动，当土壤排水后或受稻根的影响，氧化亚铁又被氧化成氧化铁沉淀，形成锈斑、锈线，土壤下层较为黏重。水稻土的低产特性主要有冷、黏、砂、盐碱、毒和酸等，若加以改良，增产潜力大。培肥管理上注意：搞好农田基本建设，增施有机肥料，合理使用化肥，水旱轮作
灌淤土	主要分布于银川、内蒙古后套及西辽河平原	灌淤层可厚达1m以上，一般也可达30 ~ 70cm。土壤剖面上下较均质，底部常见文化遗物；灌淤层下可见被埋藏的古老耕作层。土壤的理化性质因地区不同而异，西辽河平原的灌淤土质地较黏重，有机质含量2% ~ 4%，盐分含量一般小于0.3%，不含石膏；河套地区的灌淤土，质地较沙松，有机质含量约1%，含盐量较高。灌淤土是我国半干旱地区平原中的主要土壤，一年一熟，以春播作物为主；地下水位较浅，水源充沛；因排水条件较差，有次生盐渍化现象，应注意灌排结合
灌漠土	分布于新疆及河西走廊的漠境地区的绿洲中	灌漠土全剖面颜色、质地、结构均较均一，但也出现表土层有砂、黏、壤土覆盖，还有夹层型，如腰砂、腰黏、夹砾等土层变化，这些均是冲积扇末端交互沉积所形成。灌淤土剖面主要由耕作层、亚耕层、心土层、母质层组成。熟化土层质地大多均一，全剖面土壤容重1.1 ~ 1.5，总孔隙度42% ~ 58%。土壤通透性好，蓄水保肥能力强，耕性良好。由于下层质地黏重，多片状块状结构，保肥作用良好。灌漠土中的易溶盐多被淋洗，脱盐明显，石膏大部分被淋洗。灌漠土地处荒漠，生产脆弱而不稳定。生物覆盖率低，种类少，绝大部分为沙漠和草场，农耕地星散分布在戈壁沙漠中的绿洲内，林带交错，沟渠纵横，灌溉发达。利用上，针对土壤障碍因素，改造中低产田，改变单一种植业格局，以牧促农

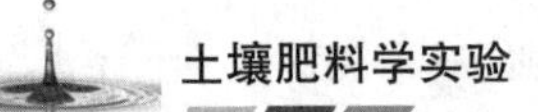

2.12 高山土纲

高山土壤是指青藏高原和与之类似海拔的高山垂直带中最上部的土壤，该土壤处于森林郁闭度以上，或无林的高山带。由于高山带上冻结和融化交替进行，土壤有机质腐殖化程度低，矿物质分解也较为微弱，土层浅薄，粗骨性强，层次分异不明显。在我国，高山土壤主要分布在青藏高原、天山、阿尔泰山等海拔3400 ~ 5500米的高山带。包括寒漠土、草毡土、黑毡土、冷漠土、寒钙土、寒冻土、冷钙土、冷棕钙土等土类。

3 我国土壤的分布规律

由于生物气候条件的作用，热量带和植被带呈现有规律的更替，土壤类型也发生相应的更替，呈现有规律的分布，包括水平地带性分布规律、垂直地带性分布规律等。

3.1 水平地带性分布规律

（1）纬度地带性分布规律：由于太阳辐射和热量在地表随纬度由南到北有规律地变化，从而导致气候、生物等成土因素以及土壤的性质、土壤类型也按纬度方向由南到北有规律地更替。在我国东部大陆上，土壤水平带由北向南顺次排列着：黑土—暗棕壤—棕壤、褐土—黄棕壤—黄壤、红壤—赤红壤—砖红壤。

（2）经度地带性分布规律：海陆位置的差异，以及山脉、地势的影响，造成温度和降雨量在空间分布上的差异，使水热条件在同一纬度带内从东往西、沿海到内陆随经度方向发生有规律的变化，从而导致土壤的性质和类型在这个方向上也发生规律变化。沿海到内陆也随经度方向有规律地更替。我国大陆由东向西，大气湿度逐渐降低，干燥度逐渐增加，北部温带的水平土壤带由东向西依次为：暗棕壤—黑土—黑钙土—栗钙土—棕钙土—灰漠土—漠境盐土。

3.2 垂直地带性分布规律

在山地区域，随着海拔的升高，温度逐渐降低，这导致热量由山麓到山顶自下而上发生有规律的变化，使成土条件、土壤性质和土壤类型也呈现由山麓到山顶，自下而上有规律变化特点，被称为土壤的垂直地带性分布规律。

[任务实施]

1 工作准备

1.1 明确任务

识别当地主要土壤类型，了解其特征、特性和可能存在的障碍因子。

1.2 现场准备

根据学校实际情况和当地土壤类型特点，确定调查地点。调查地点选择时需选择土壤类型较多且有代表性的地区。

1.3 资料准备

调查前尽可能收集调查区的土壤普查总结、土壤图、植被图、农业区划以及当地的基本情况等相关资料。

1.4 工具和仪器准备

土壤速测箱、剖面刀、铁铲、样本盒、取土袋、土钻、卷尺、剖面记载表等。

2 现场调查

2.1 调查内容

2.1.1 成土条件

成土条件的调查内容包括地形、植被（自然植被和人工植被）、母质、气候、地下水及水质、农业生产情况和土壤利用改良情况等。

2.1.2 典型土壤剖面观察

用土壤剖面观察方法进行土壤剖面挖掘和观察记录。

2.2 调查方法

2.2.1 现场观察

在调查区范围内，根据土壤类型进行现场观察，并初步绘制出土类分布草图。当调查具体某种土壤类型时，根据土壤剖面观察的记载要求，选择有代表性的地段，挖掘土壤剖面，按剖面调查项目划分层次，量取土层厚度，再进行项目鉴定和采集剖面标本。同时记载作物生长、土壤利用改良等情况并绘制剖面草图等。可根据调查目标进行剖面样品采集和分析。

2.2.2 调查访问

通过走访当地种植户了解和收集有关资料。

2.2.3 确定土壤类型

根据现场调查和走访等收集相关材料，确定土壤类型，总结出其主要理化特性和分布情况。

2.3 总结报告

通过野外土壤类型调查、走访和资料查阅，对收集到的资料和信息进行整理，并撰写调查报告。报告内容应包括目的意义、方法步骤、调查结果和建议（包括土类名称、面积、分布、主要理化特性、利用状况、存在的问题和改良培肥建议等）。

[复习思考]

1. 我国东北、华北、华南和西南地区有哪些主要的土壤类型？如何改良红壤？

2. 正确采集土壤样品有那些要求？

项目二　土壤物理性状分析

[项目提出]

土壤的质地、孔性、结构性和耕性等是土壤重要的物理性质。它们是植物生长的重要土壤条件，也是土壤肥力的重要指标，与土壤中水、气、热状况和养分的调节，以及植物根系的伸展和植物的生长发育密切相关。

土壤的水分和空气状况由固体颗粒的特性和组合状况所决定，即决定于土壤质地状况。土壤质地是土壤最基本的性状之一，是土壤通气、透水、保水、保肥、供肥、保温、导温和耕性等的决定性因素。它和土壤肥力、作物生长的关系最为密切、最为直接。我国农民历来重视土壤质地问题，一方面，农民根据不同质地的土壤肥力特性予以利用；另一方面，不断对质地不良的土壤进行改良，以提高土壤肥力。

土壤孔隙是指土壤中土粒或团聚体之间以及团聚体内部的空隙，是容纳水分和空气的空间，是物质和能量交换的场所，也是植物根系伸展和土壤中动物、微生物活动的地方。土壤结构是土壤中各级土粒相互团聚而形成的不同大小、形态和性质的团聚体，它影响着土壤水、肥、气、热的供应能力，并在很大程度上反映土壤肥力水平。土壤耕性是土壤在耕作时所表现的特性，是一系列土壤物理性质和物理机械性的综合反映，耕性的好坏直接影响着土壤耕作质量和土壤肥力。此外，土壤水分和空气是两大重要肥力因素，其状况也在很大程度上影响着土壤的热量状况、土壤化学和生物状况，进而影响土壤肥力。

因此，在生产实践中，经常需要对土壤的物理性状进行评价和分析。将能反映土壤物理性状的一些指标值作为判定土壤肥力状况，以及合理利用土壤和对土壤进行改良培肥的依据。

任务一　鉴别土壤质地

[任务描述]

土壤质地是土壤重要的物理性质之一，它反映了组成土壤矿物质颗粒的粗细程度和砂黏性质，直接影响土壤的持水性、透水性、通气性和物理机械性，同时，对土体的发育也有重要作用。土壤质地的鉴别是野外鉴定土壤的一个重要项目。本项任务为在野外用手测法判定土壤质地及其类型，并评价其生产性能。

[知识准备]

1 土壤质地

1.1 土壤质地定义

任何一种土壤都是由粒径不同的各种土粒组成的，任何一种土壤都不可能只有单一的粒级。同时，土壤中各粒级的含量分布也不均匀，而是以某一级或两级颗粒的含量和影响为主，从而显示出不同的颗粒性质。不同土壤其组成的大小粒级所占百分比不同，会导致土壤的理化性质和土壤肥力不同。土壤学上把利用机械分析方法测定和计算土壤的砂粒、粉粒和黏粒的质量分数组合称为土壤的机械组成（或颗粒组成）。

土壤质地是指在一定机械组成范围内，土壤理化性质相近的一类土壤，是对土壤类型的划分，如通常所说的砂土、壤土和黏土等就是根据各级土粒所占的比例在不同范围内而划定的。土壤质地是土壤的重要物理性质之一，对土壤肥力有重要影响。

1.2 土壤质地的分类

根据土壤中各粒级含量的百分率进行的土壤分类，叫作土壤的质地分类。土壤质地分类分述如下。

（1）国际制土壤质地分类：国际制土壤质地分类是一种三级分类法，即按砂粒、粉粒、黏粒三种粒级所占百分数划分为 4 类 12 种（见表 2–1）。国际制质地分类的主要标准是：以黏粒含量 15% 作为砂土类和壤土类同黏壤土类的划分界限；而以黏粒含量 25% 作为黏壤土类同黏土类的划分界限。以粉砂粒含量达 45% 以上作为“粉砂质”土壤的定名标准。以砂粒含量达 85% 以上为划分砂土类的界限，砂粒含量在 55% ~ 85% 时，作为“砂质”土壤定名标准。新中国成立前多采用这种分类，目前部分地区仍有采用。国际制土壤质地分类还可用三角坐标图表示（见图 2–1）。其用法和举例说明如下：以等边三角形的三个顶点分别代表 100% 的砂粒、粉粒和黏粒，而以其相对应的底边作为其含量百分数的起点线，各自代表 0% 的砂粒、粉粒和黏粒。如某土含砂粒（2 ~ 0.02 mm）45%，粉砂粒（0.02 ~ 0.002mm）15% 及黏粒（＜ 0.002mm）40%，则可以从三角坐标图中查得此三数据之线交叉位置在壤质黏土范围内，故此种土壤质地属于“壤质黏土”。

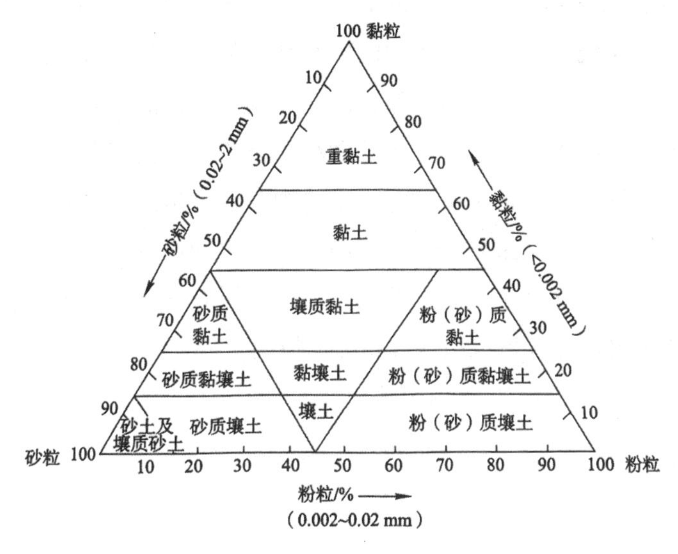

图 2–1　国际制土壤质地分类三角坐标图

表 2–1　国际制土壤质地分类（1958）

质地分类		所含各级土粒质量 /%		
类别	名称	黏粒（< 0.002 mm）	粉砂粒（0.02 ~ 0.002 mm）	砂粒（2 ~ 0.02mm）
砂土	1. 砂土及砂质壤土	0 ~ 15	0 ~ 15	85 ~ 100
壤土	2. 砂质壤土	0 ~ 15	0 ~ 45	55 ~ 85
	3. 壤土	0 ~ 15	30 ~ 45	40 ~ 55
	4. 粉砂质壤土	0 ~ 15	45 ~ 100	0 ~ 55
黏壤土类	5. 砂质黏壤土	15 ~ 25	0 ~ 30	55 ~ 85
	6. 黏壤土	15 ~ 25	20 ~ 45	30 ~ 55
	7. 粉砂质黏壤土	15 ~ 25	45 ~ 85	0 ~ 40
黏土类	8. 砂质黏土	25 ~ 45	0 ~ 20	55 ~ 75
	9. 壤质黏土	25 ~ 45	0 ~ 45	10 ~ 55
	10. 粉砂质黏土	25 ~ 45	45 ~ 75	0 ~ 30
	11. 黏土	45 ~ 65	0 ~ 35	0 ~ 55
	12. 重黏土	65 ~ 100	0 ~ 35	0 ~ 35

（2）我国土壤质地分类：中国科学院南京土壤研究所等单位综合国内的研究结果，将土壤分为 3 大组 12 种质地名称（见表 2–2）。我国北方寒冷少雨，风化作用较弱，土壤中的砂粒和粉粒的含量较多，细黏粒的含量较少。南方气候温暖，降水充沛，风化作用较强，故土壤中细黏粒的含量较多。因此，砂土的质地分类中的砂粒含量等级主要以北方土壤的研究结果为依据来划分，而黏土质地分类中的细黏粒含量的等级则主要以南方土壤的研究结果为依据来划分。对于南北方过渡的中等风化程度的土壤，以砂粒和细黏粒的含量是很难区分的。因此，以其含量最多的粗粉粒作为划分壤土的主要标准，再参照砂粒和细黏粒的含量来区分。

表 2-2　我国土壤质地分类

质地分类		颗粒组成 /%		
组别	名称	砂粒（1 ~ 0.05 mm）	粗粉粒（0.05 ~ 0.01 mm）	细黏粒（＜ 0.001 mm）
砂土	粗砂土	＞ 70	–	＜ 30
	细砂土	60 ~ 70	–	–
	面砂土	50 ~ 60	–	–
壤土	砂粉土	＞ 20	＞ 40	–
	粉土	＜ 20		–
	砂壤土	＞ 20	＜ 40	–
	壤土	＜ 20		–
	砂黏土	＞ 50	–	＞ 30
黏土	粉黏土	–	–	30 ~ 35
	壤黏土	–	–	35 ~ 40
	黏土	–	–	40 ~ 60
	重黏土	–	–	＞ 60

注：引自《中国土壤》第二版（1987 年版）。

2 土壤质地与土壤肥力的关系

2.1 砂土类

由于砂土类粒间孔隙大，其毛管作用弱，通气透水性强，内部排水通畅，不易积聚还原性有害物质，整地时无须深沟高畦，灌水时畦幅可较宽，但畦不宜过长，否则会因渗水过快造成灌水不匀，甚至畦尾无水。砂土水分不易保持，水蒸气也很容易通过大孔隙而迅速扩散逸向大气，因此土壤容易干燥、不耐旱。毛管上升水的高度小，故地下水位上升回润表土的可能性小。

砂土主要矿物成分是石英，含养分少，需要多施有机肥料。砂土保肥性差，施肥后容易因灌水、降雨而淋失。因此，在施用化肥时需要少量而频繁地施肥，防止漏失。施入砂土的肥料，因通气性好，养分转化和供应速度快，如果有未被作物吸收的养分，土壤很难保留，因此肥效常表现为

猛而不稳，前劲大而后劲不足。如果只施基肥而忽视追肥，会产生“发小苗不发老苗”的情况。因此，砂土施肥除增施有机肥做基肥外，还必须适时追肥。砂土经常处于通气良好的状态，好气性微生物活动强烈，土壤中有机质分解迅速，易释放有效养分，促使作物早发，但有机质不易积累，一般有机质含量比黏土类低。砂土因水分含量较低，热容量较小，易增温也容易降温，昼夜温差较大，这对于某些作物是不利的，如小麦返青后容易因此而受冻害或冷害，但种植甘薯类及其他块根块茎作物时，则有利于淀粉的累积。砂土在早春气温上升时很快转暖，所以称为“热性土”，但晚秋一遇寒潮，温度下降也快，作物易受冻害。砂土松散易耕，但缺少有机质的砂土泡水后容易沉淀、板结、闭气，且不易插秧，要边耕边插，浑水插秧。

2.2 黏土类

黏土类由于粒间孔隙很小，多为极细毛管孔隙和无效孔隙，故通气不良，透水性差，内部排水慢，易受渍害和积累还原性有毒物质，故需“深沟高畦”，以利排水通气。黏土一般矿质养分较丰富，特别是钾、钙、镁等含量较多。这主要是因为黏粒本身含养分多，同时还因为黏粒有较强的吸附能力，使养分不易淋失，因黏土通气性差，好气性微生物受到抑制，有机质分解较慢，易于积累腐殖质，故黏土中有机质和氮素含量一般比砂土高。在施用有机肥和化肥时，由于分解慢和土壤保肥性强，表现为肥效迟缓、肥劲稳长。

黏土保水力强、含水量多、热容量较大，升温慢降温也慢，昼夜温差小，早春升温时土温上升较慢，故又称“冷性土”。如生长在黏土上的早稻前期容易因低温而僵苗不发。在黏土上生长的作物，其苗期也常由于土温低、氧气少、有效养分少而生长缓慢，小苗瘦弱矮黄；但生长后期因肥劲长，水分、养分充足而生长茂盛，甚至贪青晚熟，出现所谓“发老苗不发小苗”的现象。黏土干时紧实坚硬，湿时泥烂，耕作费力，宜耕期短。顶土力差的种子在黏土中不易发芽出苗，容易产生缺苗断垄现象。因此黏土必须掌握宜耕期操作，注意整地质量。

2.3 壤土类

这类土壤由于砂黏适中，兼有砂土类、黏土类的优点，消除了砂土类和黏土类的缺点，是农业生产上质地比较理想的土壤。它既有一定数量的大孔隙，又有相当多的毛管孔隙，故通气透水性良好，又有一定的保水保肥性能，含水量适宜，土温比较稳定，黏性不大，耕性较好，宜耕期较长，适宜种植各种作物，“既发小苗又发老苗”。有些地方群众所称的“四砂六泥”或“三砂七泥”土壤就相当于壤土。含粗粉砂较多（40% 以上）而又缺乏有机质的土壤，泡水后易淀浆板结、闭气，不利于植物根系发育和生长。

3 不同质地土壤的利用

各种作物因其生物学特性上的差异，加之对耕作和栽培措施的要求也不完全相同，所以它们所需要的最适宜的土壤条件就可能不同（详见表 2–3），土壤质地是其中重要的条件之一。例如，砂土宜于种植生长期短的作物及块根块茎类作物，而需肥较多的或生长期较长的谷类作物，则一般宜在黏质壤土和黏土中生长。一些耐旱耐瘠的作物（如芝麻、高粱等），以及实施早熟栽培的作物（如蔬菜等），也以砂质至砂壤质土壤为宜。单季晚稻生长期长，需肥较多，宜种在黏壤土中，而双季稻则因要求其早发速长，故宜在灌排方便的壤质和黏壤质土壤中生长。果树一般要求土层深厚、排水良好的砂壤至中壤质的土壤。茶树以排水良好的壤土至黏壤土最为适宜；而较黏的土壤，如含有小的石砾，有利于土壤内部排水，对茶树生长也有利。应该指出，大部分作物对土壤质地的适应范围都相当广泛。不过，也有些作物生长在过黏和过砂的土壤中，往往会出现衰退现象，这是水、肥、气、热等肥力因素失调所引起的，可以通过灌排、施肥、松土、覆盖、镇压以及其他一些土壤管理和栽培措施而达到防治的效果。

表 2–3　主要作物的适宜土壤质地范围

作物种类	土壤质地	作物种类	土壤质地
水稻	黏土、黏壤土	梨	壤土、黏壤土
小麦	黏壤土、壤土	桃	砂壤土、黏壤土
大麦	壤土、黏壤土	葡萄	砂壤土、砾质壤土
粟	砂壤土	豌豆、蚕豆	黏土、黏壤土
玉米	黏壤土	白菜	黏壤土、壤土
甘薯	砂壤土、壤土	甘蓝	砂壤土、黏壤土
棉花	砂壤土、壤土	萝卜	砂壤土
烟草	砾质砂壤土	茄子	砂壤土、壤土
花生	砂壤土	马铃薯	砂壤土、壤土
油菜	黏壤土	西瓜	砂土、砂壤土
大豆	黏壤土	茶	砾质黏壤土、壤土
苹果	壤土、黏壤土	桑	壤土、黏壤土

4 土壤质地的改良

4.1 增施有机肥料，改良土壤性状

有机质的黏结力和黏着力比砂粒强，比黏粒弱。通过施用有机肥，可以促进砂粒团聚，降低黏粒的黏结，改善土壤的结构性和耕性，提高土壤有机质和养分含量，这一方法既可改良砂土，也可改良黏土，有机肥料的增施是改良土壤质地最有效和最简便的方法。

4.2 掺砂掺黏、客土调剂

如果砂土地（本土）附近有黏土、河沟淤泥（客土），可采用搬黏掺砂，黏土地（本土）附近有砂土（客土）可搬砂掺黏，改良本土质地。客土用量可根据本、客土的颗粒组成及要求的质地标准进行估算，逐年改良，最终达到“三泥七砂”或“四泥六砂”。掺砂掺黏的方法有遍掺、条掺和点掺三种。

4.3 翻淤压砂、翻砂压淤

如果砂土下面有淤黏土，或黏土下面有砂土，可以采取表土“大揭盖”翻到一边，然后使底土“大翻身”，将上下层的砂土与黏淤土充分混合，改良土壤质地。

4.4 引洪放淤、引洪漫地

在面积大、有条件进行放淤或漫地的地区，可利用洪水中的泥沙改良砂土和黏土。引洪放淤改良砂土时，要注意提高进水口，以减少砂粒进入；如引洪漫地改良黏土时，则应降低进水口，以引入多量粗砂。引洪量视洪水泥沙含量而定，引洪之前开好引洪渠，地块周围打起围植，划分畦块，按块淤漫，引洪过程中，要边灌边排，留砂留泥不留水。

4.5 根据不同质地采用不同的耕作管理措施

砂土整地时，畦可低一些，垄可放宽一些，播种宜深一些，播种后要镇压接墒，施肥要多次少量，注意勤施。黏土整地时，要深沟、高畦、窄垄；要注意掌握适宜含水量及时耕作，精耕、细耙、勤锄。黏土水田要尽量能冬耕晒田，植稻期间注意放水烤田，插秧深度宜浅一些。施肥要求基肥足，前期注意施用适量种肥和追肥，促进幼苗生长，后期注意控制追肥，防止贪青徒长。

5 土壤质地的判定

5.1 简易密度计法

5.1.1 原理

一定量的土粒经物理、化学处理后分散成单粒，将其制成一定体积的悬浊液，使分散的土粒在悬浊液中自由沉降。由于土粒大小不同，沉降的速度也不同，所以不同时间、不同深度的悬浊液表现出不同的密度。因此，在一定的时间内，待某一级土粒下降后，用甲种土壤密度计可测得悬浮在密度计所处深度的悬浊液中的土粒含量，经校正后可计算出各级土粒的质量分数，然后查表确定出质地名称。简易密度计法测定土壤质地，一般分为分散、筛分和沉降三个步骤。

5.1.2 土壤样品的分散处理

根据要求精密度不同。对于要求精度不高的土样，分析时可省去去除有机质和脱钙的步骤，采用直接分散法，但要求高精度的需去除有机质和脱钙。同时，要根据土壤 pH 值采用不同的分散剂：

50g 酸性土壤 + 40mL 0.5mol/L NaOH

50g 中性土壤 + 20mL 0.25mol/L $Na_2C_2O_4$。

5.1.3 粗土粒的筛分

粒径＞ 0.6mm 的粗土粒，用孔径粗细不同的土壤筛相继筛分，经分散处理的土样悬浊液，可得到不同粒径的土粒数量，但由于粒径＞ 0.1 mm 的土壤颗粒在水中沉降速度太快，悬液测定常常得不到较好的结果。因此，应对＞ 0.1mm 粒径进行筛分。

5.1.4 细土粒的沉降分离

当充分分散的土粒均匀地悬浮在静水中，由于重力作用，土粒开始沉降，刚开始，土粒沉降速度渐增。由此引起的介质的黏滞阻力随之增加，仅在一瞬间，重力与阻力达到平衡（加速度为 0），土粒便做均速沉降。此时，沉降速度与土粒半径平方成正比，即斯托克斯定律，其公式为：

$$V=\frac{2}{9}gr^2\times\frac{d_{s-}d_w}{\eta}=kr^2$$

式中，V 为土粒沉降速度，cm/s；g 为重力加速度，9.8 m/s^2；r 为土粒半径，cm；d_s 为土粒密度，g/cm^3；d_w：为介质（水）密度，g/cm^3；η 为介质（水）的黏滞系数，g/（cm · s）；k 为常数。

表 2-4　小于某粒径颗粒沉降时间表

温度/℃	粒径小于 χ 的沉降时间				温度/℃	粒径小于 χ 的沉降时间			
	0.05mm	0.01mm	0.005mm	0.001mm		0.05mm	0.01mm	0.005mm	0.001mm
4	1′32″	43′	2h55′	48h	23	54″	24′30″	1h45′	48h
5	1′30″	42′	2h50′	48h	24	54″	24′	1h45′	48h
6	1′25″	40″	2h50′	48h	25	53″	23′30″	1h40′	48h
7	1′23″	38′	2h45′	48h	26	51″	23′	1h35′	48h
8	1′20″	37′	2h40′	48h	27	50″	22′	1h30′	48h
9	1′18″	36′	2h30′	48h	28	48″	21′30″	1h30′	48h
10	1′18″	35′	2h25′	48h	29	46″	21′	1h30′	48h
11	1′15″	34′	2h25′	48h	30	45″	20′	1h28′	48h
12	1′12″	33′	2h20′	48h	31	45″	19′30″	1h25′	48h
13	1′10″	32′	2h15′	48h	32	45″	19′	1h25′	48h
14	1′10″	31′	2h15′	48h	33	44″	19′	1h20′	48h
15	1′08″	30′	2h15′	48h	34	44″	18′30″	1h20′	48h
16	1′06″	29′	2h5′	48h	35	42″	18′	1h20′	48h
17	1′05″	28′	2h	48h	36	42″	18′	1h15′	48h
18	1′02″	27′30″	2h55′	48h	37	40″	17′30″	1h15′	48h
19	1′00″	27′	2h55′	48h	38	38″	17′30″	1h15′	48h
20	58″	26′	2h50′	48h	39	37″	17′	1h15′	48h
21	56″	26′	2h50′	48h	40	37″	17′	1h10′	48h
22	55″	25′	2h50′	48h					

一定深度的一段液柱内，它的悬浊液密度将逐渐降低，利用特制的土壤密度计，在规定时间内，测定某一深度悬浊液的密度，从而换算出土壤的粗细颗粒的比例，并可推算出土壤质地等级。用甲种土壤密度计（土壤相对质量密度计），可以直接指示出密度计所处深度的悬浊液中土粒含量。可从密度计刻度上直接读出每升悬浊液中所含土粒的质量。不同粒径的土粒含量可按不同温度下土粒沉降时间测出。

5.2 手测法

在实验室用机械分析法，测出土壤各粒级的土粒含量百分率后，根据

质地分类表查出土壤质地类型，而在野外通常用手测法鉴别土壤质地。

5.2.1 土壤质地手测法的原理

各粒级的土粒，具有不同的黏性和可塑性。砂粒粗糙，无黏性，不可塑；粉粒光滑如粉，黏性与可塑性较弱；黏粒细腻，表现较强的黏性和可塑性。不同质地的土壤，各粒级土粒的组成不同，表现出粗细程度、黏性和可塑性的差异。手测法即在干、湿两种情况下，搓揉土壤，凭手指的触感和听觉，根据土粒的粗细、滑腻和黏韧情况，判断土壤质地类型。

5.2.2 土壤质地手测法的判断标准

手测法包括干测法和湿测法，两者相互补充，但一般以湿测法为主。干测法：取玉米粒大小的干土块，放在拇指和食指之间摩擦，使之破碎。根据指压时的感觉和用力大小来判断。湿测法：取土一小块（比算盘珠略大），放于掌中用手指捏碎，除去石砾、根系、新生体或侵入体，加水少许，水分以使土粒充分浸润为度，调至不感觉有复粒存在，根据能否搓成球、条及弯曲时断裂等情况加以判断。土壤质地手测法判断标准见表 2–5。

表 2–5　土壤质地手测法判断标准

质地名称	干时手指间挤压或摩擦的感觉	湿时揉搓塑形表现
砂土	干土块毫不用力即可压碎，砂粒明显可辨，手捻时粗糙刺手、沙沙作响	不能成球形，用手捏可成团，松手即散，不能成片
砂壤土	干土块用小力即可捏碎，手捻有较粗糙的感觉、有响声	勉强可成厚而极短的片状，能搓成表面不光滑的小球，不能搓成条
轻壤土	干土块稍用力挤压即碎，手捻有粗糙感	片长不超过 1cm，片面较平整，可成直径约 3mm 土条，但提起后易断裂
中壤土	干土块用较大的力才能压碎，手捻有粗面感，砂粒和黏粒含量大致相同	可成较长的薄片，片面平整，无反光，可搓成直径约 3mm 的小土条，弯成直径 2 ~ 3cm 圆环时会断裂
重壤土	干土块用大力才能破碎成大小不一的粉末，黏粒含量较多，略有粗糙感	可成较长的薄片，片面光滑，有弱反光，可搓成直径约 2mm 的小土条，能弯成直径 2 ~ 3cm 圆环，压扁时有裂缝
黏土	干土块很硬，用力不能捏碎，细面均一，有滑腻感	可成较长的薄片，片面光滑，有强反光，可搓成直径约 2mm 的细条，能弯成直径 2 ~ 3cm 圆环，压扁时无裂缝

【任务实施】

1 工作准备

1.1 明确任务

手测法鉴别土壤质地。

1.2 准备用品

准备砂土、壤土、黏土等标准质地样本，待测土壤样本，水。

2 室内练习

2.1 对已知质地的土壤进行手摸测定

按照先摸后看、先砂后黏、先干后湿的顺序反复练习，直至熟悉判断标准指标（见表 2–5）。先摸后看就是首先进行目测，观测有无坷垃、坷垃多少和软硬程度。质地粗的土壤一般无坷垃，质地越细，坷垃越多越硬。砂质土壤比较粗糙无滑感，黏重的土壤正好相反。湿试法加水多少是一个关键，以不黏手为最佳，随后按照搓球、搓片、搓条、弯曲的顺序进行，最后将圆环压偏成片状，观察指纹是否明显。土条的粗细和圆环的直径大小，直接影响结果的准确度，严格按规定进行。

2.2 鉴定待测土壤样本的质地

用待测的土壤样本按照上述操作确定其质地名称。

3 田间实地鉴定土壤质地

野外田间鉴别待测地块的土壤质地。土壤质地野外手感鉴定分级标准见表 2–6。

表 2-6 土壤质地野外手感鉴定分级标准

质地名称	手捏	手刮	手挤
砂土	不管含水多少，都不能搓成球	不能成薄片，刮面全部为粗砂粒	不能挤成扁条
砂壤土	能搓成不稳定的土球，但搓不成条	不能成薄片，刮面留下很多细砂粒	不能挤成扁条
轻壤土	能搓成直径 3 ~ 5mm 粗的小土条，拿起时摇动即断	较难成薄片，刮面粗糙似鱼鳞状	能勉强挤成扁条，但边缘缺裂大，易断
中壤土	小土条弯曲成圆环时有裂痕	能成薄片，刮面稍粗糙，边缘有少量裂痕	能挤成扁条，摇动易断
重壤土	小土条弯曲成圆环时无裂痕，压扁时产生裂痕	能成薄片，刮面较细腻，边缘有少量裂痕，刮面有弱反光	能挤成扁条，摇动不易断
黏土	小土条弯曲成圆环时无裂痕，压扁时也无裂痕	能成薄片，刮面细腻平滑，无裂痕，发亮光	能挤成卷曲扁条，摇动不易断

4 土壤质地评价

根据鉴定结果对土壤的肥力性状做出评价及提出改良措施。

5 完成报告

撰写手测法鉴别土壤质地任务实施报告。

任务二　测定土壤的含水量

[任务描述]

土壤含水量是土壤生产性能高低的一个重要指标，是了解土壤水分在各方面作用的基础，也是播种、保墒和灌排的依据。在生产实践中，经常需要掌握土壤的自然含水量。此外，在进行土壤理化分析时，一般用风干土作为分析样品，而为便于比较，分析结果则要采用烘干土作为基数进行计算，因而经常要测定土样中吸湿水的含量。

本任务为用酒精燃烧法测定土壤的自然含水量，了解土壤水分状况，在生产实践中，能合理调控土壤水分，实现土壤水分的高效利用，提高水资源的利用效率。

[知识准备]

1 土壤水保持

土壤水分是自然界水分循环的一个组成部分，它来源于降雨或灌溉水。由于土壤是一个疏松多孔体，当水分进入土体时，同时受到三种引力即土—水界面的吸附力、土体的毛管力和重力的作用的影响，沿土粒表面和土粒之间的孔隙移动、渗透，并使部分水分保留在土壤孔隙内，也有一部分水在重力的作用下排出土体。土—水界面的吸附力包括：①水分子与固体颗粒（特别是胶体颗粒）表面的氧元素所形成的氢键，其吸附力很强，但它的作用仅限于极短程的距离范围。②胶粒表面因带电荷而其外围则有相反离子，故在其带电质点周围产生静电场，而水因其本身的极性就在此静电场呈定向排列，水分子间也是通过氢键相互吸引。这种吸附力作用的有效距离与前者相比要稍长，但其作用力要弱得多。土壤吸附力的大小以及由吸附力保持的水量，主要取决于该土壤的比表面积、胶粒及其吸附离子的种类。通常质地愈黏，有机胶体和 2 ∶ 1 型黏粒矿物愈多，吸附力愈强，借此保持的水量也愈多。③土粒孔隙中水分和空气的界面呈现弯月面形，在这个弯月面下，水承受着一种张力，即毛管力。土壤孔隙中的水分是借毛管力而被保持的，传统上称为毛管水。此外，土壤水分还受到重力的作用，当水分含量过多，土壤孔隙不能保持的多余水分将在重力的作用下向下移动而迁移出土体。

2 土壤水分的类型和性质

2.1 土壤吸湿水

固相土粒借其表面的分子引力和静电引力从大气和土壤空气中吸附气态水，附着于土粒表面成单分子或多分子层，称为土壤吸湿水。因其受到土粒的强吸力，这一层水分子呈定向紧密排列，密度 1.2 ~ 2.4g/ cm^3，平均 1.5g/ cm^3，无溶解能力，不能以液态水形式自由移动，也不能被植物吸收。因此，它是一种无效水。土壤质地越黏、有机质越高、比表面积越大和大气湿度越大，吸湿水含量越高。

2.2 土壤膜状水

吸湿水达到最大后，土粒还有剩余的引力吸附液态水，在吸湿水的外围形成一层水膜，这种水分被称为膜状水。膜状水所受到的引力较吸湿水要小，其靠近土粒的内层，受到的引力为 3.1MPa；外层距土粒相对较远，受到的引力为 0.625MPa。由于一般作物根系的吸水力平均为 1.5MPa，因此膜状水的外层部分对作物的有效性高。当土壤水分受到的引力超过 1.5MPa 时，作物便无法从土壤中吸收水分而永久凋萎，此时的土壤含水量就称为凋萎系数。凋萎系数主要受土壤质地的影响，通常情况下，土壤质地越黏，凋萎系数越大。当膜状水达到最大厚度时的土壤含水量称为最大分子持水量，它包括吸湿水和膜状水，其数值相当于最大吸湿量的 2 ~ 4 倍。

2.3 土壤毛管水

当土壤水分含量超过最大分子持水量后，水分不再受土粒引力的作用，成为可以移动的自由水。靠毛管力保持在土壤孔隙中的水分被称为毛管水。毛管水所受的毛管引力在 0.625 ~ 0.01MPa，远小于作物根系的平均吸水力（1.5MPa），因此毛管水既能保持在土壤中，又可被作物吸收利用。毛管水在土壤中能够上下左右移动，并且具有溶解养分的能力，所以毛管水的数量对作物的生长发育具有重要意义。

毛管水的数量主要取决于土壤质地、腐殖质含量和土壤结构状况。通常有机质含量低的砂土，大孔隙多，毛管孔隙少，仅土粒接触处能保持少部分毛管水；而质地过于黏重、结构不良的土壤中，细小的孔隙中吸附的水分几乎全是膜状水；只有砂土与黏土比例适当，有机质含量丰富，具有良好团粒结构的土壤，其内部发达的毛管孔隙才能保持大量的水分。根据土层中毛管水与地下水有无连接，通常将毛管水分为毛管支持水和毛管悬着水。

毛管支持水指地下水层借毛管力支持上升进入并保持在土壤中的水分。毛管支持水的上升高度因地下水位的变化而异，地下水位上升，毛管支持水层的高度随之上升；地下水位下降时，毛管支持水的高度也随之下降。此外，毛管支持水的高度还与土壤质地有关，砂土的毛管支持水上升高度低，黏土的上升高度也有限，壤土的毛管支持水上升高度最大。当毛管支持水达到最大时的土壤含水量称为毛管持水量，它实质上是吸湿水、膜状水和毛管上升水的总和。当地下水位适当时，毛管支持水可达根系分布层，是作物所需水分的重要来源之一；当地下水位很深时，毛管支持水达不到根系分布层，不能发挥补水作用；若地下水位过浅，则易发生渍害；当地下水位中含可溶性盐分较多时，毛管支持水还可引起土壤盐渍化。

毛管悬着水是指当地下水埋藏较深时，降雨或灌溉水靠毛管力保持在土壤上层未能下渗的水分。它与地下水无联系，因此不受地下水位升降的影响。毛管悬着水是作物所需水分的重要来源，尤其在地下水位较深的地区，这种水分更加重要。毛管悬着水达到最大时的土壤含水量称为田间持水量。它是农田土壤所能保持的最大水量，也是旱地作物灌溉水量的上限。通常田间持水量的大小主要取决于土壤孔隙的大小和数量，而孔隙的大小和数量又依赖于土壤质地、腐殖质含量、结构状况和土壤耕耙整地的状况。

2.4 土壤重力水

土壤重力水指当土壤水分含量超过田间持水量之后，过量的水分不能被毛管吸持，而在重力的作用下沿着大孔隙向下渗漏成为多余的水。当重力水达到饱和，即土壤所有孔隙都充满水分时的含水量称为土壤全蓄水量或饱和持水量。它是计算稻田灌水定额的依据。

土壤重力水是可以被作物吸收利用的，但由于它很快渗漏到根层以下，因此不能持续被作物吸收利用，且在重力水过多时，土壤通气不良，影响旱作物根系的发育和微生物的活动；而在水田中则应设法保持重力水，防止漏水过快。当重力水流到不透水层时就在那里聚积形成地下水，若地下水埋藏深度适宜，可借助毛管作用满足作物需要；若地下水埋藏深度过浅，可能引起土壤沼泽化或盐渍化。

3 土壤水的表示方法

土壤水分含量一般以一定质量或容积土壤中的水分含量来表示，常用的表示方法有以下几种。

3.1 土壤质量含水量

土壤质量含水量是指一定质量的土壤中所保持的水分质量占干土质量的比重，标准单位是 g/kg，通常用质量百分数来表示。在生产实践中，如没有说明是何种类型的土壤含水量，则为质量含水量。在自然条件下，土壤含水量变化范围很大，为了便于比较，大多采用烘干土质量（指 105℃烘干下土壤样品达到恒重，轻质土壤烘干 8h 可以达到恒重，而黏土需烘干 16h 以上才能达到恒重）为基数。因此，质量含水量是使用最普遍的一种方法，其计算公式如下：$r_w=(m_1-m_2)/m_2\times1000$。$r_w$ 为土壤质量含水量（g/kg）；m_1 为湿土质量（g）；m_2 为干土质量（g）。

3.2 土壤容积含水量

土壤容积含水量是指土壤水分容积与土壤容积之比，常用 Q 表示，单位为 cm^3/cm^3。用百分率表示时，称为容积百分率。它可以说明土壤水分在土壤孔隙容积所占的比例和水、气容积的比例。其计算公式如下：

土壤容积含水量 = 土壤水分容积 / 土壤容积

= 土壤质量含水量（%）× 土壤密度（g/cm^3）

由于灌溉排水设计需以单位体积土体的含水量进行计算，因此土壤容积含水量在农田水分管理及水利工程上应用较广泛。

3.3 土壤相对含水量

土壤相对含水量是指土壤实际的含水量占该土壤田间持水量的百分比。它是生产中经常使用的一个概念，能避开不同土壤性质对水分含量的影响，更好地反映土壤水分的有效性和土壤水气状况。通常旱地作物生长适宜的相对含水量是田间持水量的 70% ~ 80%，而成熟期则宜保持在 60% 左右。

土壤相对含水量 = 土壤含水量 / 土壤田间持水量 × 100%

4 土壤水分状况与作物生长

4.1 作物对土壤水分的需求

一般作物体内含水 60% ~ 80%，蔬菜瓜果的含水量达 90% 以上。水也是光合作用的原料之一，光合产物的运移必须有水分的参与；作物的新陈代谢也必须有水的参与才能进行。农作物从土壤中吸收的水分大部分用于叶面蒸腾而散失热量，以维持作物体温稳定。因此，土壤水分是维持作物正常生理和生命活动所必需的重要条件。

土壤水分是影响作物出苗率的重要因素。作物种子的吸水量因其大小及淀粉、蛋白质、脂肪的含量不同而异，从而吸水多少及要求适宜的土壤湿度也不同。豆类需要吸收相当于种子重量 90% ~ 110% 的水分，麦类吸收 50% ~ 60%，玉米吸收 40%，谷子仅需 25%。

作物整个生育期对土壤水分的要求也不同，一般作物的需水特点是苗期需水较少；随着作物的生长，需水量逐渐增大，至生育盛期时达到最大；随着作物的成熟需水量又逐渐减少。若某一生育期土壤缺水，会对作物产量产生严重影响，这一时期称为需水临界期。不同作物的需水临界期也不同，例如麦类为抽穗至灌浆期，玉米在抽雄期，高粱在花序形成至灌浆期，棉花在花铃期，豆类、花生在开花期，水稻在孕穗抽穗期，马铃薯在开花

至块茎形成期，向日葵在花盘形成到开花期。通常情况下，植物苗期与成熟期供水可较少，在需水临界期则应满足作物对土壤水分的要求。

4.2 土壤水分影响作物对养分的吸收

土壤水分状况直接影响作物对养分的吸收。土壤中有机养分的分解矿化离不开水分的参与，施入土壤中的化学肥料只有在水中才能溶解，养分离子向根系表面迁移，作物根系对养分的吸收必须通过水分介质来实现。试验证明，当土壤水分含量适宜时，土壤中养分的扩散速率高，从而能够提高养分的有效性。

5 土壤水分的调节

在田间自然条件下，土壤水分状况常常与作物生育的要求不相适应，因此必须通过灌排等措施加以调节和改良，以满足作物的生长需求和高产要求。主要可从以下几个方面入手。

5.1 搞好农田基本建设

主要包括农田和排灌系统的建设。田面平整有利于降水和灌溉水的入渗，减少地面径流；增加土壤有机质、改良土壤结构、培肥土壤，可以增强土壤蓄水性和透水性，提高土壤保水能力；排灌系统的配套有利于灌溉和排水。

5.2 合理灌溉和排水

土壤水分不足时，灌溉是调节水分的根本措施。灌溉的方式有漫灌、畦灌、沟灌、喷灌、滴灌、渗灌等，根据作物的规律和土壤供水特性适时、适量地灌溉。在土壤水分过多的情况下，农田排水是排出地表积水、降低地下水位及表层土壤内滞水的重要手段。

5.3 合理耕作，蓄水保墒

土壤是重要的水分贮藏库，适当的耕作措施可以达到减少土壤水分损失、维持土壤水分含量的目的。耕翻、中耕、耙概、镇压等耕作措施，在不同情况下可以起到不同的水分调节效果。如秋耕或伏耕，一方面可以充分接纳雨水，另一方面可以增加土壤对雨水的保蓄能力；中耕可以疏松表土，增加土壤水分蒸发阻力，减少土壤水分的消耗；春耙可使地表出现一层疏松的干土层，切断土壤毛管，减少土壤水分蒸发；镇压可以降低通气孔度，起到强底墒的作用。

5.4 地面覆盖

覆盖是旱作农业保水保温的良好生产措施。所有覆盖措施都有利于减少土壤水分的蒸发损失，提高表层水分含量。

5.5 发展节水农业，合理利用水资源

我国水资源相对贫乏，并且分布不均衡，这加剧了水资源的供需矛盾，而农业又是用水大户，因此发展节水农业具有十分重要的意义。

节水农业是一种提高整个水资源利用率和利用效益的农业类型，包括农业水资源的合理分配和管理、节水的输水工程、节水灌溉、充分利用降水及土壤水的工程技术和农业技术等。在发展节水农业方面，需要进行以下几方面的工作：建立节水和耗水少的输水系统，防止渠系渗漏，减少渠道蒸发损失，提高灌溉水利用系数。推广节水灌溉技术和节水灌溉制度，提高单位灌溉水的生产效率。在条件允许的情况下，尽量采用喷灌、滴灌、渗灌等灌溉技术，尽量减少大水漫灌。调整农业结构，推广节水农业技术，发展旱作农业，提高水分利用率。培育抗旱新品种，选用耐旱、节水农业作物品种。选用节水农业技术，采取轮作、间作、地面覆盖、少耕免耕等技术措施，减少土壤蒸发。增施肥料，以肥调水，促进作物对深层土壤水分的利用。

6 土壤水分含量的测定方法

测定土壤含水量的方法有很多，常用的有烘干法和酒精燃烧法。现在

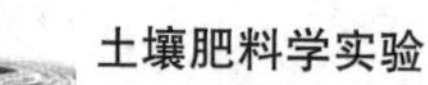

有多种土壤水分快速测定仪，可用于土壤含水量的快速测定。为保证测定结果的准确性，一般应至少重复三次，然后取算术平均值。

6.1 烘干法

用干燥箱在（105 ± 2）℃的温度下，将土壤样品烘干至恒重，然后计算烘干前后土壤样品的质量之差，即土壤样品所含水分的质量，再据此计算出土壤的含水量。该方法在烘干过程中，土样中的吸湿水从土壤表面蒸发，而结晶水不会受到破坏，土壤有机质也不会分解。因此，这种方法可用于风干样品吸湿水含量的测定，也可用于土壤实际含水量的测定。

6.2 酒精燃烧法

通过利用酒精在土壤样品中燃烧释放的热量，土壤中的水分迅速蒸发达到干燥的状态，根据燃烧前后样品质量的差异，计算土壤含水量的百分数。酒精燃烧法测定土壤水分速度较快，但精确度较低，只适合田间速测。在此方法中，酒精燃烧在火焰熄灭前几秒钟，即火焰下降时，土温才迅速上升到 180 ~ 200℃，然后温度又迅速降至 85 ~ 90℃，然后缓慢冷却。由于高温阶段时间短，因此样品中的有机质及盐类损失很少，故此法测定的土壤含水量有一定的参考价值。在使用酒精燃烧法测定土壤含水量时，一般情况下要经过 3 ~ 4 次才可达到恒重。

[任务实施]

1 工作准备

1.1 明确任务

用烘干法测定土壤的自然含水量。

1.2 组织和知识准备

以小组为单位，由教师引导，进行必要的知识准备。小组讨论，明确任务目标，确定方案。

1.3 准备所需仪器用具与试剂

恒温干燥箱，钳子，干燥器，天平（感量0.01g、0.001g），土铲，土钻，铝盒，剖面刀，标签，塑料袋，量筒（10mL），土壤筛等。

2 试样的选取和制备

2.1 风干土样

选取有代表性的风干土壤样品，压碎，通过1mm筛，混合均匀后备用。

2.2 新鲜土样

用土铲在田间挖取表层土壤1kg左右，装入塑料袋中，带回室内测定。

3 测定操作

3.1 风干土样水分测定

取小型铝盒，在105℃恒温干燥箱中烘烤约2h，移入干燥器内冷却至室温，称重（W_1），准确至0.001g。称取风干土壤5.000g，均匀平铺在铝盒中，盖好，称重（W_2）。将铝盒盖放在盒子底下，置于105℃恒温干燥箱中烘烤约6h。取出，盖好，移入干燥器内冷却至室温（约20min），立即称重（W_3）。风干土样水分的测定应做两份平行。

3.2 新鲜土样水分的测定

称取铝盒重量（W_1），准确至0.01g。称取风干土壤20.00g，均匀平铺在铝盒中，盖好，称重（W_2）。将铝盒盖放在盒子底下，置于105℃恒温干燥箱中烘烤约12h。取出，盖好，移入干燥器内冷却至室温（约30min），立即称重（W_3）。新鲜土样水分的测定应做三份平行。

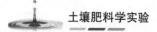

4 结果记录及计算

将结果记录在下表（表 2–7）中，并根据公式计算土壤含水量。土壤含水量（%）=（W_2–W_3）/（W_2–W_1）×100%

表 2–7　土壤含水量测定数据记录表

样品号	重复	盒盖号	铝盒号	铝盒重 W_1/g	盒加新鲜土重 W_2/g	盒加干土重 W_3/g	含水量 /%	平均值 /%

5 完成报告

根据测定结果，结合土壤质地，对土壤水分含量做出评价并完成报告。

[复习思考]

1. 简述土壤液态水的形态类型和有效性。

2. “以水调气、以水调肥、以水调热” 是一项重要的农业生产管理措施，为什么？

任务三　测定土壤比重、容重和孔隙度

[任务描述]

土壤空气是土壤的重要组成部分，也是土壤肥力的因素之一。土壤空气源自大气，它存在于未被土壤水分占据的孔隙中，其含量与土壤水分互为消长。因此，凡影响土壤孔隙和土壤水分的因素，都影响土壤的空气状况。

肥力水平高的土壤，其空气数量及不同气体组成的比例情况，均应满足作物正常生长发育的需要。

土壤容重是一个应用很广的基本参数值，是单位体积原状土壤的干土质量。土壤容重的大小与土壤质地、松紧程度、土壤层次、有机质含量以及耕作等有着密切关系。土壤容重反映了土壤的松紧程度，可用于计算土壤孔隙度、一定体积的土壤质量，还可以进一步计算土壤水分、有机含量、养分等的贮量。

本任务为认知土壤孔隙和孔隙度，以及土壤孔隙与土壤肥力的关系，用环切法测定土壤容重，用土壤容重值计算土壤孔隙度和空气容积，并对土壤水状况、空气状况、松紧度等做出评价，提出调节土壤孔隙状况的措施。

[知识准备]

1 土壤空气

1.1 土壤空气的组成

土壤空气与近地表大气不断地进行着交换，其组成与大气相似，但在各组成成分的含量上存在差异。土壤空气组成的特点如下。

（1）土壤空气中的二氧化碳含量比大气高出十至数百倍。这是土壤有机质在其分解过程中释放大量的二氧化碳、作物根系和土壤微生物的呼吸作用，以及土壤中碳酸盐类的溶解释放等原因造成的。

（2）土壤空气中氧气的含量低。这是由于植物根系及土壤微生物的呼吸消耗使土壤空气中氧气含量下降。

（3）土壤空气中的相对湿度比大气高。这是因为土壤含水量通常都高于最大吸湿量，气态水的蒸发使水气不断产生，所以土壤中经常保持着水气饱和状态，而大气只有在多雨季节才接近饱和。

（4）土壤空气中有时含有还原性气体。在通气不良时，土壤常会产

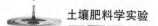

生 CH_4、H_2S，H_2 等还原性气体，影响作物根系的正常生长。

（5）土壤空气数量和组成经常处于变化之中。大气成分相对稳定，而土壤空气数量和成分常随时间和空间变化而异。这些变化与土壤通气性条件有着密切关系。

1.2 土壤通气性

土壤通气性又称土壤透气性，是指土壤空气与近地层大气之间进行气体交换以及土体内部允许气体扩散和流动的性能。它使土壤空气能够得到持续更新，从而使土体内部各部位的气体组成趋于一致。土壤维持适当的通气性，也是保证土壤空气质量、提高土壤肥力、使植物根系正常生长所必需的。土壤通气性产生的机制主要有以下两方面。

1.2.1 土壤空气扩散

土壤空气扩散是指某种气体成分由于其分压梯度与大气不同而产生的移动。它是土壤空气与大气之间进行交换的主要因素，其原理遵循气体扩散公式：$F=-D\cdot \mathrm{d}c/\mathrm{d}x$，其中 F 是单位时间气体扩散通过单位面积的数量；$\mathrm{d}c/\mathrm{d}x$ 是气体浓度梯度或气体分压梯度；D 是扩散系数，负号表示其从气体分压高处向低处扩散。由上式可知，气体分压梯度是引起土壤空气扩散的主要动力。由于植物根系的呼吸及土壤微生物对有机残体的好气分解，土壤中的氧不断被消耗，二氧化碳浓度不断增加，导致与大气之间出现不平衡，使土壤中二氧化碳的分压比大气中二氧化碳的分压高，而氧的分压则低于大气。即使在土壤空气与大气的总压力完全相等时，由于大气中氧的分压较高，这种气体向土壤扩散；而二氧化碳在土壤空气中的分压较大，其不断从土壤向大气逸出。土壤空气与大气间通过气体扩散作用不断地进行着气体交换，使土壤空气得到更新，此过程也称为土壤呼吸。

1.2.2 土壤空气整体交换

土壤空气整体交换也称为土壤气体的整体流动，是指由于土壤空气与大气之间存在总的压力梯度而引起的气体交换，是土体内外部分气体的整体相互流动。土壤空气的整体交换常受气压、刮风、降雨或灌溉等因素的影响。例如，白天土壤温度升高，土壤空气受热后体积膨胀，部分气体被挤压出土体；夜间土壤温度下降，土壤空气冷却后体积缩小，大气整体进入土体。大气压增加时，土壤空气受压缩使体积变小，近地层大气渗入土壤；大气压降低则使土壤空气体积膨胀，部分土壤空气逸出土体。风也可以将大气吹入土壤或把表土空气整体抽出。降雨或灌水时，土壤水分含量增加，使土壤孔隙中的气体整体挤出；反之，当土壤水分减少时，近地层新鲜空气又整体补充入土。可见，土壤空气的整体交换方式为时短暂，而土壤中经常进行的主要气体交换方式是土壤空气扩散。

2 土壤通气状况与作物生长

2.1 土壤通气状况对种子萌发的影响

通常，作物种子的萌发需要土壤中的氧气浓度大于 10%，若土壤通气不良（Q 含量低于 5%），土壤中因缺氧进行嫌气呼吸而产生醛类、有机酸类等物质，会抑制种子发芽。

2.2 土壤通气性对作物根系生长及其吸收水肥功能的影响

在通气良好的土壤中，作物的根系生长健壮，根系长、根毛多；通气不良则根系短而粗，色暗，根毛稀少，水稻则黑根数量大大增加，严重时甚至腐烂死亡。通常当土壤空气中氧的浓度低于 10% 时，作物根系的发育就会受到影响；若降低到 5% 以下，则绝大多数作物根系停止发育。此外，根系对氧浓度的要求还受到温度等条件的影响，一般在低温时，根系可忍受较低的氧浓度，随着温度的升高，对氧浓度的要求也增高，这是由于温度增高时，作物根系呼吸作用所需的氧增加。

作物根系对水肥的吸收受根系呼吸作用的影响，缺氧时根系呼吸作用受阻，其吸收水分和养分的功能也因而降低，严重时甚至停止。此外，土壤通气性对根系吸收养分的影响因养分的种类而异。

3 土壤孔隙性

3.1 土壤孔隙性的定义

土壤是一个十分复杂的多孔体系。土壤中土粒或团聚体之间以及团聚体内部的空隙被称为土壤孔隙。土壤孔隙是容纳水分和空气的空间，是物质和能量交换的场所，也是植物根系伸展和土壤中动物、微生物活动的地方。土壤孔隙的数量、大小、比例和性质总称为土壤孔隙性。土壤的孔隙性是土壤重要的物理性质，是植物生长的重要土壤条件，亦是土壤肥力的重要指标，关系到土壤中水、气、热状况和养分的调节，以及植物根系的伸展和植物的生长发育。土壤孔隙性包括孔隙度（孔隙数量）和孔隙类型（孔隙的大小及其比例），前者决定着土壤气、液两相的总量，后者决定着气、液两相的比例。

3.1.1 土壤孔隙度

土壤中的孔隙数量一般用孔隙度来表示。土壤孔隙度是指在单位容积自然状态的土壤中，所有孔隙的容积占整个土体容积的百分数，它表示土壤中各种大小孔隙度的总和。土壤孔隙度无法直接测定，一般土壤孔隙度与容重成负相关，容重小，孔隙度大；反之，容重大，孔隙度小。一般土壤孔隙度的变动为 30% ~ 60%，适宜的土壤孔隙度为 50% ~ 60%。

3.1.2 土粒密度

土粒密度是指单位容积固体土粒（不包括粒间孔隙）的质量。土粒密度的数值大小，主要决定于组成土壤的各种矿物的密度和土壤有机质的含量。大多数土壤矿物的密度为 2.5 ~ 2.7g/cm^3，土壤有机质的密度为 1.25 ~ 1.40g/cm^3，而土壤有机质含量通常并不高，因此在应用时，土粒密度一般取土壤矿物密度的平均值 2.65g/cm^3。

3.1.3 土壤容重

土壤容重是指单位容积土体（包括孔隙在内的原状土）的干土质量，单位为 g/cm^3，或 t/m^3。因为体积包括粒间孔隙在内，所以土壤容重值恒小于其密度值。一般土壤容重为 1.0 ~ 1.6g/cm^3；旱地耕层土壤容重为 1.1 ~ 1.5g/cm^3；水田土壤由于吸水膨胀，容重通常小于 1.0g/cm^3。

影响因素：土壤容重数值的大小除受土壤内部性状如土粒排列、质地、结构、松紧程度、土壤层次、有机质含量等因素的影响外，还经常受到外界因素如降水和人为生产活动的影响，尤其是耕层所受影响更大。一般砂土的容重大，黏土的容重小；腐殖质含量高、团粒结构多的土壤，容重相对要小；一般耕层土壤容重小、变化大，心土、底土层容重大也比较稳定，降水、灌溉能使土壤容重增大，耕翻、中耕可降低土壤容重。

容重的应用：土壤容重是一个应用很广的基本数据，也是土壤肥瘦和耕作质量的重要指标。土壤容重不仅可用于计算土壤中孔隙的数量，还可以计算一定体积的土壤质量、有机质和养分等的贮量，估计土壤质地、结构和松紧状况。在一般情况下，土壤容重小说明土壤孔隙数量多，土壤比较疏松，土壤结构性好，土壤的水分、空气、热量状况比较好。土壤容重的重要性表现在以下几个方面：①反映土壤松紧度。容重是衡量土壤的松紧程度的一个指标。在土壤质地相似的情况下，容重小，表示土壤疏松多孔，结构性良好；容重大则表明土壤紧实板硬而缺少结构。②不同作物对土壤松紧度的要求不完全一样。各种大田作物、果树和蔬菜，由于生物学特性不同，对土壤松紧度的适应能力也不同。对于大多数植物来说，土壤容重为 1.14 ~ 1.26g/cm^3 比较适宜，有利于幼苗的出土和根系的正常生长。③计算土壤质量。每亩或每公顷耕层土壤的质量，可以根据土壤容重来计算；同样，也可以根据容重计算在一定面积上挖土或填土的质量。

3.2 土壤孔隙类型

土壤孔隙度只反映土壤中孔隙的数量，而无法反映土壤孔隙“质”的差别，即使两种土壤的孔隙度相同，如果大小孔隙的数量分布不同，则它们的保水、蓄水、通气以及其他性质也会有显著的差别。土壤中的孔隙按照其孔径的大小和性质，通常可以分为非活性孔隙、毛管孔隙和通气孔隙三类。

（1）非活性孔隙，也称为无效孔隙或束缚水孔隙，指土壤中最细微的孔隙，孔径一般小于0.002mm。这类孔隙几乎总是被土粒表面的吸附水充满，土粒对这些水有强烈吸附作用，故保持在这种孔隙中的水分不易运动，也不能被植物吸收利用。植物的根毛难以扎进去，甚至连微生物也无法进入其中，因此对植物生长来说，它们属于无效孔隙。这类孔隙与土粒的大小和分散程度密切相关，即土粒越细或越分散，则非活性孔越多。非活性孔增多，土壤透水通气性差，耕性恶化。土壤中所有非活性孔隙的容积占土壤总体积的百分数，称为非活性孔隙度。

（2）毛管孔隙指土壤中孔径为0.02 ~ 0.002mm的孔隙。这类孔隙具有毛管作用，水分可借助毛管弯月面的表面张力贮存在该类孔隙中，所保持的水分可自由移动，能溶解养分，可被植物吸收利用。植物细根、原生动物和真菌等难以进入毛管孔隙中，但植物根毛和一些细菌可在其中活动。土壤中毛管孔隙的容积占土壤总体积的百分数，称为毛管孔隙度。

（3）通气孔隙指土壤中孔径大于0.02mm的孔隙。这类孔隙的毛管作用明显减弱，孔隙中的水分主要受重力支配而排出，不易保持，经常充满空气，是通气透水的通道。土壤中通气孔隙的容积占土壤总体积的百分数，称为通气孔隙度。

从农业生产需要来看，不仅要求土壤中要有足够的孔隙数量，还要求大小孔隙的比例分布适当，使土壤既能通气透水，又能蓄水保水。

3.3 土壤孔隙状况与土壤肥力、作物生长的关系

3.3.1 土壤孔隙状况与土壤肥力的关系

土壤孔隙的大小和数量影响着土壤的松紧状况，而土壤松紧状况的变化又反过来影响土壤孔隙的大小和数量，二者密切相关。土壤孔隙状况密切影响土壤保水通气能力。土壤疏松时保水与透水能力强，而紧实的土壤蓄水少、渗水慢，在多雨季节易产生地面积水与地表径流，但在干旱季节，由于土壤疏松则易通风、跑墒，不利于水分保蓄，故多采用耙与镇压等办法，以保蓄土壤水分。由于松紧和孔隙状况影响水、气含量，也就影响

养分的有效化和保肥供肥性能，还影响土壤的增温与稳温。因此，土壤松紧和孔隙状况对土壤肥力有着巨大的影响。

3.3.2 土壤孔隙状况与作物生长的关系

从农业生产需要来看，旱作土壤耕层的土壤总孔度为 50% ~ 56%，通气孔隙度不低于 10%，大小孔隙之比在 1 ∶ 2 ~ 4 较为合适。但是，不同作物对土壤松紧和孔隙状况有不同的要求，因为各种作物、蔬菜、果树等的生物学特性不同，其根系的穿插能力也不同。如小麦为须根系，其穿插能力较强，当土壤孔隙度为 38.7%，容重为 1.63g/cm^3 时，根系才不易透过；黄瓜的根系穿插能力较弱，当土壤容重为 1.45g/cm^3，孔隙度为 45.5% 时，不易透过；甘薯、马铃薯等作物，在紧实的土壤中根系不易下扎，块根、块茎不易膨大，故在紧实的黏土地上，产量低而品质差；李树对紧实的土壤有较强的忍耐力，故在土壤容重为 1.55 ~ 1.65g/cm^3 的坡地土壤上能正常生长；而苹果树与梨树则要求比较疏松的土壤。

4 测定土壤比重、容重和总孔隙度原理

4.1 比重

通常使用比重瓶法，根据排水称重的原理，将已知重量的土样放入容积一定的盛水比重瓶中，完全除去空气后，固体土粒所排出的水体积即土粒的体积，以此去除土粒干重即得土壤比重。

4.2 容重

用一定容积的钢制环刀，切割自然状态下的土壤，使土壤恰好充满环刀容积，然后称量并根据土壤自然含水量计算每单位体积的烘干土重，即土壤容重。

4.3 土壤总孔隙度

土壤总孔隙度是指自然状态下，土壤中孔隙的体积占土壤总体积的百分比。土壤孔隙度不仅影响土壤的通气状况，而且反映了土壤松紧度和结

构状况的好坏。土壤总孔隙度一般不直接测定，而是由比重和容重计算求得。土壤总孔隙度（%）=（1– 容重 / 比重）× 100%。如果未测定土壤比重，可采用土壤比重的平均值 2.65 来计算。

[任务实施]

1 工作准备

1.1 明确任务

环刀法测定土壤容重。

1.2 组织和知识准备

以小组为单位，由教师引导，进行必要的知识准备。小组讨论，明确任务目标，确定方案。

1.3 准备所需仪器用具

天平（感量 0.1g 和 0.01g），环刀（容积为 $100cm^3$），环刀托，小铁铲，削土刀，铝盒，酒精或烘箱，坩埚钳，干燥器。

2 实验步骤

2.1 土壤比重

称取通过 1mm 筛孔相当于 10.00g 烘干土的风干土样，倒入比重瓶中，再注入少量蒸馏水（约为比重瓶的三分之一），轻轻摇动使水土混匀，再煮沸，不时摇动比重瓶，以去除土样和水中的空气。煮沸半小时后取下冷却，加煮沸后的冷蒸馏水，充满比重瓶上端的毛细管，在感量为 1/1000 的天平上称重，设为 B 克。将比重瓶内的土倒出，洗净，然后将煮沸后的冷蒸馏水注满比重瓶，盖上瓶塞，擦干瓶外水分，称重为 A 克。

2.2 土壤容重

在室内先称量环刀（包括底盘、垫底滤纸和顶盖）的重量，环刀容积一般为 100cm^3。将已称量的环刀带至田间采样。采样前，将采样点的土面铲平，去除环刀两端的盖子，再将环刀（刀口端向下）平稳压入土中，切忌左右摆动，在土柱冒出环刀上端后，用铁铲挖周围土壤，取出充满土壤的环刀，用锋利的削土刀削去环刀两端多余的土壤，使环刀内的土壤体积恰为环刀的容积。在环刀刀口一端垫上滤纸，并盖上底盖，环刀上端盖上顶盖。擦去环刀外的泥土，立即带回室内称重。在紧靠环刀采样处，再采土 10 ~ 15g，装入铝盒带回室内测定土壤含水量（测定方法参考本项目任务二）。

2.3 土壤孔隙度（直接计算）

3 结果计算

3.1 比重

$$土壤比重=\frac{干土重（g）/固体土粒体积（cm^3）}{水的密度（1g/cm^3）}$$

$$=\frac{干土重（10g）}{干土（10g）排出的水的体积（cm^3）}$$

$$=\frac{10}{（10+A）-B}$$

3.2 容重

$$土壤容重=\frac{干土质量}{环刀容积}=\frac{m\times 100}{v（100+W）}$$

3.3 土壤总孔隙度

土壤总孔隙度 =（1– 比重 / 容重）× 100%

如果未测定土壤比重，可采用土壤比重的平均值 2.65 来计算，也可直接用土壤容重（d*v*）通过经验公式，计算出土壤的总孔隙度 P_1。经验公式 P_1（%）= 93.946–32.995d*r*。为方便起见，可按上述计算出常见土壤容重范围，查找表格得到相应的土壤总孔隙度。查表举例：当 d*v* = 0.87 时，P_1 = 65.24%，当 d*v* = 1.72 时，P_1 = 37.20%。

表 2–8　土壤总孔隙度对照表

d*v* / P_1 / d*v*	0.00	0.01	0.02	0.03	0.04	0.05	0.06	0.07	0.08	0.09
0.7	70.85	70.52	70.19	69.86	69.53	69.20	68.87	68.54	68.21	67.88
0.8	67.55	67.22	66.89	66.56	66.23	65.90	65.57	65.24	64.91	64.58
0.9	64.25	63.92	63.59	63.26	62.93	62.60	62.27	61.94	61.61	61.28
1.0	60.95	60.62	50.29	59.96	59.63	59.30	58.97	58.64	58.31	57.88
1.1	57.65	57.32	56.99	56.66	56.33	56.00	55.67	55.34	55.01	54.68
1.2	54.35	54.02	53.69	53.36	53.03	52.70	52.37	52.04	51.71	51.38
1.3	51.05	50.72	50.39	50.06	47.73	49.40	49.07	48.74	48.41	48.08
1.4	47.75	47.42	47.09	46.76	46.43	46.10	45.77	45.44	45.11	44.79
1.5	44.46	44.43	43.80	43.47	42.14	42.81	42.48	42.12	41.82	41.49
1.6	41.16	40.83	40.50	40.17	39.84	39.51	39.18	38.85	38.52	38.19
1.7	37.86	37.53	37.20	36.87	36.54	36.21	35.88	35.55	35.22	34.89

4 完成报告

完成测定土壤比重、容重和总孔隙度任务实施报告。

任务四　土壤团粒分析（机械筛分法）

[任务提出]

土壤结构指土壤所含有的大小不同，形态不一，有不同孔隙度、机械稳定性和水稳定性的团聚体总和。土壤结构性是一项重要的土壤物理性质，它的好坏也反映在土壤孔隙性方面，是孔隙性的基础。同时，土壤团粒结构状况是鉴定土壤肥力的指标之一，有良好团粒结构的土壤，不仅具有高度的孔隙度和持水性，而且具有良好的透水性，水分可以毫无阻碍地通过大孔隙进入土壤，从而减少地表径流，减轻土壤受侵蚀程度。同时，土壤团聚体中存在毛管孔隙和通气的大孔隙，所以土壤微生物的嫌气和好气过程同时存在，这既有利于微生物活动，又可增加速效养分含量，使有机质等养分消耗减慢，所以有良好团粒结构的土壤在作物生长期间能很好地调节作物对水分、养分、空气和温度等的需要，以促进作物获得高产。可见，土壤结构性具有一定的生产意义。

[知识准备]

1 土壤结构性

自然界中各种土壤质地除纯砂外，各级土粒很少以单粒状态存在，而常常在内外因素的综合作用下，土粒相互团聚成大小、形态和性质不同的团聚体，这种团聚体被称为土壤结构，或叫土壤结构体。土壤结构影响着土壤水、肥、气、热的供应能力，从而在很大程度上反映了土壤的肥力水平，是土壤的一种重要物理性质。

2 土壤结构的类型

土壤结构类型主要根据结构体的大小、外形以及与土壤肥力的关系来

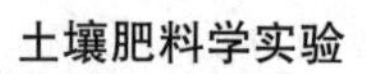

划分。常见的土壤结构有以下几种类型。

2.1 块状结构

土粒胶结成块，近立方体，其长、宽、高三轴大体近似，边面不明显，大的直径大于10cm，小的直径为5 ~ 10cm，人们称之“坷垃”。直径在5cm以下时，为碎块状、碎屑状结构。块状结构在土壤质地比较黏重而且缺乏有机质的土壤中容易形成，特别是土壤过湿或过干耕作时，最易形成。

2.2 核状结构

结构体长、宽、高三轴大体近似，边面棱角明显，较块状结构小，大的直径为10 ~ 20cm，或稍大，小的直径为5 ~ 10cm，人们多称之“蒜瓣土”。核状结构一般多以钙质和铁质作为胶结剂，在结构面上往往有胶膜出现，故常具水稳性，在黏重而缺乏有机质的底土层中较多。

2.3 柱状结构

结构体的垂直轴特别发达，呈立柱状，棱角明显有定形者，称为棱柱状结构，棱角不明显、无定形者称为圆柱状结构，其柱状横断面直径为3 ~ 5cm，一些土壤的底土层中常有柱状结构出现，人们多称之“立土”。

2.4 片状结构

结构体的水平轴特别发达，即沿长、宽方向发展呈薄片状，厚度稍薄，结构体间较为弯曲者称为鳞片状结构，片状结构的厚度可小于1cm与大于5cm，群众多称之“卧土”或“平槎土”，这种结构往往由流水沉积作用或某些机械压力造成，在冲积母质中常有片状结构，在犁底层中常有鳞片状结构出现。

2.5 团粒结构

通常是指土壤中近似圆球状的小团聚体，其粒径为0.25 ~ 10mm，农业生产中最理想的团粒结构粒径为2 ~ 3mm，人们多称之“蚂蚁蛋”“米棒子”等。团粒结构多在有机质含量高、肥沃的耕层土壤中出现，我国东北地区的黑土，有机质含量达到100g/kg，故表土层中存在大量的团粒结构。团粒结构经水浸泡较长时间不松散者，称为水稳性团粒结构，这种结构对调节土壤中水肥矛盾作用较大，一般高产田水稳性团粒结构较多，对土壤的孔隙和松紧状况以及对土壤肥力的调节，也具有相当大的作用。此外还有许多小于0.25mm的微结构。这些微结构不仅在调节土壤水肥矛盾上有一定作用，而且为团粒结构的形成奠定了良好的基础。

3 土壤团粒结构与土壤肥力

3.1 良好团粒结构具备的条件

衡量一种土壤结构的优劣要从两个方面考虑：一是从土壤整体来看，如结构体的类型、大小、数量和孔隙状况；二是从结构体本身来看，如结构体的外形、大小、数量及品质（即稳定性和孔隙性）。生产实践证明，团粒结构在调节土壤肥力的过程中起着良好的作用，但不同品质的团粒其性质又有明显的差别。良好的团粒结构一般应具备以下条件。

3.1.1 有一定的结构形态和大小

旱地一般以直径为0.25 ~ 10mm、边面不明显的球形较好，其中又以1 ~ 3mm的大小较佳，过大或过小对形成适当的孔隙不利。水田由于经常淹水，不易形成大于0.25mm的团粒结构，只有小于0.25mm的微结构，它对水田的透水、通气、保肥、表土层土壤松软有一定的作用。

3.1.2 有多级孔隙

只有当单粒先凝聚成微团粒，再由微团粒胶结成团粒，以及团粒进一步团聚成较大的团粒结构，才含有一定数量和适当比例的大小孔隙。这样，大孔隙可通气、透水，小孔隙可以保水、蓄水。

3.1.3 有一定的稳定性

即一定的水稳性、机械稳固性和生物稳定性。短时间浸水而不散开叫作水稳性，而机械稳固性是指在一定外力作用下不被破坏的性质。降水、灌水和农机具的机械作用常是土壤结构破坏的主要原因，没有一定稳定性的团粒易遭破坏，不能继续发挥团粒结构的优越性。

3.1.4 有抵抗微生物分解破碎的能力

由有机质和矿物质土粒互相结合而成的团粒具有不同程度的生物稳定性。通常有机质包被于矿质土粒的表面或黏附在团粒之间，随着有机质被微生物分解，结构体便逐步解体。形成结构体的有机质的种类很多，其抵抗微生物分解的能力各不相同，因而不同的团粒抗拒微生物分解的稳定性也有所差异。

3.2 团粒结构对土壤肥力的作用

3.2.1 能协调水分和空气的矛盾

具有团粒结构的土壤，由于通气孔隙度增加，大大改善了土壤的透水和通气能力，因而可以大量地接纳降水和灌溉水。当下雨或灌溉时，水分能迅速由这些通气孔隙渗入土壤，在水分经过团粒时，逐渐渗入团粒内部的毛管孔隙中，使团粒内部充满水分，多余的水分继续下渗湿润下层土壤，从而减轻了土壤地表径流的冲刷和侵蚀。所以，具有团粒结构的土壤既不像黏土那样不透水，也不像砂土那样不保水。

当土壤中大孔隙里的水分渗过以后，空气就得以补充进去，团粒间的大孔隙为空气所充满，而团粒内部多为毛管孔隙，其持水力很强，使水分可以保存下来，源源不断地供应作物生长，这样就使水分和空气各得其所，从而有效地解决了水分和空气之间的矛盾。

3.2.2 能协调土壤有机质中养分的消耗和积累的矛盾

具有团粒结构的土壤，团粒之间的大孔隙有空气存在，有充足的氧供给，好气微生物活动旺盛，有机物质分解快，养料转化迅速，可供作物吸收利用；而在团粒内部缺乏空气，进行嫌气分解，有机质分解缓慢而使养分得以保存。团粒外部好气分解越强烈、耗氧越多，扩散到团粒内的氧则越少，团粒内部嫌气分解亦越强烈，养分释放的速率就越低。所以，团粒结构土壤中的养分是从外层向内层逐渐释放的，这样一方面能源源不断地供作物吸收，另一方面又保证一定的积累，避免养分的损失，起着“小肥料库”的作用。

3.2.3 能稳定土壤温度，调节土温状况

具有团粒结构的土壤，团粒内部的小孔隙保存的水分较多，温度变化较小，可以起到调节整个土层温度的作用。所以，整个土层的温度白天比砂土低，夜间却比砂土高，使土温比较稳定，有利于需要稳温时期作物根系的生长和微生物的活动。

3.2.4 改良耕性和有利于作物根系伸展

有团粒结构的土壤比较疏松，便于作物根系穿插生长，而团粒内部又有利于根系的固着和提供良好的支持。另外，具有团粒结构的土壤其黏着性、黏结性都低，从而大大减少耕作阻力，提高了农机具效率和耕作质量。

总之，有团粒结构的土壤，松紧适度，通气、保温、保水、保肥，扎根条件良好，能够从水、肥、气、热、扎根条件等诸多肥力因素方面满足作物生长发育的要求，能使作物“吃饱、喝足、住得舒服”，从而获得高产。

4 团粒结构的形成

土壤结构的形成大体上可分为如下两个阶段。

（1）土粒的黏聚：以下几种作用都可使单粒聚合成复粒，并进一步胶结成较大的结构体。胶体的凝聚作用是指分散在土壤悬液中的胶粒相互凝聚而沉淀析出的过程，如带负电荷的黏粒与阳离子相遇，因电性中和而发生凝聚。

水膜的黏结作用是指湿润土壤中的黏粒所带的负电荷，可吸引极性水分子，并使之做定向排列，形成了薄层水膜。当黏粒相互靠近时，水膜为邻近的黏粒共有，黏粒通过水膜而联结在一起。胶结作用是指土壤中的土粒、复粒通过各种物质的胶结作用进一步形成较大的团聚体。土壤的胶结物质主要包括三类简单的无机胶体，如含水氧化铁铝、硅酸及氧化锰的水

合物。常见的黏粒矿物有蒙脱石类、伊利石类和高岭石类。有机物质在有机质的参与下形成的团粒一般具有水稳性和多孔性。常见的有胶结作用的有机物质包括腐殖质、多糖类、木质素、蛋白质等，同时许多微生物的分泌物和菌丝也具有团聚作用。

（2）成型动力：在土壤黏聚的基础上，还需要一定的作用力才能形成稳定的独立结构体。主要的成型动力包括以下几个方面：

①生物作用，是指植物的根系在生长过程中对土壤产生分割和挤压作用。根系越强大，分割挤压的作用越强，特别是禾本科植物，发达而密集的须根可以从四面八方穿入土体，对周围土壤产生压力，使根系间的土壤变紧。根系死亡被分解后，会造成土壤中不均匀的紧实度。在耕作等外力的作用下，就会散碎成粒状，即成为团粒结构。同时根系不断吸水，造成根系附近土壤局部干燥收缩，也可促使团粒结构的形成。根系死亡后，在微生物的作用下，一部分根系会转化为腐殖质，也有利于胶结形成团粒结构。此外，土壤中的蚯蚓、蚁类等也对土壤结构的形成起一定的作用，特别是蚯蚓通过吞进大量泥土，经肠液胶结后排出体外，其排泄物也是一种具有水稳性的团粒。

②干湿交替作用，是指土壤具有湿胀干缩的性能。当土壤由湿变干时，土壤各部分胶体脱水程度和速度不同，导致干缩的程度不一致，使土壤沿着黏结力薄弱的地方裂开成小块；当土壤由干变湿时，各部分吸水程度和速度不同，各部分所受的挤压力也不均匀，会促使土块破碎。当水分迅速进入毛细管时，被封闭在孔隙中的空气便受到压缩，被压缩的空气在一定的压力下便会发生“爆破”，从而使土块破碎。因此，土块越干，破碎得越好。所以，晒垡一定要晒透。

③冻融交替作用，是指土壤孔隙中的水分冻冰时体积增大，对周围的土体产生压力而使土块崩解。同时，水结冰后引起胶体脱水，土壤溶液中电解质浓度增加，有利于胶体的凝聚作用。秋冬翻起的土垡，经过一冬的冻融交替后，土壤结构状况得到改善。

④土壤耕作的作用，是指合理及时的耕作可促进团粒结构的形成。耕

耙可以将大土块破碎成块状或粒状，中耕松土能够将板结的土壤变为细碎疏松的粒状、碎块状结构。当然，不合理的耕作反而会破坏土壤结构。

5 创造团粒结构的措施

5.1 农业措施——深耕与施肥

深耕和施肥是创造团粒结构的重要措施。耕作主要是通过机械外力作用，使土壤破裂松散，最终变成小土团，但对于缺乏有机质的土壤来说，仅仅进行深耕还不能创造较稳固的团粒结构。因此，必须结合分层施用有机肥，增加土壤中的有机胶结物质。为了增加土壤与肥料的接触面，使两者相融，促进团聚作用，应尽量使肥料与土壤混合均匀。同时，必须注意要连年施用，充分供应形成团粒的物质基础，这样才能有效地创造团粒结构。

（1）正确的土壤耕作：对土壤进行合理耕作，可以创造和恢复土壤结构，耕、耙、镇压等耕作措施，如进行得当都能取得良好的效果，但进行不当也会产生不良效果，如过分频繁地镇压，会使土壤结构破坏。一般来说，较黏重的土壤多耙，会对改善土壤结构起良好作用。

（2）合理的轮作制度：正确的轮作和倒茬能恢复和创造团粒结构。不同作物具有不同的耕作管理制度，而作物本身及其耕作管理措施对土壤有很大的影响，如块根、块茎作物在土壤中不断膨大使团粒结构机械破坏，而密植作物因耕作次数较少，加之植被覆盖度大，能防止地表的风吹雨打，表土也比较湿润，且根系还有割裂和挤压作用，因此有利于结构的形成。而棉花、玉米、烟草等作物的中耕作用则相反，土壤结构易遭破坏，但可通过中耕施肥逐渐恢复。因此，应根据不同作物的生物学特性进行合理轮作和倒茬，以维持和提高土壤的结构，达到既用地又养地，不断提高土壤肥力的目的。

（3）调节土壤阳离子组成：一价阳离子如钠、钾会破坏土壤团粒结构，而二价阳离子如钙则对保持和形成团粒结构有良好作用。因此，给酸性土壤施用石灰、改良碱土时施用石膏，就有调节土壤阳离子组成的作用。

（4）合理灌溉、晒垡和冻垡：灌溉方式对土壤结构影响很大，大水漫灌由于冲刷大，对结构破坏最大，且易造成土壤板结；而沟灌、喷灌或地下灌溉相对更好。此外，灌后要及时疏松表土，防止板结，恢复土壤结构。充分利用晒垡和冻垡的干湿交替与冻融交替对结构形成的作用，可以使较黏重的土壤变得酥脆，这是我国广大农民在长期生产实践中常用的有效办法。

5.2 土壤结构改良剂的应用

由于土壤结构在协调土壤肥力方面的作用很大，近几十年来，一些国家曾研究用人工制成的胶结物质来改良土壤结构，这种物质被称为土壤结构改良剂，也称为土壤团粒促进剂。它们主要是某些人工合成的高分子化合物，目前已被试用的有水解聚丙烯腈钠盐、乙酸乙烯酯和顺丁烯二酸共聚物的钙盐等。其团聚土粒的机制是由于它们能溶于水，施入后与土壤相互作用，转化为不可溶态而吸附在土粒表面，黏结土粒成为有水稳性的团粒结构。在我国，广泛使用的改良剂包括胡敏酸、树脂胶、纤维素黏胶和藻醋酸等。但这些用人工合成的结构改良剂由于价格昂贵，目前尚未得到普遍施用和推广，仍处于研究试验阶段。近年来，我国广泛开展利用的腐殖酸类肥料，可以在许多地区就地取材，利用当地生产的褐煤和泥炭进行生产。它是一种固体凝胶物质，能起到很好的结构改良作用。

6 机械筛法测定土壤团聚体原理

土壤团聚体是指土壤中不同大小、形状不一，具有不同孔隙度和机械稳定性、水稳定性的结构单位，通常将粒径大于 0.25mm 的结构单位称为大团聚体。大团聚体可分为非水稳定性和水稳定性两种，非水稳定性大团聚体组成用干筛法测定，水稳定性大团聚体组成用湿筛法测定。筛分法根据土壤大团聚体在水中的崩解情况来识别其水稳定性程度，测定分干筛和湿筛两个程序进行，最后筛分出各级水稳定性大团聚体，分别称其质量，再换算为占土样的质量百分数。

注 1：湿筛法不适用于一般有机质含量少的、结构性差的土壤。因为这些土壤在水中振荡后，除了筛内留下一些已被水冲洗干净的石块、砾石和砂粒外，其他部分几乎全部通过筛孔进入水中。

注 2：黏重的土壤风干后会结成紧实的硬块，即使用干筛法将其分成不同直径的粒级，也不能代表它们是非水稳定性大团聚体。

[任务实施]

1 工作准备

1.1 明确任务

用机械筛分法测定。

1.2 组织和知识准备

以小组为单位，由教师引导，进行必要的知识准备。小组讨论，明确任务目标，确定方案。

1.3 准备所需仪器工具

平口沉降筒 1000mL（带橡皮塞），水桶（搪瓷桶或铁桶），直径不小于 40cm，高不小于 45cm；套筛，高 5cm，直径 20cm，孔径分别为 10mm、7mm、5mm、3mm、2mm、1mm、0.5mm、0.25mm，共 8 个，有底和盖，并附有套筛的铁架 1 个。

团聚体分析仪（手摇或电动），含 4 套筛子，每套有 6 个筛子，孔径分别为 5mm、3mm、2mm、1mm、0.5mm、0.25mm，电动团聚体分析仪在水中上下振荡速度为每分钟 30 次。

白铁盒或铝制盒，10cm × 10cm × 10cm。

2 操作步骤

采样：通常是采集耕层土壤，根据需要也可进行分层采样。在采样过程中，应注意土壤的湿度，最好以土不沾铲，接触不变形为宜。用白铁盒或铝制盒在田间多点（3 ~ 5 点）采集有代表性的原状土样，以保持其原始结构状态。运输过程中要避免震动和翻倒。运回实验室内，沿土壤的自然结构轻轻地剥开，将原状土剥成直径为 10mm ~ 12mm 的小土块，同时防止外力的作用而变形，并剔去粗根和小石块。将土样摊平，置于透气通风处，让其自然风干。

干筛分析：将风干的土样混匀，取其中一部分（一般不小于 1kg，精确至 0.01g）。用孔径分别为 10mm、7mm、5mm、3mm、2mm、1mm、0.5m、0.25mm 筛子进行筛分（筛子附有底和盖）。筛分完成后，将各级筛子上的团聚体及粒径小于 0.25mm 的土粒分别称量（精确至 0.01g），计算干筛的各级团聚体占土样总量的百分比。然后按其百分比，配成 2 份质量为 50g（精确至 0.01）的土样，供湿筛分析使用。

湿筛分析：在团聚体分析仪上进行湿筛分析，一次可同时分析 5 个土样。先将孔径为 5mm、3mm、2mm、1mm、0.5mm、0.25mm 套筛用铁架夹住放入水桶中，再将称量的土样小心地放入 1000mL 平口沉降筒中，用洗瓶沿筒壁徐徐加水，使土样湿润逐渐达到饱和（目的是去除团聚体内的闭塞空气，湿润 10min）。小心沿沉降筒壁加满水，筒口用橡皮塞塞紧，上、下倒转沉降筒，反复 10 次。然后将沉降筒倒置于水中的团聚体分析仪的套筛上面，迅速在水中将塞子打开，轻轻晃动沉降筒，使之既不接触筛网，也不离开水面。当粒径大于 0.25mm 的团聚体全部沉到上部的套筛中时，在水中用手堵住筒口，将沉降筒连同筒中的悬浮液一起取出，弃去悬浮液。然后在水中慢慢提起筛子，再下降，升降幅度为 3cm ~ 4cm（注意上层的筛子不能露出水面），反复 10 次后提出套筛，将筛组拆开。留在筛子上的各级团聚体用细水流通过漏斗分别洗入白铁盒或铝制盒中，待澄清后倒去上面的清液，使各级团聚体自然风干，称量。

3 结果计算

各级团聚体含量 = 各级团聚体的烘干品质量（g）/ 烘干样品质量（g）× 100%

总团聚体含量 = 各级团聚体含量的总和

各级团聚体占总团聚体的百分数 = 各级团聚体含量 / 总团聚体含量 × 100%

4 注意事项

1. 田间采样时要注意土壤湿度，不宜过干或过湿，最好在不沾锹、经接触不易变形时采样。

2. 采样时，一般耕层分两层采，要注意不使土块受挤压，以尽量保持原状。

3. 室内处理时，将土块剥成 10 ~ 12mm 直径的小样块，舍去粗根和石块，土块不宜过大或过小，剥样时应沿着土壤的自然结构轻轻剥开，避免受到机械压力变形，然后将样品放置风干 2 ~ 3 天，至样品变干为止。

4. 机械筛分法取样时，注意风干土样不宜太干，以免影响分析结果。

5. 在进行湿筛时，将土样均匀地放在整个筛面上。

6. 将筛子放在水桶中时，应轻放、慢放，避免冲出团聚体。

任务五　评定土壤耕性

[任务描述]

土壤耕性是一系列土壤物理性质和物理机械性的综合反映，可反映土壤的熟化程度，并直接关系到能否为作物创造一个合适的土壤环境。土壤耕性与土壤结构状况密切相关，良好的土壤结构是形成土壤肥力的基础，能协调土壤水、肥、气、热的供应，减小耕作阻力、延长宜耕期，提高耕作质量。

本任务为认知土壤耕性，明确耕性改良的措施，通过田间验墒判断土壤宜耕状态，综合评定土壤耕性。

[知识准备]

1 耕性的概念和衡量耕性好坏的标准

1.1 耕性的概念

土壤耕性是指土壤在耕作时所表现的特性及耕作后土壤的生产性能，是一系列土壤物理性质和物理机械性的综合反映。耕性的好坏密切影响着土壤耕作质量及土壤肥力。

1.2 衡量耕性好坏的标准

耕性好坏可从以下三个方面来衡量。

（1）耕作难易程度：指土壤在耕作过程中对农机具产生的阻力大小，它影响着动力消耗和耕作效率。凡是耕作时省工、省时、易耕的土壤被称为“土轻”“口松”“绵软”；而耕作时费工、费时、难耕的土壤被称为“土重”“口紧”“僵硬”。有机质含量少和结构不良的土壤耕作较难。

（2）耕作质量好坏：指耕作后的土壤对作物生长的影响。凡是耕后土垡松散、细碎、平整，不成坷垃，土壤松紧孔隙状况适中，有利于种子发芽出土及幼苗生长的，谓之耕作质量好，相反则称为耕作质量差。

（3）宜耕期长短：指土壤适于耕作时间的长短，土壤含水量保持适宜耕作的时期就是宜耕期。耕性良好的土壤宜耕期长，对土壤墒情要求不严，表现为“干好耕，湿好耕，不干不湿更好耕”；而耕性不良的土壤，宜耕期短，宜耕的含水量范围很窄，错过宜耕期，耕作困难，费工费劲，耕作质量差，表现为“早上软，晌午硬，到了下午锄不动”，俗称“时辰土”。宜耕期的长短与土壤质地和土壤含水量密切相关，壤土及砂质壤土宜耕期长，而黏壤土宜耕期短。

2 影响土壤耕性的因素

2.1 土壤的结持性

土壤的结持性即土壤在不同含水量条件下所表现的不同物理机械性质，包括黏结性、黏着性、可塑性和胀缩性等，均与耕作密切相关。

（1）黏结性是指土粒与土粒通过各种引力相互黏结在一起的性质，取决于黏粒含量和土壤湿度。黏结性使土壤具有抵抗外力破碎的能力，也是耕作时产生阻力的主要原因之一。土壤黏结性在干燥时主要由土粒本身的分子引力所引起，而在湿润时则是土粒—水—土粒之间相互吸引而表现的黏结。

（2）黏着性是指在一定含水量时土粒黏着外物表面的性质，取决于黏粒含量和土壤湿度。土壤黏着性是土粒—水—外物相互间的分子引力所引起的，并且只在一定含水量范围才表现出来。黏着性也是增加耕作阻力、影响耕作质量的原因之一。土壤过湿时进行耕作，土壤黏着农具，增加土粒与金属的摩擦阻力，使耕作困难。

（3）可塑性是指土壤在一定含水量范围内，可被外力任意改变成各种形状，当在外力解除和土壤干燥后仍能保持其变形的性能，主要与土壤的黏粒含量和水分含量有关。只有具有黏结性的土壤才有可塑性，砂土的可塑性极弱。可塑性仅在一定含水量范围内表现，开始呈现可塑状态时的土壤水分含量称为下塑限（塑限）；土壤失去可塑性而开始流动时的土壤含水量，称为上塑限（流限）。上塑限与下塑限含水量之差称为塑性范围（塑性值）。塑性范围越大，土壤的可塑性越强。上塑限、下塑限和塑性值均以含水量的百分数表示。

（4）胀缩性是指土壤在湿时膨胀、干时收缩的性质。只有具有可塑性的土壤才会具有膨胀性。胀缩性强的土壤，吸水膨胀时土壤孔隙变小，通气透水困难，干燥时土体收缩导致龟裂，易拉断植物根系，透风散墒，作物易受冻害。

2.2 影响土壤黏结性和黏着性的因素

2.2.1 土壤质地

土壤越细，接触面越大，黏结性和黏着性越强，所以黏质土壤的黏结性和黏着性很明显，耕作困难；砂质土壤黏结性和黏着性弱，易于耕作。

2.2.2 土壤含水量

土壤含水量是土壤结持性表现与否及强弱的重要条件，直接影响土壤的结持性，从而影响土壤耕性。耕性与土壤水分状况的关系概括如表 2–9 所示。

表 2–9　耕性与土壤水分状况的关系

项目	水分等级				
	干	润	潮	湿	汪
墒情等级	干土	灰墒	黄墒	黑墒	黑墒以上
状态特征	坚硬	酸软	可塑	黏墒	散
黏结性	强	弱	小	极小	消失
黏着性	无	无	弱	强	消失
可塑性	无	无	接近下限	接近上限	消失
耕作阻力	大	小	大	小	–
耕作质量	多坷垃	散碎平整	甩泥条	稀泥	–
宜耕期	不宜耕	宜旱耕	不宜耕	宜水耕	–

2.2.3 土壤有机质含量

腐殖质的黏结力比砂粒的大，比黏粒的小，增加土壤有机质含量可以增强砂质土的黏结力，降低黏质土的黏结力。

2.2.4 土壤结构

具有团粒结构的土壤的黏结力仅为无结构土壤的一半左右，因此结构不良的黏质土适耕的含水量范围较窄，结构良好的黏质土适耕的含水量范围宽。

2.2.5 土壤交换性阳离子的组成

不同的阳离子种类会影响土粒的分散和团聚。钠和钾等一价阳离子可使土粒分散，导致黏结性和黏着性增大。二价阳离子钙和镁离子能使土壤胶体凝聚，土粒间的接触面积减少，从而降低土壤的黏结性和黏着性。

2.3 宜耕期的选择

在生产实践中，用眼看、手摸、试耕来确定宜耕期。具体方法如下。

（1）看土验墒：雨后或灌溉后，地表呈现黑白斑块相间，外干里湿，畦径及稍高处地表有干土时，即进入宜耕期。

（2）手摸验墒：用手抓起 3 ~ 4cm 深处的土壤，紧握手中能成团，稍有湿印但不黏手心，不成土饼，呈松软状态；松开土团自由落地，能散开，即可耕。

（3）试耕：耕后土壤不黏农具，土垡能自然散开，不形成块状结构，即耕作状态。

3 土壤耕性改良

3.1 防止压板土壤

耕作土壤在降雨，灌溉，人、畜践踏与农机具等作用下由松变紧的过程称为土壤压板过程。随着农业大型机具的逐渐增多，土壤压板问题变得更加突出。在防止土壤压板方面，除应改进农机具外，应特别注意田间作业。首先，必须避免在土壤过湿时进行耕作；其次，应尽量减少不必要的作业项目或者实行联合作业，以减轻土壤压板，降低生产成本；最后应根据条件，试行免耕或少耕法，减少机械压板，保持土壤疏松状态。

3.2 注意土壤的宜耕状态和宜耕期

要掌握土壤的宜耕含水量，在宜耕时期进行耕作。根据农民经验，取一把土握紧，然后放开手，松散时即宜耕状态；或者将土握成土团，而后松手使土团落地，碎散时即宜耕状态；或试耕，犁起后的土垡能自然散开，

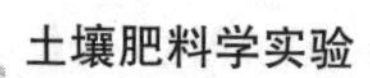

即宜耕状态。宜耕期长的土壤，以不误农时合理安排农事；宜耕期短的土壤，要及时耕作，以保证耕作质量和防止延误农时。

3.3 改良土壤耕性

影响土壤耕性的主要因素是土壤质地、土壤水分和土壤有机质含量。土壤质地决定着土壤比表面积的大小，水分决定着土壤一系列物理机械性的强弱，土壤有机质除影响土壤的比表面积外，其本身疏松多孔，还会影响土壤物理机械性的变化，所以应当通过增施有机肥、改良土壤质地、合理排灌和适时耕作等方法改良土壤耕性。

[任务实施]

1 工作准备

1.1 明确任务

土壤耕作性状判断。

1.2 组织和知识准备

以小组为单位，由教师引导，进行必要的知识准备。小组讨论，明确任务目标，确定方案，明确评价土壤耕性的标准，确定评价内容。

1.3 搜集资料

搜集相关土壤的物理性状资料，如土壤质地、孔隙度、有机质含量等。

2 评定土壤耕性

根据现有资料，结合实地考察土壤的结构状况，从耕作阻力、耕作质量、宜耕期等方面对土壤耕性做出评定。

3 田间验墒和判断土壤宜耕状态

实地看、摸、捏，通过观感和手感确定土壤的墒情。土壤墒情类型和性状见表 2–10。根据田间验墒结果，判断土壤的宜耕状态。

表 2–10　土壤墒情类型和性状（轻壤土）

项目	墒情				
	汪水（黑墒以上）	黑墒	黄墒	灰墒	干土
土色	暗黑	黑至黑黄	黄	灰黄	灰至灰白
手感	湿润，手捏有水滴出	湿润，手捏成团，落地不散，手有湿印	湿润，捏成团，落地散碎，手微有湿印和凉爽之感	潮干，半湿润，捏不成团，手无湿印，而有微温暖的感觉	干，无湿润感，捏散成面，风吹飞动
性状与问题	水过多，空气少，不宜播种	水分相对稍多，是适宜播种的墒情上限，能保苗	水分适宜，是播种最好的墒情，能保全苗	水分含量不足，是播种的临界墒情	水分含量过低，种子不能出苗
播种时的措施	排水，耕作散墒	适时播种，春播时稍做散墒	适时播种，注意保墒	抗旱抢种，浇水补墒后再种	先浇后播

4 完成报告

撰写土壤耕作性状判断的任务实施报告。

[拓展提高]

土壤温度的调节

土壤温度不仅影响作物种子的萌发、出苗和生长发育，还影响土壤中水分和气体的运动、微生物活动和土壤养分转化等过程。因此，在农业生产实践中，经常采取必要的措施来调节土壤温度，以满足播种和作物生长的要求。土壤温度的调节主要是通过调控土壤水分和气体的状况、覆盖保温或阻挡太阳辐射、增加土壤吸热物质含量等来实现的。调节的原则是：春季要求提高土温，以适时提早作物的播种期和促进幼苗的早生快发；夏季要求土温不要过高，防止作物受干旱的危害；秋冬季要求保持和提高土温，使作物及时成熟或安全越冬。具体措施如下。

（1）合理耕作：对于质地黏重的土壤和低洼地的土壤，通过合理耕作，如中耕、耙等，可疏松表土，散发水分，减小土壤热容量和导热率，提高土温；而对于砂土及质地较轻的土壤，通过镇压可改变其松散状态下热容量小、导热差、散热快、温度变幅大、不利于植物生长的缺陷。

（2）以水调温：利用水的比热容大的特点来降低或维持土壤温度。夏季灌水可以降低土温，冬季灌水可以保温；对于低洼地区的土壤，通过排水降渍，降低土壤热容量，以提高土温。

（3）覆盖与遮阴：冬季大棚塑料薄膜及早春地膜覆盖，可减少土壤辐射，提高土壤温度；地面撒施草木灰、泥炭等深色物质，可增加土壤吸热性，提高土温。夏季遮阴覆盖则能减少到达地表的太阳辐射能，降低土壤温度。

（4）增施有机肥：施用有机肥既可改善土壤的热特性、调节土壤温度，又可加深土色，增加土壤对太阳辐射的吸收，同时有机质分解时释放出的热量也能提高土温。此外，寒冷季节在苗床上施用马、羊、禽粪等热性肥料，可增加土温，防止冻害。

项目三　土壤化学性质及肥力性状分析

[项目提出]

掌握土壤中基本化学性质及肥力水平，才能实现对土壤的合理利用、合理施肥和土壤的培肥改良。在农业生产中，经常要对土壤的化学性状和肥力水平进行评估。土壤的化学性质主要包括土壤的缓冲性、吸收性、酸碱性和氧化还原性等。其中，土壤酸碱性对土壤养分的存在状况、转化及有效性，对土壤微生物的活动和植物的生长发育都有很大影响。栽培植物时必须考虑土壤酸碱适宜性。

土壤有机质不仅是土壤中各种养分元素特别是氮、磷的重要来源，而且对改善土壤的理化性质、促进土壤微生物活动等具有重要作用。它是土壤肥力的重要物质基础，其含量的多少是评价土壤肥力高低和培肥土壤的重要指标。土壤中的养分特别是氮、磷、钾的供应状况直接影响作物产量，是评价土壤肥力的重要指标。土壤速效氮、磷、钾含量是配方施肥常规测定项目之一。

中量元素养分多数是植物体内促进光合作用、呼吸作用以及物质转化作用等的“酶”或“辅酶”的组成部分，在植物体内非常活跃。当作物缺少某种中量元素养分时，植物会出现“缺乏病状”，导致生长发育受到抑制，农作物产量减少、品质下降，严重时甚至导致颗粒无收。测定土壤的中量元素养分含量是评价土壤肥力的重要指标之一，可为科学合理施肥提供数据支撑。

根据肥力性状评价、土壤培肥改良和配方施肥等的需要，测定土壤中pH 值、水分含量、有机质、全氮、全磷、全钾、速效氮、速效磷、有效钾、有效钙、有效镁、有效硼、有效锰、有效锌等的含量，作为肥力评价、土壤培肥改良和配方施肥的依据。

任务一　土样的风干与制备

[任务描述]

风干土样的目的：防止土样霉变、保持土样原有的化学成分，便于磨制成不同细度的土样，为土样分析提供均匀的样品，以减少样品带来的误差。

制备样品的目的：便于样品长期保存，剔除非土壤成分（如：植物残茬、昆虫、石块等）和新生体（如：铁锰结核和石灰结核等），从而减少称样误差。对于一般土样中全量分析项目，需要尽可能将样品磨细，以确保分解样品的反应能够完全和彻底。

本任务根据本教材中所测定的土样项目，进行土样的风干和制备。

[知识准备]

1 土样风干

根据项目一任务三提到的土壤样品采集方法，将采集回来的土样放在木盘中或塑料布上，摊成薄薄的一层，置于室内通风阴干。在土样半干时，将大土块捏碎（尤其是黏性土壤），避免完全干后结成硬块，难以磨细。风干场所应选择干燥通风，并且没有氨气和灰尘等污染的地方。

2 样品制备

土壤样品的制备是将风干后的土样处理成可用于土壤理化分析的样品。制备过程主要包括去杂、粉碎过筛、混匀装瓶和登记保存等环节。制备过程中，一定要保证土壤样品的代表性。样品制备遵循原则：一是要保持样品原有的化学组成不被污染，样品编号不能弄混出错；二是在加工场地、加工工具、操作方法等方面应有严格的规定和要求，保证样品的质量。

2.1 去杂

去杂的目的是将土壤中非土壤组成部分剔除。土壤中非土壤成分主要包括植物根、残茬、枯枝落叶、虫体以及土壤中的石灰结核、铁锰结核、砖块、石子等土壤侵入体或新生体。在进行样品制备处理前，应将这些非土壤成分剔除和拣出，如果石子过多，应将拣出的石子称重，记下所占的百分比。

2.2 粉碎过筛

将风干后的土样倒在有机玻璃板上，用土棍研细，使之全部通过20目的筛子，进行样品粗磨。过筛后的样品全部置于塑料膜或牛皮纸上，充分混匀。用四分法分成两份，一份用于保存，另一份用于样品的细磨。粗磨样品可用于土壤pH值、土壤交换量、速效养分含量、元素有效性含量等分析。进行样品的细磨，用四分法进行第二次缩分成两份，一份备用，另一份进行研磨至全部通过60目或100目筛子，过60目筛子的样品可用于土壤有机质、全氮、全磷和全钾等分析，过100目筛子的样品可用于测定土壤中的中微量元素、重金属等含量测定。测定Si、Fe、Al的土壤样品需要用玛瑙研钵研细，瓷研钵会影响Si的测定结果。

2.3 保存

样品磨细过筛后混匀，装入广口瓶或塑料瓶中，写上标签一式两份，一份放入瓶内，另一份贴在瓶子上。标签应注明其样号、土类名称、采样地点、采样深度、采样日期、筛孔径、采集人等。一般样品在广口瓶内可保存半年至一年。瓶内的样品应保存在样品架上，尽量避免日光、高温、潮湿或酸碱气体等的影响，以确保分析结果的准确性。

[任务实施]

1 任务实施准备

1.1 明确任务

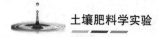

制备土壤酸碱度、有机质和速效养分含量分析用土壤样品。

1.2 所需仪器用具和需处理的风干土壤样品

（1）前期采集并风干的土壤样品。

（2）需要的仪器用具包括：镊子、土壤筛（20 目、60 目、100 目等）、牛皮纸、盛土盘（硬木板或硬塑料板）、木棒（或硬橡胶块）、广口瓶、标签、铅笔。

2 去杂

将风干后的土样铺开，仔细剔除土壤样品中所有非土壤组成部分。石子、结核物质较多时，要称重，并折算出含量百分数。

3 磨细与过筛

剔除非土壤组分的样品，用木棍或塑料棍碾压，压碎的土样全部通过 20 目筛子，未过筛的土粒必须重新碾压过筛，直至全部样品通过 20 目筛为止。20 目筛的土样供 pH、速效磷、缓效钾、有效钾、S、B、Si、Mo、Cu、Fe、Zn、Mn 等项目的测定。

将通过 2mm 孔径筛的土样用四分法取出一部分继续碾磨，使之全部通过 60 目筛，供有机质、交换性钙、交换性镁、碱解氮、全氮、全磷、全钾等项目的测定。

测定微量元素的样品，制备过程中严禁使用金属制具。

4 装瓶保存

研磨过筛后的土壤样品充分混匀后，装入广口瓶中，填写标签并贴在瓶外。

[复习思考]

1. 土壤制备的目的和原则是什么?
2. 土壤制备过程中应注意哪些事项?

任务二　测定土壤的含水量

[任务描述]

土壤中的水分是土壤的重要组成部分，也是衡量土壤生产性能的一个重要指标。土壤中的水分一方面供给作物吸收利用，另一方面影响土壤其他性状和土壤肥力因素，如土壤养分、通气、热状况和耕性等。在生产实践中，了解土壤含水量可作为排灌、耕作、播种和施肥的依据。本任务的目标是掌握使用烘干法测定土壤水分含量的原理和方法，以及掌握验墒技术和各种墒情标准。

[知识准备]

1 土壤水分的类型和性质

土壤水分属于土壤中的液相部分，是土壤的主要组成部分之一，也是土壤肥力因素中最重要、最活跃的因素，影响微生物活动、植物的生长发育、有机质的合成与分解等。另外土壤水分的变化，对土壤空气、温度和有效养分的含量均有促进或抑制作用。进入到土壤中的水分，受土粒和水界面的吸附力、土体的毛管引力和重力的作用等力的共同作用。由于受到吸力大小的不同，形成不同的水分类型且具有不同的性质。

1.1 土壤吸湿水

土壤吸湿水是指固相土粒表面的分子引力和静电引力从大气和土壤空

气中吸附气态水，附着在土粒表面成单分子或多分子层的水分。因受到土粒的吸力大，水分子呈定向紧密排列，无溶解能力，不能以液态水自由移动，也不能被植物吸收，所以对于植物来说是一种无效水。吸湿水含量多少，取决于空气中的相对湿度，相对湿度越高，土壤吸湿水越多。同时，土壤质地越黏、有机质越高、比表面积越大和大气湿度越大，吸湿水含量越高。

1.2 膜状水

膜状水是指吸湿水达到最大后，土粒还有剩余的引力吸附液态水，在吸湿水的外围形成的一层水膜。膜状水所受到的引力比吸湿水要小，其靠近土粒的内层受到引力越大，外层距土粒相对较远，受到的引力越小，可被植物吸收利用，属于有效水。当土壤水分受到的引力超过 1.5MPa 时，作物便无法从土壤中吸收水分而呈现永久凋萎，此时的土壤含水量就称为凋萎系数。凋萎系数主要受土壤质地的影响，通常土壤质地越黏，凋萎系数越大。当膜状水达到最大厚度时的土壤含水量称为最大分子持水量，它包括吸湿水和膜状水。

1.3 土壤毛管水

毛管水是指靠毛管力保持在土壤孔隙中的水分。毛管水能保持在土壤中，可被作物吸收利用，属于有效水。毛管水在土壤中可上下左右移动，并且具有溶解养分的能力，所以毛管水对作物的生长发育具有重要意义。毛管水的多少主要取决于土壤质地、腐殖质含量和土壤结构状况。通常有机质含量低的砂土，大孔隙多，毛管孔隙少，仅土粒接触处能保持少部分毛管水；而质地过于黏重，细小的孔隙中吸附的水分几乎全是膜状水；只有砂、黏比例适当，有机质含量丰富，具有良好团粒结构的土壤，其内部发达的毛管孔隙才能保持大量的水分。根据土层中毛管水与地下水有无连接，通常将毛管水分为：毛管支持水和毛管悬着水。毛管支持水是指地下水层借毛管力支持上升进入并保持在土壤中的水分，毛管支持水的上升高度因地下水位的变化而异，地下水位上升，毛管支持水的高度随之上升；

地下水位下降时，毛管支持水的高度也随之下降。此外，毛管支持水的高度还与土壤质地有关，砂土的毛管水支持水上升高度低，黏土的上升高度有限，壤土的毛管水上升高度最大。当毛管支持水达到最大时的土壤含水量称为毛管持水量，它实质上是吸湿水、膜状水和毛管上升水的总和。毛管悬着水是指当地下水埋藏较深时，降雨或灌溉水靠毛管力保持在土壤上层未能下渗的水分。毛管悬着水是作物所需水分的重要来源。毛管悬着水达到最大时的土壤含水量称为田间持水量。它是农田土壤所能保持的最大水量，也是旱地作物灌溉水量的上限。通常田间持水量的大小主要取决于土壤孔隙的大小和数量，而孔隙的大小和数量又依赖于土壤质地、腐殖质含量、结构状况和土壤耕耙整地的状况。

1.4 土壤重力水

土壤重力水是指当土壤水分含量超过田间持水量之后，过量的水分不能被毛管吸持，而在重力的作用下沿着大孔隙向下渗漏成为多余的水。当重力水达到饱和，即土壤所有孔隙都充满水分时的含水量称为土壤全蓄水量或饱和持水量。它是计算稻田灌水定额的依据。土壤重力水是可以被作物吸收利用的，但由于它很快渗漏到根层以下，因此不能持续被作物吸收利用，且在重力水过多时，土壤通气不良，影响旱作物根系的发育和微生物的活动；而在水田中则应设法保持重力水，防止漏水过快。当重力水流到不透水层时就在那里聚积形成地下水，若地下水埋藏深度适宜，可借助毛管作用满足作物需要；若地下水埋藏深度过浅，可能引起土壤沼泽化或盐渍化。

2 土壤水的表示方法

土壤水分含量一般以一定质量或容积土壤中的水分含量表示，常用的表示方法有以下几种。

2.1 土壤质量含水量

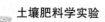

土壤质量含水量是指一定质量的土壤中所保持的水分质量占干土质量的比例，标准单位是 g/kg，通常用百分数来表示。在生产实践中，如没有特别说明是何种类型的土壤含水量，则为质量含水量。在自然条件下，土壤含水量变化范围很大，为了便于比较，大多采用烘干土质量（指 105℃烘干下土壤样品达到恒重，轻质土壤烘干 8h 可以达到恒重，而黏土需烘干 16h 以上才能达到恒重）为基数。因此，质量含水量是最常用的一种方法，其计算公式如下：

$$r_w=(m_1-m_2)/m_2\times100\%$$

式中，r_w 为土壤质量含水量（g/kg）；m_1 为湿土质量（g）；m_2 为干土质量（g）。

2.2 土壤容积含水量

土壤容积含水量是指土壤水分容积与土壤容积之比，常用 Q 表示，单位为 cm^3/cm^3。用百分率表示时，称为容积百分率。它可以说明土壤水分在土壤孔隙容积所占的比例和水、气容积的比例。其计算公式如下：

土壤容积含水量 = 土壤水分容积 / 土壤容积

由于灌溉和排水设计需以单位体积土体的含水量计算，因此，土壤容积含水量在农田水分管理及水利工程上应用较广泛。

2.3 土壤相对含水量

土壤相对含水量是指土壤实际的水分含量占该土壤田间持水量的百分比。它是生产中经常使用的一个概念，能避开不同土壤性质对水分含量的影响，能更好地反映土壤水分的有效性和土壤水气状况。通常旱地作物生长适宜的相对含水量是田间持水量的 70% ~ 80%，而成熟期则宜保持在 60% 左右。

土壤相对含水量 = 土壤含水量 / 土壤田间持水量 ×100%

3 土壤水分状况与作物生长

3.1 作物对土壤水分的需求

一般作物体内含水量约为 60% ~ 80%，蔬菜瓜果的含水量高达 90% 以上。水是光合作用的原料之一，光合产物的运移必须有水的参与；作物的新陈代谢也必须有水的参与才能进行。农作物从土壤中吸收的水分，大部分用于叶面蒸腾而散失热量，以保持作物体温的稳定。因此，土壤水分是维持作物正常生理和生命活动所必需的重要条件。

土壤水分是影响作物出苗率的重要因素。不同作物种子的吸水量会因其大小及淀粉、蛋白质、脂肪的含量不同而有所差异，因此它们对土壤湿度的要求也不同。例如，豆类作物需要吸收相当于种子重量 90% ~ 110% 的水分，麦类作物需要吸收相当于种子重量 50% ~ 60% 的水分，玉米需要吸收相当于种子重量 40% 的水分，而谷子仅需吸收相当于种子重量 25% 的水分。

作物在整个生育期对土壤水分的要求不同。一般来说，作物的需水特点是苗期需水较少；随着作物的生长，需水量逐渐增大，至生育盛期达到最大；随着作物的成熟，需水量又减少。若某一生育期土壤缺水，对作物产量影响最为严重，这一时期被称为需水临界期。不同作物的需水临界期不同，例如，麦类为抽穗至灌浆期，玉米在抽雄期，高粱在花序形成至灌浆期，棉花在花铃期，豆类、花生在开花期，水稻在孕穗抽穗期，马铃薯在开花至块茎形成期，向日葵在花盘形成到开花期。一般植物苗期与成熟期供水可较少，在需水临界期则应满足作物对土壤水分的要求。

3.2 土壤水分影响作物对养分的吸收

土壤水分状况直接影响作物对养分的吸收。土壤中有机养分的分解矿化过程离不开水分的参与，施入土壤中的化学肥料只有在水中才能溶解，养分离子向根系表面迁移，以及作物根系对养分的吸收都必须通过水分介质来实现。试验证明，当土壤水分含量适宜时，土壤中养分的扩散速率就高，从而能够提高养分的有效性。

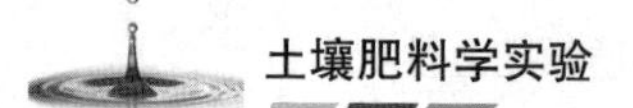

4 土壤水分的调节

在田间自然条件下，土壤水分状况常常与作物生育的要求不相适应，因此必须通过灌排等措施加以调节和改良，以满足作物生长的需求和高产要求。主要可从以下几个方面入手。

4.1 搞好农田基本建设

主要包括农田和排灌系统的建设。田面平整有利于降水和灌溉水的入渗，减少地面径流；增加土壤有机质、改良土壤结构、培肥土壤，可以增强土壤蓄水性和透水性，提高土壤保水能力；排灌系统的配套有利于灌溉和排水。

4.2 合理灌溉和排水

土壤水分不足时，灌溉是调节水分的根本措施。灌溉的方式有漫灌、畦灌、沟灌、喷灌、滴灌、渗灌等，根据作物的规律和土壤供水特性适时、适量地灌溉。在土壤水分过多的情况下，农田排水是排出地表积水、降低地下水位及表层土壤内滞水的重要手段。

4.3 合理耕作，蓄水保墒

土壤是重要的水分贮藏库，通过适当的耕作措施可以达到减少土壤水分损失、维持土壤水分含量的目的。耕翻、中耕、耙耢、镇压等耕作措施，在不同情况下可以起到不同的水分调节效果。如秋耕或伏耕，一方面可以充分接纳雨水，另一方面增加土壤对雨水的保蓄能力；中耕可以疏松表土，增加土壤水分蒸发阻力，减少土壤水分的消耗；春耙可使地表出现一层疏松的干土层，切断土壤毛管，减少土壤水分蒸发；镇压可以降低通气孔度，起到强提墒的作用。

4.4 地面覆盖

覆盖是旱作农业保水保温的良好生产措施。所有覆盖措施都有利于减少土壤水分的蒸发损失，提高表层水分含量。

4.5 发展节水农业，合理利用水资源

我国水资源相对贫乏，并且分布不均衡，这加剧了水资源的供需矛盾，而农业又是用水大户，因此发展节水农业具有十分重要的意义。

节水农业是一种提高整个水资源利用率和利用效益的农业类型，包括农业水资源的合理分配和管理，节水的输水工程、节水灌溉，充分利用降水及土壤水的工程技术和农业技术等。在发展节水农业方面，需要进行以下几方面的工作：建立节水和耗水少的输水系统，防止渠系渗漏，减少渠道蒸发损失，提高灌溉水利用系数。推广节水灌溉技术和节水灌溉制度，提高单位灌溉水的生产效率。在条件允许的情况下，尽量采用喷灌、滴灌、渗灌等灌溉技术，尽量减少大水漫灌。调整农业结构，推广节水农业技术，发展旱作农业，提高水分利用率。培育抗旱新品种，选用耐旱、节水农业作物品种；选用节水农业技术，采取轮作、间作、地面覆盖、少耕免耕等技术措施，减少土壤蒸发；增施肥料，以肥调水，促进作物对深层土壤水分的利用。

5. 土壤水分含量的测定方法

测定土壤含水量的方法有很多，常用的有烘干法和酒精燃烧法。现在有多种土壤水分快速测定仪，可用于土壤含水量的快速测定。为保证测定结果的准确性，一般应至少重复三次，然后取算术平均值。

5.1 烘干法

用干燥箱在（105 ± 2）℃的温度下，将土壤样品烘干至恒重，然后计算烘干前后土壤样品的质量之差，即为土壤样品所含水分的质量，再据此计算出土壤的含水量。该方法在烘干过程中，土样中的吸湿水从土壤表面蒸发，而结晶水不会受到破坏，土壤有机质也不会分解。因此，这种方法可用于风干样品吸湿水含量的测定，也可用于土壤实际含水量的测定。

5.2 酒精燃烧法

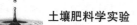

利用酒精在土壤样品中燃烧释放的热量，使土壤中的水分迅速蒸发达到干燥的状态，根据燃烧前后样品质量的差异，计算土壤含水量的百分数。酒精燃烧法测定土壤含水量速度较快，但精确度较低，只适合田间速测。在此方法中，酒精燃烧火焰在熄灭前几秒钟，即火焰下降时，土温才迅速上升到 180 ~ 200℃，然后温度又迅速降至 85 ~ 90℃，缓慢冷却。由于高温阶段时间短，因此样品中的有机质及盐类损失很少，故此法测定的土壤含水量有一定的参考价值。在使用酒精燃烧法测定土壤含水量时，一般情况下要经过 3 ~ 4 次才可达到恒重。

5.3 红外线法

该方法是将土壤样品放在红外线灯下，利用红外线的热能使样品中的水分迅速蒸发，迅速烘干，以测定含水量。此法快速简便。

6 结果与分析

烘干法、红外线法和酒精燃烧法都可采用下列公式计算土壤水分和烘干土质量。

（1）以烘干土为基数的水分百分数：

$$\text{土壤水分含量}=\frac{m_1-m_2}{m_2-m}\times 100\%$$

（2）以风干土为基数的水分百分数：

$$\text{土壤水分含量}=\frac{m_1-m_2}{m_2-m}\times 100\%$$

（3）将风干土质量换成烘干土质量时为：

$$\text{烘干土质量}=\frac{\text{风干土质量}}{1+\text{土壤含水率（烘干基）}}$$

若含水率为风干基，则干土质量 = 风干土质量 ×[1– 土壤含水量（风干基）]

[任务实施]

1 任务实施准备

1.1 明确任务

用烘干法测定土壤的自然含水量。

1.2 准备所需仪器、用具和试剂

恒温干燥箱，土铲，剖面刀，钳子，塑料袋，干燥器，土钻，天平（感量 0.01g、0.001g）、铝盒，标签量筒（10mL），土壤筛等。

2 试样的选取和制备

2.1 风干土样

选取具有代表性的风干土壤样品，压碎，通过 1mm 筛，混合均匀后备用。

2.2 新鲜土样

用土铲在田间挖取表层土壤 1kg 左右，装入塑料袋中，带回室内测定。

3 测定操作

3.1 风干土样水分测定

取小型铝盒，放入 105℃恒温干燥箱中烘烤约 2h，然后移入干燥器内冷却至室温，称重（W_1），精确至 0.001g。称取风干土壤 5.000g，均匀平铺在铝盒中，盖好，称重（W_2）。将铝盒盖放在盒子底下，置于 105℃恒温干燥箱中烘烤约 6h。取出，盖好，移入干燥器内冷却至室温（约 20min），立即称重（W_3）。风干土样水分的测定应做两份平行。

3.2 新鲜土样水分的测定

称取铝盒重量（W_1），精确至 0.01g。称取风干土壤 20.00g，均匀平

铺在铝盒中，盖好，称重（W_2）。将铝盒盖放在盒子底下，置于105℃恒温干燥箱中烘烤约12h。取出，盖好，移入干燥器内冷却至室温（约30min），立即称重（W_3）。新鲜土样水分的测定应做三份平行。

4 结果记录及计算

将结果记录在下表3-1中，并根据下表公式计算土壤的含水量。土壤含水量 =（W_2-W_3）/（W_2-W_1）×100%

表3-1　土壤含水量测定数据记录表

样品号	重复	盒盖号	铝盒号	铝盒重 W_1/g	盒加新鲜土重 W_2/g	盒加干土重 W_3/g	含水量/%	平均值/%

5 完成报告

根据测定结果，结合土壤质地，对土壤水分含量做出评价。

[复习思考]

1. 土壤有效水的含量范围是多少？
2. 为什么说毛管水是土壤中最宝贵的水分？
3. 请解释“夜潮”现象和“冻后聚墒”现象。

任务三　测定土壤有机质含量

[任务描述]

土壤矿物质和有机质是土壤固相组分的两个重要部分，其中土壤有机质是土壤肥力的重要物质基础之一。土壤有机质含量的多少是评价土壤肥力高低的一个重要指标。土壤中的有机质不仅对土壤肥力起着关键作用，而且本身含有丰富的营养元素，是土壤微生物生命活动的主要能源。同时，对土壤水、肥、气、热等及一系列土壤理化性质具有明显的调节和改善作用。本任务采用重铬酸钾外加热法来测定土壤中的有机质含量，并结合当地的有机质含量分级指标，进行土壤肥力评估，并提出提高土壤有机质含量和土壤培肥改良措施。

[知识准备]

1 土壤有机质的来源、存在形态和组成

1.1 来源

自然土壤有机质主要来源于生长在土壤上的高等绿色植物（包括地上部分和地下的根系）、生活在土壤中的动物和微生物。农业土壤有机质主要来源于每年施用的有机肥料、作物的残茬、根系和根系分泌物，以及生活在土壤中的动物和微生物。

1.2 存在形态

通过各种途径进入土壤中的有机质，不断被土壤微生物分解，所以土壤有机质一般呈现新鲜有机化合物、半分解的有机化合物和腐殖质三种形态。新鲜有机化合物指土壤中未分解的动植物残体。动植物及其排泄物进入土壤后经过微生物转化过程，大部分被分解转化，小部分可暂时残留下

来未发生改变。半分解的有机化合物指有机质已被微生物分解，多呈分散的暗黑色小块。腐殖质指有机残体在土壤腐殖质化过程中形成的一类褐色或暗褐色的高分子有机化合物，对土壤中物理、化学、生物等性质有良好作用，通常作为衡量土壤肥力水平的主要指标之一。

1.3 组成

土壤有机质按化学组成可分为普通有机化合物与特殊的高分子化合物两类。普通有机化合物是指动植物残体的未分解、半分解和分解产物。它们因植物种类、器官、年龄等的不同而有很大差异。主要包括糖类化合物、纤维素和半纤维素、木质素、含氮化合物、脂肪、树脂、蜡质和单宁等有机化合物。此外，有机质中还含有一些灰分元素，如 Ca、Mg、K、Na、Si、P、S、Fe、Al、Mn 等，还有少量的 I、Zn、B、F 等。这些元素在生物的生活中起着巨大作用。

2 土壤有机质的转化

土壤有机质的转化过程是在微生物的作用下发生分解和合成作用，有机质的转化是一系列极其复杂的过程，可分为有机质矿质化和有机质腐殖质化两种过程。这两个过程相互对立，又相互联系，并随着土壤中环境条件的改变而互相转化。矿化过程为有机质养分释放过程，腐殖质化过程是土壤中腐殖质形成过程。

2.1 土壤有机质的矿质化过程

有机质矿质化过程是指有机质在微生物作用下分解为简单无机化合物的过程。其最终产物为 CO_2、H_2O、N、P、S、K、Ca 和 Mg 等矿质盐类，同时释放热量，为植物和微生物提供养分和能量。该过程释放养分，消耗有机质，同时也为形成土壤腐殖质提供物质来源。

（1）不含氮的简单有机化合物的分解和转化：在碳水化合物中，简单的糖类容易分解，而多糖则难以分解。尤其是与黏土矿物结合的多糖，抗分解能力强。纤维素、半纤维素、脂肪和蜡质分解缓慢，最难分解的是木质素，但在专性细菌的作用下也能缓慢分解。如高温纤维素分解细菌就能加速纤维素的分解。在通气良好的条件下，经好氧微生物的作用，葡萄糖迅速分解成 CO_2 和 H_2O，并释放出大量的热量；在通气不良、缺氧的条件下，好氧微生物的活动受到抑制，而厌氧微生物占据优势，导致分解过程进行缓慢，其终端产物是 H_2、CH_4 等一些还原性物质；在半嫌气条件下，则往往有可能积累一些有机酸。

（2）含氮有机质的分解和转化：土壤中的含氮有机物质主要包括蛋白质、腐殖质、生物碱、络合态氨基酸和氨基糖等。其中，多数为难溶性的化合物，不能直接被植物吸收利用。土壤中的含氮有机物的转化主要包括水解、氨化、硝化和反硝化等过程。现以蛋白质为例，说明含氮有机物质的转化：

第一步，水解作用：在蛋白质水解酶的作用下，水解成氨基酸。

第二步，氨化作用：借助水解作用、氧化作用和还原作用，将酰胺态氮转化为铵态氮。氨化作用在有氧和无氧条件下均可进行。

第三步硝化作用：在通气良好的条件下，铵态氮通过亚硝化细菌和硝化细菌的相继作用，逐级转化成亚硝酸态氮和硝酸态氮。在某些条件下，还可通过反硝化细菌的作用，将土壤中的 NO_3^--N 变成 NO_2、NO 或游离 N_2 而逸散于空气中，这个过程被称为反硝化过程。出现反硝化过程的条件是通气不良、土壤中有硝酸盐存在、土壤中有大量碳水化合物及适宜的 pH。反硝化过程是造成氮损失的途径之一。

（3）含磷、含硫有机化合物的转化：有些蛋白质除含氮外，还含 S、P 等营养元素，在好气条件下，通过微生物的作用，分别氧化成硫酸盐和磷酸盐。在嫌气条件下，含硫蛋白质分解为硫醇类和硫化氢等有毒物质。其他一些非蛋白质类含硫、磷的有机化合物的矿化过程和速率，虽与蛋白质有所不同，但它们最终的主要产物无非是 NH_4^+、HPO_4^{2-}（或 $H_2PO_4^-$）和 SO_4^{2-}（或 HSO_4^-）。存在于土壤有机质中的其他矿物元素也随着上述相似的转化过程被释放出来，供植物吸收利用。

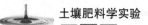

这些过程进行的具体情况取决于土壤的组成、pH、Eh、水、气、热状况等。土壤的条件不同，植物营养元素在土壤中的转化特点也有所差异，因此需要根据具体情况进行具体分析。

2.2 土壤有机质腐殖化过程

土壤有机质腐殖化过程是指土壤有机质在微生物的作用下转变为复杂的腐殖质的过程，它是积累有机质、贮藏养分的过程。关于腐殖化过程，尚未完全研究清楚，目前多倾向于苏联学者柯诺诺娃的观点，她认为腐殖化过程分两个阶段：第一阶段是在有机残体分解中形成腐殖质分子的基本成分，如多元酚、含氮有机化合物（如氨基酸）等。第二阶段是在各种微生物群（细菌、霉菌、链霉菌等）分泌的酚氧化酶的作用下，将多元酚氧化成醌；或来自植物的类木质素，聚合形成高分子多聚化合物，即腐殖质。腐殖质形成后比较难分解，在不改变其形成条件的情况下具有相当的稳定性。但当形成条件变化后，微生物群体也会发生改变，新的微生物群将引起腐殖质的分解，并将其贮藏的营养物质释放出来为植物利用。因此，腐殖质的形成和分解与土壤肥力密切相关，协调和控制这两种作用是农业生产中的重要问题。

有机质经过土壤微生物的分解、合成或作用后，其数量逐渐达到相对稳定的状态，这种稳定状态是有机质完成腐殖化作用的标志。每千克新鲜的有机质加入土壤后所产生的腐殖质的量称为腐殖化系数，不同有机质的腐殖化系数不同。

3 腐殖质的组成和性质

3.1 腐殖质的组成

腐殖质是一类组成结构极为复杂的高分子聚合物，其主体是各种腐殖酸及其与金属离子相结合的盐类，与矿物质结合形成的有机无机复合体，这对于土壤团粒结构的形成与保持具有重要作用。根据腐殖质的颜色和在不同溶剂中的溶解性，可以将腐殖质分为胡敏酸（褐腐酸）、富里酸（黄腐酸）和胡敏素（黑腐素）三组。腐殖质整体呈黑色，胡敏酸呈棕褐色；富里酸呈淡黄色，又称黄腐酸。胡敏素是不溶于稀碱的那部分腐殖质，一般与黏粒矿物结合十分紧密，难以用试剂将其与黏粒矿物分离。胡敏酸和富里酸统称为腐殖酸，约占腐殖物质的60%，通常都以腐殖酸作为腐殖质的代表，土壤真正游离的腐殖酸很少。富里酸的酸性很强，活性大，对矿物的风化和盐基的反应有着重要影响。

3.2 腐殖质分子结构

土壤腐殖质的分子结构极其复杂。一般认为腐殖质分子包括芳香族化合物的核、含氮有机化合物和碳水化合物三部分。在其分子上含有若干个羧基（–COOH）、酚羟基（–O–H）、醇羟基（R–OH）、甲氧基（CH_3O–）、甲基（–CH_3）等能与外界进行反应的官能团。这些官能团赋予腐殖质多种活性，如离子吸附性，对金属离子的络合能力，氧化—还原性和生理活性等。

3.3 腐殖质性质

3.3.1 带电性

土壤腐殖质的各种性质与其带电性密切相关。就电性而言，由于腐殖质是两性胶体，通常以带负性为主。电性来源于分子表面羧基的酚羟基解离及胺基的质子化。土壤腐殖质所带的电荷属可变电荷，取带电荷量随土壤 pH 升高而增加，随土壤 pH 降低而减少。腐殖质对阳离子有很高的吸附力，其阳离子代换量达 150 ~ 450cmol/100g。

3.3.2 吸水性

腐殖质是亲水性胶体，吸水能力强，吸水量可超过 500%。因此，具有膨胀性和收缩性，与黏粒矿物相比，黏结性、黏着性和可塑性较低。

3.3.3 稳定性

腐殖质的化学稳定性高，抗分解能力强。因此，腐殖质的分解周期需较长时间。在温带地区，一般植物残体的半分解期少于3个月，新形成的有机质的半分解期为4 ~ 9年，而胡敏酸的平均存留时间为780 ~ 3000年，富里酸为200 ~ 630年。

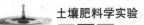

3.3.4 酸碱性

腐殖质是弱酸性，可溶于碱溶液而生成腐殖酸盐。

3.3.5 溶解性

胡敏酸能把细土粒黏结成团粒，是形成水稳性团粒不可缺少的物质。富里酸溶解性强，与土粒不易形成稳定的团粒结构。

4 影响土壤有机质转化的因素

4.1 土壤条件

4.1.1 土壤水、气状况

土壤水与气在土壤中是相互消长的关系，水、气的多少直接影响到土壤有机质转化的方向和速度。水分过多通气不良，嫌气微生物占优势，有机质分解缓慢且不彻底，易积累某些中间产物和还原性有毒物质，对作物生长不利，但有利于腐殖质的积累；水分适中通气良好，好气性微生物活动旺盛，有机质分解速度快且彻底，中间产物积累少，养分释放多，但不利于有机质的积累和保存；若水分过少，氧气供应固然充足，但微生物的生命活动受到抑制，也不利于有机质的分解。对于大多数土壤微生物来说，土壤水分在田间持水量的60% ~ 80% 比较适宜。

4.1.2 土壤温度状况

每一种微生物都有适宜的生活温度，一般为25 ~ 35℃，过高和过低都不利土壤有机质转化。土壤温度过高，有机质分解快，在土壤中积累少；土壤温度过低，有机质来源少，微生物活性低，也不利于有机质的积累。

4.2 微生物的活动

当土壤含水量在 60% ~ 80%，土壤温度在 0 ~ 35℃，随着温度升高，土壤微生物活动明显增强；当温度高于 45℃时，大多数微生物活动受到明显抑制；当温度低于 0℃时，微生物活动趋于停滞。

4.3 土壤酸碱度

不同微生物类群都有自己适宜的 pH 范围，土壤酸碱反应为强酸性或强碱性时，对大多数微生物都不利，此时有机物质分解缓慢，腐殖质积累少且质量差。最适宜土壤微生物活动的 pH 范围为 6.5 ~ 7.5，真菌喜酸性环境，细菌适宜中性或近中性，放线菌则喜中性至微碱性。

4.4 有机残体的碳氮比（C/N）及其物理状况

碳氮比是指有机物中碳素和氮素的总量之比。微生物利用 1 份氮，大约消耗 25 份碳，有机物质的 C/N 为（25 ~ 30）：1 时，比较有利于微生物的生命活动，有机物质分解较快，如果有机物质的 C/N > 30 ：1，分解速度极其缓慢，而且会出现微生物与植物争夺土壤有效氮的现象，致使作物缺氮而造成减产。因此，在作物生长期间，不宜将碳氮比大的有机残体直接放入土壤，必须堆制后再施入。秸秆还田或绿肥翻压，应配合施用腐熟的粪尿肥或速效氮肥。

5 提高土壤中有机质含量的措施

（1）扩大有机肥源，增施有机肥料，如发展养殖业、种植绿肥、施用堆沤肥、秸秆还田、施有机土杂肥等。

（2）调节土壤有机质的积累与分解，一是调节碳氮比，控制有机质的矿质化和腐殖化过程。二是调节土壤酸碱度，调控微生物的类群及活动。

（3）合理轮作倒茬，如绿肥或豆类与粮食作物轮作，或经济作物轮作，水旱轮作等。

（4）调节土壤水、气、热状况，通过耕作、灌排等措施，调节土壤水、气、热状况，促进或减缓土壤有机质的分解和合成。

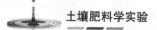

6 土壤有机质含量的测定方法

土壤有机质含量的测定是先通过测出土壤有机碳的含量，然后根据土壤有机质中碳含量换算成有机质量。测定土壤有机碳的方法有干烧法（高温电炉燃烧）、湿烧法（重铬酸钾氧化）、滴定分析法等，使用较普遍的方法是重铬酸钾滴定法。

6.1 重铬酸钾滴定法的基本原理

在 170 ~ 180℃的条件下，用过量的标准重铬酸钾的硫酸溶液氧化土壤有机质（碳），剩余的重铬酸钾与硫酸亚铁溶液滴定，从所消耗的重铬酸钾量计算有机质含量。测定过程的化学反应式如下：

$$2K_2Cr_2O_7+3C+8H_2SO_4 \rightarrow 2K_2SO_4+2Cr_2(SO_4)_3+3CO_2+8H_2O$$

$$K_2Cr_2O_7+6FeSO_4+7H_2SO_4 \rightarrow K_2SO_4+Cr_2(SO_4)_3+3Fe_2(SO_4)_3+7H_2O$$

6.2 有机碳的校正系数

采用外加热法只能氧化 90% 的有机碳，因此，测得的有机碳要乘以校正系数 1.1 加以校正。如采用稀释热法则只能氧化 77% 的有机碳，测得的有机碳要乘以校正系数 1.3 加以校正。

6.3 注意事项

（1）含有机质 5% 者，称土样 0.1g，含有机质 2% ~ 3% 者，称土样 0.3 g，少于 2% 者，称土样 0.5g 以上。若待测土壤有机质含量大于 15%，氧化不完全，不能得到准确结果。因此，应用固体稀释法进行弥补。方法是将 0.1 g 土样与 0.9 g 高温灼烧已除去有机质的土壤混合均匀，再进行有机质测定，按取样十分之一计算结果。

（2）测定石灰性土壤样品时，必须慢慢加入浓 H_2SO_4，以防止由于 $CaCO_3$ 分解而引起的激烈发泡。

（3）消煮时间对测定结果影响极大，应严格控制试管内或烘箱中三角瓶内溶液沸腾时间为 5min。

（4）消煮的溶液颜色一般应为黄色或黄中稍带绿色。如以绿色为主，说明重铬酸钾用量不足。若滴定时消耗的硫酸亚铁量小于空白用量的三分之一，可能氧化不完全，应减少土样重做。

6.4 土壤有机质含量参考指标

耕地土壤有机质的含量差别较大，一般含量均小于 50g/kg，低的甚至不足 0.5%，且表层比下层高，水田比旱地高。从地区看，东北黑土地区含量较高，可达 80 ~ 100g/kg；华北地区土壤有机质含量在 10g/kg；西北地区土壤大多低于 10g/kg。为了便于指导农业生产，各地分别确定了当地有机质丰缺程度，包括极低、低、中等、适宜、较高、高六个等级的土壤有机质含量分级标准。如表 3–2 为全国第二次土壤普查有机质含量分级标准。

表 3–2　全国第二次土壤普查有机质含量分级

土壤有机质含量（g/kg）	丰缺程度	级别
≤ 6	极低	六级
6 ~ 10	低	五级
10 ~ 20	中等	四级
20 ~ 30	适宜	三级
30 ~ 40	较高	二级
＞ 40	高	一级

[任务实施]

1 任务实施准备

1.1 明确任务

用重铬酸钾外加热法测定土壤中有机质含量。

1.2 准备所需仪器用具

分析天平（0.0001g）、天平（0.1g）、电炉（1000W）、容量瓶（1000mL）、试剂瓶（1000mL）、电热恒温油浴锅、铁丝笼、硬质试管、移液管（5.00mL）、长条蜡光纸、角匙、滴定台、温度计（0 ~ 300℃）、滴定管（25.00mL）三角瓶（250mL）、小漏斗、量筒（100mL）、称量纸、吸水纸、滴瓶（50mL）、试管夹、洗耳球等。

1.3 准备所需试剂

（1）0.8000mol/L（1/6 $K_2Cr_2O_7$）标准溶液，将 $K_2Cr_2O_7$（分析纯）先在 130℃烘干 3 ~ 4h，称取 39.2245g，在烧杯中加蒸馏水 400mL 溶解（必要时加热促进溶解），冷却后，稀释定容到 1L。

（2）0.2mol/L $FeSO_4$ 溶液，称取化学纯 $FeSO_4 \cdot 7H_2O_5$ 6.0 g，加 5mL 浓硫酸，加水稀释定容到 1L，摇匀备用。

（3）邻啡罗啉指示剂，称取 $FeSO_4 \cdot 7H_2O$ 0.695g 和邻啡罗啉（分析纯）1.485g 溶于 100mL 水中，此时试剂与硫酸亚铁形成棕红色络合物 $[Fe(Cl_2H_8N_3)_3]^{2+}$。

（4）$FeSO_4$ 溶液的标定：用移液管准确取 0.1000mol（1/6）/L $K_2Cr_2O_7$ 标准溶液 20mL 两份于 150mL 三角瓶中，加浓 H_2SO_4 5mL，加水稀释至 60 ~ 70mL；加邻啡罗啉指示剂 3 ~ 5 滴后，用配好的 $FeSO_4$ 溶液滴定至终点。计算 $FeSO_4$ 溶液的浓度 C_2。$C_2=C_1V_1/V_2$，式中，C_2 为 $FeSO_4$ 标准溶液的浓度，mol/L；C_1 为 $K_2Cr_2O_7$ 标准溶液的浓度，mol/L；V_1 为吸取的 $K_2Cr_2O_7$ 标准溶液的体积，mL；V_2 为滴定时消耗 $FeSO_4$ 的体积，mL。

2 待测土样的有机质含量测定操作

（1）称样

准确称取通过 60 目筛子（0.25mm）的土壤样品 0.1000 ~ 0.5000g（有机质含量高于 50g/kg），称土样 0.1000g；含量为 20 ~ 30g/kg，称取土样 0.3000g；少于 20g/kg，称取土样 0.5000g，用长条蜡光纸把称取的样品分别全部倒入硬质试管中（试管要编号）。另称取0.5000g粉状二氧化硅2～3份，分别倒入另外2～3支干净的硬质试管中，作为空白测定。

（2）加氧化剂

用移液管分别准确加入0.8000mol/L（1/6 $K_2Cr_2O_7$）标准溶液5mL于上述试管中。

（3）加浓硫酸

用移液管分别加入浓H_2SO_4 5mL于上述试管中，充分摇匀，管口盖上小漏斗，并将试管置于铁丝笼中。

（4）加热消煮

预先将油浴锅加热至185～190℃，然后将铁丝笼放入油浴锅中加热，放入后温度应控制在170～180℃，待试管中液体沸腾产生气泡时开始计时，煮沸5min，取出试管，稍冷，擦净试管外部油液。

（5）转移消煮液

冷却后，分别将试管内容物小心仔细地全部吸入250mL的三角瓶（要对应编号），使瓶内总体积在60～70mL，保持其中硫酸浓度为1～1.5mol/L，此时溶液的颜色应为橙黄色或淡黄色（若以绿色为主，说明重铬酸钾不足，应减少称样量）。

（6）加指示剂

加邻啡罗啉指示剂3～4滴，此时溶液应为黄色。

（7）滴定

用0.2mol/L $FeSO_4$溶液滴定，溶液由黄色经过绿色、淡绿色突变为棕红色即终点，记录消耗$FeSO_4$溶液的体积（表3-3）。

3 结果计算

$$有机质=\frac{(0.8000\times5.00)\times(V_0-V)\times0.003\times1.724\times1.1}{m}\times1000$$

式中，V_0为滴定空白时所用$FeSO_4$毫升数；V为滴定土样时所用$FeSO_4$毫升数；5.00为所用$K_2Cr_2O_7$毫升数；0.8000为1/6 $K_2Cr_2O_7$标准溶液的浓度；

碳毫摩尔质量 0.012 被反应中电子得失数 4 除得 0.003；有机质含碳量平均为 58%，故测出的碳转化为有机质时的系数为 100/58 ≈ 1.724；1.1 为校正系数。

4 完成报告

对土壤现有利用培肥方式给予评价，提出调节和增加土壤有机质的综合措施。

表 3–3　有机质含量测定记录表

测定时间：		测定人：					
样品编号		1			2		
重复		1	2	3	1	2	3
土样质量 /g							
空白消耗硫酸亚铁溶液量 V_0/mL	滴定前读数						
	滴定后读数						
	滴定消耗量						
	平均值						
土样消耗硫酸亚铁溶液量 V/mL	滴定前读数						
	滴定后读数						
	滴定消耗量						
有机质含量 /g/kg	个别值						
	平均值						
说明							

[复习思考]

1. 试述有机质在土壤肥力上的作用？

2. 试述土壤有机质的矿质化过程和腐殖质化过程及其影响因素？

3. 如何调节土壤中的有机质含量和状态？

任务四　土壤阳离子交换性能的分析

[任务描述]

土壤阳离子交换性能是土壤最重要的特性之一。它是土壤胶体（包括有机胶体、无机胶体和有机无机复合体）电荷在客观上的具体反应，对土壤中物质的转化、溶质运移、生物特性起着主导性作用。它强烈地影响着土壤的保水、保肥性能及缓冲性的强弱，是评估土壤肥力因素最重要的指标。同时，它体现了土壤成土过程中的水热条件和环境因素，是土壤分类学的重要依据。土壤阳离子交换性能是土壤胶体的属性，由于土壤胶体属性的表观因素较多，因此在分析项目上可包括以下内容：土壤活性酸的测定；土壤阳离子交换量的测定；土壤交换性盐基总量的测定；土壤交换性酸的测定。

本任务采用电位法测定水浸土壤的 pH 值。

[知识准备]

1 土壤胶体与土壤吸收性

1.1 土壤胶体

土壤胶体是指直径为 1 ～ 1000nm 的土壤颗粒，是土壤固体颗粒中最微细的部分。土壤胶体具有巨大的表面积，并带有电荷，因此具有收缩、分散、吸收和凝聚等特性，对土壤理化性质和土壤肥力水平具有明显影响，对土壤保肥、供肥能力的强弱起着决定性作用。根据成分和来源可将土壤胶体分为矿质胶体、有机胶体和有机矿物复合胶体。

1.2 土壤吸收性

土壤吸收性是指土壤能吸收和保留土壤溶液中的分子和离子、悬液中的悬浮颗粒、气体以及微生物的能力。这种能力在土壤保肥供肥能力、土壤性质等方面起着极为重要的作用：（1）施入土壤中的有机肥料、无机肥料或固体、液体、气体等物质，都会因土壤吸收能力而被较长久地保存在土壤中，可随时释放供植物利用，所以土壤吸收性与土壤的保肥供肥能力关系非常密切。（2）影响土壤的缓冲能力和酸碱度等化学性质。（3）土壤吸收性直接或间接影响土壤的结构性、物理机械性和水热状况等土壤化学性质。

根据土壤吸收性产生的机制，可分为五种类型：（1）机械吸收性，指土壤对物体的机械阻留作用，吸收能力的大小主要取决于土壤的孔隙状况，与土壤质地、结构和松紧度等情况有关。孔隙过粗，阻留物少，过细造成下渗困难，易形成地表径流和土壤冲刷。（2）物理吸收性，指土壤对分子态物质的保持能力。许多肥料中的有机分子（如氨基酸、尿酸、氨气等）通过物理吸收作用被保留在土壤中，但通过物理吸收性方式只能吸附一部分养分。（3）化学吸收性，是指易溶性盐在土壤中转变为难溶性盐而沉淀保存在土壤中的过程，也称为化学固定，例如，可溶性磷酸盐会被土壤中的铁、铝、钙等离子固定，生产难溶性的磷酸铁、磷酸铝或磷酸钙等物质，降低养分的有效性。（4）物理化学吸收性，指土壤对可溶性物质中离子态养分的保持能力，主要是因为土壤胶体带有一定正电荷或负电荷，能从土壤溶液中吸附带相反电荷的离子，又可与土壤溶液中相同电荷的离子交换达到动态平衡。这种吸收以物理吸附为基础，而呈现与化学反应相似的特性，故称为物理化学吸收性，是土壤中最重要的一种吸收性。吸收性强弱，与土壤中胶体数量和电性强弱有关。土壤胶体越多、电性越强，物理化学吸收性越强，则土壤的保肥性和供肥性就越强。（5）生物吸收性，指土壤中植物根系和微生物对营养物质的吸收性。这种吸收性具有选择性和创造性，有积累和集中养分的作用，特别是只有生物吸收性才能吸收硝酸盐。无论是自然土壤还是农业土壤，生物吸收性在提高土壤肥力方面具有重要意义。

总之，这五种吸收性不是独立存在的，它们相互影响、相互联系，对于土壤来说同样具有重要意义。

1.3 土壤阳离子交换量（CEC）

阳离子交换量指在一定的 pH 条件下每 1000g 干土所能吸附的全部交换性阳离子的厘摩尔数（cmol/kg），可用来描述土壤吸附阳离子的能力，作为土壤保肥能力的指标。CEC 大，土壤保肥能力强，较耐肥，一次施肥量可大一些；CEC 小，土壤保肥能力差，一次施肥量不能过多，可采用少量多次的施肥方式。可参考以下参数，CEC 大于 20cmol/kg 的土壤，保肥能力强；10 ~ 20cmol/kg 的土壤，保肥能力中等；小于 10cmol/kg 的土壤，保肥能力弱。CEC 大小受土壤胶体数量、类型、pH 等的影响，一般质地黏重、有机质含量高的土壤，保肥能力强。

1.4 土壤保肥性与供肥性的调节

土壤供肥性是指土壤在作物整个生育期内持续不断地供应作物生长发育所必需的各种速效养分的能力和特性。土壤供肥性常与土壤中速效养分含量、迟效养分转化成速效养分的速率、土壤胶体表面吸附的交换性养分离子的有效性等有关，一般耕作层深厚、土色深暗、砂黏适中、土壤结构良好、松紧适度的土壤供肥性好。

土壤的保肥性与供肥性之间往往存在一定的矛盾，只有保肥、供肥性协调的土壤，才是营养状况良好的土壤。

（1）调节土壤胶体状况：增施有机肥料、秸秆还田和种植绿肥，提高有机质含量；翻淤压砂或掺黏改砂，增加砂土中黏粒含量；适当增施化肥，以无机促有机。

（2）科学耕作，合理灌排：合理耕作，以耕促肥；合理灌排，以水促肥。

（3）调节土壤胶体吸附的交换性阳离子的组成：酸性土壤施肥适量的石灰、草木灰；碱性土施用石膏等。

2 土壤的酸碱性

土壤的酸碱性是指土壤溶液的反应，它反映土壤溶液中 H^+ 浓度和

OH^- 浓度比例，同时也决定于土壤胶体上致酸离子（H^+ 或 Al^{3+}）或碱性离子（Na^+）的数量及土壤中酸性盐和碱性盐类的存在数量。土壤酸碱性是土壤重要的化学性质，是成土条件、理化性质、肥力特征的综合反应，也是划分土壤类型、评价土壤肥力的重要指标。

2.1 土壤酸性

土壤的酸性，一方面与溶液中 H^+ 浓度相关，另一方面更多的是与土壤胶体上吸附的致酸离子（H^+ 或 Al^{3+}）有密切关系。土壤中酸性的主要来源包括胶体上吸附的 H^+ 或 Al^{3+}、CO_2 溶于水所形成的碳酸、有机质分解产生的有机酸、氧化作用产生的少量无机酸，以及施肥时加入的酸性物质等。土壤酸度反映了土壤中 H^+ 的数量，根据 H^+ 在土壤中的存在状态，可以将土壤酸度分为活性酸和潜性酸两种类型。

2.1.1 活性酸

活性酸是指土壤溶液中游离的 H^+ 所直接显示的酸度。通常用 pH 值表示，它是土壤酸碱性的强度指标。土壤 pH 值为土壤溶液中 H^+ 浓度的负对数，$pH=-lg[H^+]$，通常根据 pH 值将土壤酸碱性分为若干级：$pH < 4.5$ 为强酸性；pH5.0 ~ 6.5 为酸性；pH6.5 ~ 7.5 为中性；pH7.5 ~ 8.5 为碱性；$pH > 8.5$ 为强碱性。我国土壤大多数 pH 值在 4 ~ 9，在地理分布上有“东南酸西北碱”的规律性，即由北向南，pH 值逐渐减小。长江以南的土壤多为酸性或强酸性，长江以北的土壤多为偏碱性或强碱性。

2.1.2 潜性酸

潜性酸是指土壤胶体上吸附的 H^+、Al^{3+} 所引起的酸度。只有当它们转移到土壤溶液中，形成溶液中的 H^+ 时，才会显示出酸性特征，故称为潜性酸。通常用 1000g 烘干土中氢离子的厘摩尔数来表示。潜性酸和活性酸处在动态平衡之中，可以相互转化。土壤潜性酸要比活性酸多得多，相差 3 ~ 4 个数量级。实际上，土壤的酸性主要决定于潜性酸的数量，它是土壤酸性的容量指标。

土壤潜性酸的大小常用土壤交换性酸度或水解性酸度来表示，两者的区别在于测定时浸提剂不同，测得的潜性酸的量也有所不同。

（1）交换性酸度是指用过量的中性盐溶液（如 lmol/L 的 KCl、NaCl 或 $BaCl_2$）作为浸提剂，将胶体表面上的大部分 H^+ 或 Al^{3+} 交换出，再以标准碱液滴定溶液中的 H^+，所测得的酸度。该方法所测得酸度只是土壤潜性酸量的大部分，而不是它的全部。因为用中性盐浸提的交换反应是个可逆的阳离子交换平衡，交换反应容易逆转。

（2）水解性酸度是指用弱酸强碱盐溶液（如 lmol/L 醋酸钠）从土壤中交换出来的 H^+、Al^{3+} 所产生的酸度。由于醋酸钠水解，所得的醋酸的解离度很小，而生成的 NaOH 又与土壤交换性 H^+ 作用，得到解离度很小的 H_2O，所以使交换作用进行得比较彻底。另一方面，由于弱酸强碱盐溶液的 pH 值大，也使胶体上的 H^+ 易于解离出来。用碱滴定溶液中醋酸的总量即水解性酸的量。水解性酸一般要比交换性酸多得多，但这两者是同一来源，本质上是相同的，都是潜性酸，只是交换作用的程度不同而已。

用上述方法测得的潜性酸实际上还包括活性酸在内，但后者数量很少。

2.2 土壤碱性

土壤的碱性主要来源于土壤中交换性钠的水解所产生的 OH^- 以及弱酸强碱盐类（如 Na_2CO_3 和 $NaHCO_3$）的水解。土壤的碱性除用平衡溶液的 pH 值表示以外，还可用土壤中的碱性盐类（特别是 Na_2CO_3 和 $NaHCO_3$）来衡量之，有时叫作土壤碱度（cmol/kg）。对于土壤溶液或灌溉水、地下水来说，其 Na_2CO_3 和 $NaHCO_3$ 含量也叫作碱度（mmol/L 或 g/L）。同时土壤的碱性还决定于土壤胶体上交换性钠离子（cmol/kg）的相对数量。通常把钠饱和度［交换性钠离子占阳离子交换量（cmol/kg）的百分率］叫作土壤碱化度。碱化度 =（交换性钠 / 阳离子交换量）×100%，当土壤交换性钠饱和度为 5% ~ 20% 时称为碱化土，而交换性钠饱和度大于 20% 时称为碱土。

2.3 土壤酸碱性对植物生长的影响

2.3.1 不同植物对土壤酸碱性都有一定的适应范围

如表 3–4 所示，多数作物适宜中性至微酸性土壤，以 pH6.0 ~ 7.0 为宜;而有些植物对酸碱反应很敏感，如茶树、杜鹃等适宜酸性土壤，对中性以上的土壤不适应；而甜菜和紫花苜蓿等喜钙而要求中性至微碱性土壤，不太适应酸性土壤；有些植物对土壤酸碱性的适应能力很强，如荞麦、黑麦、芝麻等，在很大的 pH 范围内都能生长良好，马铃薯在 pH4 ~ 8 的范围内可以生长，但以 pH5 左右生长最好。

表 3–4 主要的栽培植物生长的适宜 pH 范围

栽培植物	pH	栽培植物	pH
水稻	6.0 ~ 7.5	花生	5.0 ~ 7.0
小麦	6.0 ~ 7.0	油菜	6.0 ~ 8.0
大麦	6.0 ~ 7.5	亚麻	6.0 ~ 7.0
玉米	6.0 ~ 7.5	油桐	5.0 ~ 6.0
马铃薯	4.8 ~ 5.4	向日葵	6.0 ~ 8.0
甘薯	5.0 ~ 6.0	大豆	6.0 ~ 7.0
棉花	6.0 ~ 8.0	蚕豆	6.0 ~ 8.0
烟草	5.0 ~ 6.0	豌豆	6.0 ~ 8.0
甘蔗	6.0 ~ 8.0	苕子	6.0 ~ 7.0
甜菜	6.0 ~ 8.0	紫云英	5.0 ~ 6.0
薄荷	5.3 ~ 8.3	紫花苜蓿	7.0 ~ 8.0
甘蓝	6.0 ~ 7.0	苹果、梨、杏、桃	6.0 ~ 8.0
芹菜	6.0 ~ 6.5	板栗	5.0 ~ 6.0
胡萝卜	5.3 ~ 6.0	樱桃、核桃	6.0 ~ 8.0
番茄	6.0 ~ 7.0	柑橘	5.0 ~ 7.0
西瓜	6.0 ~ 7.0	茶	5.0 ~ 5.5
黄瓜、南瓜	6.0 ~ 8.0	银杏、荔枝、橙	6.0 ~ 7.0
菊花	5.5 ~ 5.7	桑、榆	6.0 ~ 8.0
茉莉	5.5 ~ 7.0	槐	6.0 ~ 7.0
杜鹃	4.5 ~ 5.5	洋槐、白杨、桂柳、泡桐	6.0 ~ 8.0

2.3.2 土壤的酸碱性与土壤肥力

土壤的酸碱性影响着土壤微生物的活动、土壤养分的转化和供应，以及土壤的理化性质。微生物对土壤酸碱性有一定的适应范围，土壤中各种营养元素的有效性与土壤酸碱性密切相关。土壤酸碱性与土壤肥力的关系见详表 3–5。

表 3–5　土壤酸碱度与土壤肥力的关系

<table>
<tr><td colspan="2">土壤酸碱性</td><td>极强酸性</td><td>强酸性</td><td>酸性</td><td>中性</td><td>碱性</td><td>强碱性</td><td>极强碱性</td></tr>
<tr><td colspan="2">PH</td><td>3.0 ~ 4.0</td><td>4.5 ~ 5.0</td><td>5.5 ~ 6.0</td><td>6.5 ~ 7.0</td><td>7.5 ~ 8.0</td><td>8.5 ~ 9.0</td><td>9.5</td></tr>
<tr><td colspan="2">主要分布区域或土壤</td><td>华南沿海的泛酸田</td><td colspan="2">华南黄壤、红壤</td><td>长江中下游水稻土</td><td>西北和北方石灰性土壤</td><td colspan="2">含碳酸钙的碱土</td></tr>
<tr><td rowspan="10">肥力状况</td><td>土壤物理性质</td><td colspan="4">随酸性增强，钙、镁离子减少，氢离子增多，土壤结构易破坏，妨碍土壤中水分和空气的调节。</td><td colspan="3">盐碱土中由于钠离子的作用，土粒分散，湿时泥泞不透水，干时坚硬</td></tr>
<tr><td>微生物</td><td colspan="3">越酸有益菌活动越弱，而真菌活动越强。</td><td colspan="2">宜于有益细菌的生长</td><td colspan="2">越碱有益菌活动越弱</td></tr>
<tr><td>氮</td><td colspan="3">硝态氮有效性降低</td><td colspan="2">氨化作用、硝化作用、固氮作用最适宜，氮的有效性高</td><td colspan="2">越碱氮的有效性越低</td></tr>
<tr><td>磷</td><td colspan="3">越酸磷越易被固定，磷的有效性越低</td><td>磷的有效性最高</td><td>磷的有效性降低</td><td colspan="2">磷的有效性增加。</td></tr>
<tr><td>钾、钙、镁</td><td colspan="3">越酸有效性越低</td><td colspan="2">有效性随 pH 值增加而增加</td><td colspan="2">钙、镁的有效性降低</td></tr>
<tr><td>硼、锰、铜、锌</td><td colspan="3">越酸有效性越高</td><td colspan="4">越碱有效性越低（但 PH8.5 以上，硼有效性最高）</td></tr>
<tr><td>钼</td><td colspan="3">越酸有效性越低</td><td colspan="4">越碱有效性越高</td></tr>
<tr><td>有毒物质</td><td colspan="3">越酸铝离子、有机酸等有毒物质越多。</td><td colspan="4">盐土中过多的可溶盐类及碱土中的碳酸钠对植物有害。</td></tr>
<tr><td>指示植物</td><td colspan="3">酸性土：芒萁、映山红、茶等</td><td colspan="4">盐碱土：柽柳、盐蒿、牛毛草、碱蓬等</td></tr>
<tr><td>化肥施用</td><td colspan="3">宜用碱性肥料</td><td colspan="4">宜用酸性肥料</td></tr>
</table>

2.4 土壤酸碱性的利用与改良

2.4.1 因土选种适宜作物

酸性土壤上应选择种植喜酸植物，如茶树；碱性强的盐碱地，可种植耐盐、耐碱强的植物，如甜菜、向日葵、紫花苜蓿等；对酸碱反应敏感、

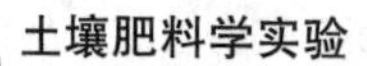

适应 pH 范围窄的经济作物，引种培育要慎重。多数作物对酸碱性的适应能力较强，适宜的 pH 范围也宽，对于酸碱性不强的土壤，只要根据土壤和植物的特性，因土种植即可。

2.4.2 土壤酸碱性的改良

对于不适宜作物生长的过酸或过碱土壤，可以采用化学措施和相应的农业技术措施加以调节。酸性土通常通过施用石灰质肥料（包括生石灰、熟石灰、碳酸石灰等），碱性土通常通过施用石膏、磷灰石、明矾等进行酸碱中和，改良土壤。对于盐碱土，除采用一些化学措施外，更主要的是采用多种农业技术措施进行综合治理，方能取得改良成效。

3 土壤缓冲性

土壤抵抗外来物质引起的剧烈酸碱度变化的能力称为土壤缓冲性。土壤具有缓冲性，使土壤不致因根系呼吸、施肥、微生物活动、有机质分解等引起土壤 pH 的显著变化，土壤酸碱度保持相对稳定，有利于维持一个适合植物生长和微生物活动的环境。土壤缓冲能力的强弱取决于土壤有机质和土壤中黏粒的含量等。一般来讲，有机质含量越多，黏粒含量越高，缓冲能力越强。酸性土对碱性物质的缓冲能力强，碱性土对酸性物质缓冲能力强，农业生产中，可通过增施有机肥、改良土壤质地等措施来提高土壤缓冲能力。如果把少量酸或碱加到水溶液中，则溶液的 pH 值会有很大的变化，但土壤不同，它的 pH 值变化极为缓慢。土壤溶液抵抗酸碱度变化的能力叫作土壤缓冲性。当施肥或淋洗等作用而增加或减少土壤的 H^+ 或 OH^- 时，土壤溶液的 pH 值并不相应地降低或增高，这是因为土壤本身对 pH 值的变化有缓冲作用，使之保持稳定，这对微生物的活动和作物根系的生长是有益的，但也给土壤改良带来了困难。

3.1 土壤缓冲作用的机制

（1）土壤胶粒上的交换性阳离子是土壤产生缓冲作用的主要原因，它是通过胶粒的阳离子交换作用来实现的。当土壤溶液中 H^+ 增加时，胶体表面的交换性盐基离子与溶液中的 H^+ 交换，使土壤溶液中 H^+ 的浓度基本上无变化或变化很小。

①土壤缓冲能力的大小和它的阳离子交换量有关，交换量越大，缓冲性越强。所以，黏质土及有机质含量高的土壤，比砂质土及有机质含量低的土壤缓冲性强。在生产实践中，通过各种措施以提高土壤有机质含量，可增强土壤缓冲能力。

②不同的盐基饱和度表现出对酸碱的缓冲能力是不同的，如两种土壤的阳离子交换量相同，则盐基饱和度越大的，对酸的缓冲能力越强，而对碱的缓冲能力越小。

（2）土壤溶液中的弱酸及其盐类的存在土壤溶液中含有碳酸、硅酸、腐殖酸以及其他有机酸及其盐类，构成了一个良好的缓冲体系，故对酸碱具有缓冲作用。

（3）土壤中两性物质的存在。

（4）酸性土壤中铝离子的缓冲作用。在极强酸性土壤中（$pH < 4$），铝以正三价离子状态存在，每个 Al^{3+} 周围有 6 个水分子围绕着，当加入碱类使土壤溶液中 OH^- 增多时，6 个水分子中即有一两个解离出 H^+ 以中和之。而铝离子本身留一两个 OH^-，这时，带有 OH^- 的铝离子很不稳定，与另一个相同的铝离子结合，在结合中，两个 OH^- 被两个铝离子共用，并且代替了两个水分子的地位，结果这两个铝离子失去两个正电荷，剩下四个正电荷，这就产生了一种缓冲作用。

3.2 土壤缓冲作用的重要性

（1）缓冲性和适宜性：植物生长环境中的土壤具有缓冲性，使土壤 pH 值在自然条件下不因外界条件改变而剧烈变化。土壤的 pH 值保持相对稳定性，有利于营养元素平衡供应，从而能维持一个适宜的植物生长环境。

（2）缓冲性和酸碱度改良：显然土壤的缓冲性越大，改变酸性土（或碱性土）pH 值所需要的石灰（或硫黄、石膏）的数量就越多。因此，改良时应考虑土壤胶体类型、有机质含量、土壤质地等因子，因为土壤缓冲性与这些因子密切相关。

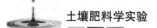

4 阳离子交换性能的主要分析项目测定方法

4.1 土壤活性酸（pH）的测定

4.1.1 分析意义

土壤酸碱性是土壤重要的化学性质之一，对土壤中养分存在的形态和有效性、对土壤的理化性质、微生物活动以及植物的生长发育有很大影响。例如，（1）大多数作物必需的营养元素在 pH6 ~ 7 范围内有效性最高。（2）Cu、Fe、Mn、Zn、P、K 等元素随着 pH 值的升高而有效性降低。（3）土壤中的细菌、放线菌，适宜于中性和微碱性环境。因此，通过测定土壤中的 pH 值，可以对种植业结构进行调整、完成土壤类型划分、合理利用和改良土壤。

4.1.2 测定方法—电位法

用 H^+ 敏感电极（常用玻璃电极）与饱和甘汞电极配对，插入一定土水比的土壤浸出溶液中，构成一个测量电池。电池的电动势 E 随溶液中 H^+ 或 OH^- 浓度而变化，二者的关系符合下列简化的能斯特方程：$E=E_0+0.059\lg[H^+]$（25℃），E_0 为常数。

$$\mathrm{pH} = -\frac{E}{00.059(\mathrm{V})} \rightarrow = -\frac{E}{59(\mathrm{mV})} \quad (25℃)$$

上式的意义是：每当 $[H^+]$ 改变 10 倍，电动势就改变 59mV（25℃），$[H^+]$ 上升，电动势也上升。若将 $[H^+]$ 改用 pH，即 $-\lg[H^+]$ 表示，则每上升一个 pH 单位，电动势下降 59mV（25℃）；每上升 0.1 个 pH 单位，则电动势下降 5.9mV（25℃）。

以上关系可在酸度计上直接读取。由于上列方程与温度有关，测量时需注意温度校正。测量 pH 的电极目前有普通玻璃电极和复合电极两种。

pH 电极的使用应注意以下几点：

①普通玻璃电极使用前，应在纯水中活化（浸泡）24 小时以上，或在 0.1mol/L HCl 溶液中浸泡 12 小时以上；复合电极在不使用时则应保证浸泡在饱和 KCl 溶液中（保持活化状态）。

②电极的测量结果必须经过校正。

③电极的敏感部位——球状玻璃膜（也有平板玻璃膜）极薄（约 0.3mm），使用时应避免损坏。

④电极的使用寿命一般只有 2 ~ 3 年，因此，不要存放多余的电极；在购买电极时应注意生产日期。

4.2 土壤阳离子交换量（CEC）的测定

4.2.1 分析意义

阳离子交换量是土壤胶体电荷总量的体现，在一定程度上反映了土壤胶体量的多少和胶体品质的好坏，也反映了土壤的发育程度。同时，它的高低反映了土壤保持阳离子养分的能力强弱，阳离子交换量高的土壤保肥力强，反之则弱。

4.2.2 方法选择

土壤交换量测定方法主要依据：土壤胶体与交换性阳离子的化学平衡和质量作用定律。但是，由于土壤物质组成的复杂性、胶体成分的特殊性，以及不同类型的土壤胶体所吸附的交换性阳离子种类的差异等因素的存在，这就要求在选择土壤交换量测定方法时需要特别注意以下几点。

（1）不同的阳离子之间交换能力的大小不同，$K^+ < Na^+ < Ca^{2+} < Mg^{2+} < H^+ < Al^{3+}$。因此，在选择方法时，保证交换完全是降低负误差的必要条件。

（2）土壤中无机和有机胶体的含量对交换量影响较大，为了正确测定土壤交换量，应当以不破坏、损失土壤黏粒和有机胶体为前提，并在保持土样 pH 稳定的状态下进行测定。

（3）土壤胶体电荷包括永久电荷和可变电荷。其中，可变电荷的多

少会因土壤条件（pH 值）的变化而改变。例如，在强酸性土壤中，因大量的氧化铁、铝胶膜的存在，部分电荷可能被这些胶膜掩蔽，当溶液的 pH 值发生改变时，这些电荷可能被释放，导致测定结果偏高。

（4）石灰性土和盐碱土中的游离盐、水溶性盐的溶解会对测定带来严重干扰。测定这些土壤的交换量时，消除这些干扰是取得准确结果的关键。

土壤交换量测定的传统方法是：以一种含某种阳离子的盐溶液作为“交换剂”，与土壤胶体进行充分交换，使土壤胶体被该种阳离子饱和，而原胶体上的阳离子进入溶液中，然后可采用以下两种方法做进一步处理。

方法一：直接测定交换后溶液中各种阳离子的厘摩尔量，然后将它们相加即得土壤交换量，这称为“总和法”。

方法二：将交换后的样品进行洗涤（一般采用有机溶剂），去除交换后残留的土壤交换剂，然后采用另一种阳离子的盐溶液将前一种阳离子从胶体上全部交换下来，测定被交换出的阳离子的厘摩尔数，即得交换量。具体测定过程如下：

（胶体上吸附 K^+、Na^+、H^+、Al^{3+}、Ca^{2+}、Mg^{2+}）胶体 $+M^+ \longrightarrow$ 胶体（$10M^+$）$+$（K^+、Na^+、Ca^{2+}、Mg^{2+}、H^+、Al^{3+}）$+$ 残留 M^+

胶体（$10M^+$）$+$ 残留 $M^+ \longrightarrow$ 胶体（$10M^+$）

胶体（$10M^+$）$+N^+ \longrightarrow$ 胶体（$10N^+$）$+10M^+ \longrightarrow$ 测定

上式中 M^+ 称为“指示性阳离子”。一定浓度的含有指示性阳离子的盐溶液称为交换剂。根据土壤交换量测定的特殊性，作为指示性阳离子，必须具备以下几个条件：（1）土壤胶体没有吸附或很少吸附这种阳离子，并不易被土壤胶体固定，或被其他阳离子重新置换下来；（2）由于在洗涤过程中，高价阳离子易产生水解而干扰测定结果，因此，指示性离子一般采用低价离子而不用高价离子；（3）指示性阳离子一般容易测定。

根据以上条件，常用的指示性阳离子有 NH_4^+、Na^+、Ba^{2+} 等。其中，

NH_4^+ 不适合蛭石多（固定 NH_4^+）的土壤；Na^+ 不适合盐碱土（水溶性 Na^+ 的干扰）；Ba^{2+} 虽为二价离子但因具有较强的交换能力，对胶体上的 H^+ 和 Al^{3+} 的交换尤为有利，因此常用于强酸性土壤的测定。作为交换剂，除选择指示性阳离子外，伴随离子（阴离子）的性质对测定结果会产生很大的影响，其原因主要在于含不同阴离子的交换剂改变了土壤阳离子交换的酸碱性。一般来说，在选择交换剂时应考虑以下几点：（1）交换剂应具有 pH 缓冲性，一般采用弱酸盐，例如 NH_4^+Ac、NaAc、$(NH_4)_2C_2O_4$ 等。（2）不同酸碱性能的土壤应考虑选用不同 pH 的交换剂。实验证明：中性和酸性土壤可采用 pH7 的交换剂，石灰性土壤和盐碱土壤采用 pH8.2 ~ 9 的交换剂。（3）根据化学平衡和质量作用定律，为使交换能顺利完成，所采用的交换剂应具有较高的浓度，一般以 1mol/L 为宜。

4.3 非石灰性土壤阳离子交换量的测定

非石灰性土壤是中性到酸性土类的总和，其土壤 pH 值在 7.5 以下，无碳酸盐反应。非石灰性土壤交换性阳离子可以概分为盐基性离子（Ca^{2+}、Mg^{2+}、K^+、Na^+）和致酸离子（H^+、Al^{3+}）两类。前者之和称为交换性盐基总量，后者之和称为交换酸。交换性盐基加交换性酸即土壤交换量。

4.3.1 总和法

总和法测定土壤阳离子交换量的具体方法有两种：（1）采用合适的交换剂将土壤胶体上交换性阳离子全部置换下来，然后分别测定所交换下来的各阳离子的厘摩尔数，再将它们相加即得到交换量；（2）分别测定交换性盐基总量和交换酸，二者之和即土壤的交换量。

4.3.2 醋酸铵法（标准方法）

（1）测定原理

用 1mol/L，pH7 的 NH_4Ac 作为交换剂，以 NH_4^+ 作为指示性阳离子与土壤胶体上的阳离子相交换，并使之达到饱和；用有机溶剂酒精或异丙醇洗去多余的 NH_4Ac 后，再用 1mol/L，pH7 的 NaCl 将胶体上的 NH_4^+ 重新交换下来，最后测定交换出的NH_4^+的量，计算成交换量的厘摩尔数。反应如下：

$$\boxed{胶体}^{M} + NH_4^+ \longrightarrow \boxed{胶体}^{10NH_4^+} + M$$

$$\boxed{胶体}^{10NH_4^+} + Na^+ \longrightarrow \boxed{胶体}^{10Na^+} + 10NH_4^+$$

（2）试剂配制

① pH7、1mol/L NH_4Ac：取冰醋酸（99.5%）60mL 加纯水稀释至 500mL，加入浓氨水（NH_4OH）69mL，再加纯水至约 980mL，用 NH_4OH 调节溶液至 pH7.0（用混合指示剂检查），然后用纯水稀释到 1000mL。

②酸化的 10% NaCl 溶液：100g NaCl 溶于 1000mL 纯水，加浓 HCl（比重 1.19）约 0.4mL 后混匀。

③铬黑 T 指示剂：取 0.4g 铬黑 T 溶于 100mL95% 乙醇中。（三周内有效）。

④ pH10 缓冲液：将 1000mL 1mol/L NH_4Cl 与 5000mL 1mol/L NH_4OH 混合。

⑤萘氏试剂（纳氏试剂）：45.5g HgI_2 与 35.0g KI 共溶于少量纯水中；另取 112g KOH 溶于纯水中，将此两种溶液倒入 1000mL 容量瓶混合，冷却后定容，摇匀，放置数日，用虹吸方法将上层清液移入棕色试剂瓶中贮存备用。

⑥ 1mol/L NaOH 溶液：40g NaOH 溶于 1000mL 纯水。

（3）操作步骤

①连续淋洗法

称取过 1mm 筛孔土样 4.00 ~ 6.00g，与 2 ~ 6g 石英砂一起混匀；将淋滤管下部塞入脱脂棉（或底部已贴有滤纸的布氏漏斗），使溶液通过棉塞后滤出速度为 15 ~ 20 滴 /min，将混合后的样品转入淋滤管内，稍振摇淋滤管，使土面平整，并放一张直径稍小于淋滤管内径的圆形滤纸于土面上。淋滤管下端接一个洁净的 250mL 三角瓶。用滴管从滤纸上缓慢滴加 pH7、1mol/L NH_4Ac 使滤纸和土样全部润湿后继续加至液面达淋滤管上

2 ~ 3cm 处。

另取 250mL 容量瓶，盛 NH_4Ac 溶液约 200mL，用一张直径稍大于瓶外径的滤紧瓶口，使瓶倒立时溶液不流出，小心将倒立的瓶口伸入淋滤管内；用玻璃棒小心拨开容量瓶口的漏纸，即可保持自动淋洗。淋洗至 150mL 左右后，取淋滤管下端滴出液于已加有 2 ~ 3 滴 pH10 缓冲液和铬黑 T 指示剂的比色盘孔中，检查有无 Ca、Mg 反应，若溶液呈红紫色，表明交换未完全，应继续淋洗；若保持纯蓝色，淋洗结束。若需要做交换性盐基成分的测定，可将淋滤液无损地转入 25mL 容量瓶，用 pH7、1mol/L NH_4Ac 定容，备用。若不做此项测定，该液可弃去。

另取一个 250mL 三角瓶置于淋滤管下端，用 99% 异丙醇或 95% 乙醇淋洗管内土样直到流出液无明显 NH_4^+ 反应（用萘氏试剂检查无明显的黄色）。

换另一个 250mL 三角瓶承接滤液，用酸化的 10% NaCl 淋洗土样至无 NH_4^+ 反应，萘氏试剂检查无黄色；将此淋滤液转入 250mL 容量瓶，用酸化的 10% NaCl 定容，摇匀。

准确吸取上述淋滤液 50mL 于半微量凯氏定氮器内室中，加 2mL 1mol/L NaOH 后蒸馏，用标准酸滴定蒸馏出的 NH_4^+ 的含量时，测定空白。

②多次交换法

称取过 1mm 筛孔土样 2.00 ~ 3.00g 两份于两支 30mL 离心管中，各加 pH7、1mol/L NH_4Ac10 ~ 15mL，用玻璃棒仔细搅拌 1 ~ 2min 后，用滴管取 1mol/L NH_4Ac 冲洗玻璃棒无损流入离心管中；用台秤调至两支离心管重量相等，将同一样品的两支离心管放入离心机，用 2500 ~ 3500r/min 的转速离心 3 ~ 5min，取出离心管，将上层清液转入 100mL 容量瓶。离心管内重新加 1mol/L NH_4Ac，重复以上操作 3 ~ 4 次，至管内清液检查无 Ca、Mg 反应。将清液全部转入 100mL 容量瓶，用 pH7、1mol/L NH_4Ac 定容（做盐基成分测定用）。

离心管内加 99% 异丙醇或 95% 乙醇 10 ~ 15mL，用玻璃棒仔细搅拌 1 ~ 2min，同上操作 2 ~ 3 次，至管内清液检查无明显 NH_4^+ 反应为止（上层清液收集于回收瓶中）。

离心管内加酸化的 10% NaCl10 ~ 15mL，同上操作 3 ~ 4 次，至管内清液检查无 NH_4^+ 反应，清液全部收集于 100mL 容量瓶。

NH_4^+ 的测定：同连续淋洗法。

（4）结果计算

$$土壤阳离子交换量\ cmol/kg=\frac{M(V-V_0)}{土样干重}\times 分取倍数 \times 100$$

式中，M 为标准 HCl 的浓度；V 为样品滴定消耗标准酸的 mL 数；V_0 为空白滴定消耗标准酸的 mL 数；分取倍数 = 定容体积 / 蒸馏用体积。

4.4 石灰性土壤阳离子交换量的测定

石灰性土壤中含有大量 Ca^{2+}、Mg^{2+}，土壤胶体吸附的交换性阳离子以 Ca^{2+}、Mg^{2+} 为主。所以，土壤不必测定盐基总量，也不做交换酸测定。石灰性土壤交换量测定最大的难点是游离碳酸盐对测定的干扰。消除游离碳酸盐干扰的方法有以下两种：（1）在交换反应前除去土壤中游离碳酸盐；（2）用 $C_2O_4^{2-}$ 做交换剂，降低溶液中 Ca^{2+}、Mg^{2+}，使交换达到完全。

4.4.1 NH_4Cl-NH_4Ac 法

（1）测定原理

利用 NH_4Cl 在加热条件下对碳酸盐的破坏（盐效应），使土壤中难溶性的碳酸盐转化为易溶性的氯化物，经过淋洗后，再按非石灰性土壤的醋酸铵法处理测定。NH_4Cl 与碳酸盐的反应如下：

$$2NH_4Cl+CaCO_3 \xrightarrow{加热} CaCl_2+2NH_3\uparrow +H_2O+CO_2\uparrow$$

（2）准确称取过 16 目（1mm）筛孔土样 4 ~ 6g（或离心法 2 ~ 3g）于 50mL 烧杯中，加入 20mL 1mol/L HN_4Cl，烧杯上盖一表面皿，电炉上小火加热至微沸，直至无氨气味后，连土带溶液转入淋滤器或离心管中，用 pH7、1mol/L NH_4Ac 继续处理。

4.4.2 NH_4Cl—（NH_4）$_2C_2O_4$ 法

（1）测定原理

用（NH_4）$_2C_2O_4$ 处理石灰性土壤，发生下列反应：

$$\boxed{土壤}Ca^{2+}+(NH_4)_2C_2O_4\rightarrow\boxed{土壤}2NNH_4^++CaC_2O_4$$

CaC_2O_4 沉淀包裹 $CaCO_3$ 矿粒表面，一方面阻碍了 $CaCO_3$ 溶解，另一方面使溶液中 Ca^{2+} 浓度降至很低，从而使反应一直向右进行，土壤迅速被 NH_4^+ 饱和完全。测定（NH_4）$_2C_2O_4$ 溶液在处理土壤前后的 NH_4^+ 浓度之差，即可计算出土壤交换量。

为了避免土粒在（NH_4）$_2C_2O_4$ 溶液中分散影响滤液清亮，在（NH_4）$_2C_2O_4$ 溶液中增加 NH_4Cl 以促进土粒凝聚。

（2）操作步骤

称取过 0.5mm 筛孔的风干土样 2.00 克于 100mL 三角瓶中，加入 20.0mL，0.05mol/L（NH_4）$_2C_2O_4$–0.025mol/L NH_4Cl 混合交换剂，振荡 2min，放置 10min 后再振荡 2min（或在振荡机上连续振荡 10min）。整个振荡过程与其后的过滤过程都需加盖，以防 NH_3 气体逸出。用干滤器过滤。滤液供测 NH_4^+ 用。

准确吸取滤液 1.00mL 放入扩散皿外室，再加 10mL 纯水于外室，轻轻旋转扩散皿摇匀外室溶液，取 2mL2% H_3BO_3 放入扩散皿内室。皿外缘涂薄层碱性甘油，加盖毛玻片，检查是否密封；然后将毛玻片推开一小缝，在外室加入 1mL mol/L NaOH 立即盖严，轻轻摇匀。室温下扩散 24 小时后用 0.05mol/L HCl 滴定内室溶液。同时吸取 1.00mL 混合交换剂与上法相同做对照测定。对照与待测定结果之差，即可计算出土壤交换量。

溶液中的 NH_4^+ 也可用氨气敏电极进行测定。方法参考土壤中氨气敏电极法测定。

（3）计算

$$土壤交换量\ cmol/kg=\frac{M(V_1-V_2)\times 20}{土样干重}\times 100$$

式中，V_1 为 1mL 交换剂扩散滴定所消耗的 HCl（mL），即空白滴定值；V_2 为 1mL 滤液剂扩散滴定所消耗的 HCl（mL）；M 为 HCl 的摩尔浓度。

（4）试剂

0.05mol/L $(NH_4)_2C_2O_4$：称取草酸铵 $(NH_4)_2C_2O_4 \cdot H_2O$ 3.55g 和氯化铵 NH_4Cl 1.25g，溶于纯水并稀释至 1000mL，此液 pH 为 7 左右。

硼酸：配法同全氮的测定。

碱性甘油：配法同全氮的测定。

标准酸 0.05mol/L HCl：量取 2.1mL 浓 HCl，稀释至 500mL 后用 Na_2CO_3 或 $Na_2B_4O_7 \cdot 10H_2O$ 标定。

1mol/L NaOH：40g NaOH 溶于水，稀释至 1000mL。

4.5 交换性盐基总量的测定

4.5.1 分析意义

土壤胶体所吸附的 Ca^{2+}、Mg^{2+}、K^+、Na^+ 称为盐基性离子，它们之和称为“盐基总量”。盐基总量占交换量的百分数称为“盐基饱和度”。盐基饱和度 = 盐基总量 / 阳离子交换量 ×100%。当盐基饱和度 ≥ 80% 时，为盐基饱和土，反之，则为非盐基饱和土。土壤盐基饱和度对土壤水热条件、成土过程的分析及土壤分类学具有特殊的意义。土壤盐基饱和度的测定方法有：总和法和 HCl 快速测定法。

4.5.2 测定方法

4.5.2.1 总和法

分别测定各交换性盐基离子，总和即盐基总量。

4.5.2.2 HCl 快速测定法

（1）测定原理

用一定体积、一定浓度的盐酸处理土壤，使土壤胶体吸附的盐基离子（Ca^{2+}、Mg^{2+}、K^+、Na^+）为 H^+ 所交换，并形成氯化物，从而降低溶液中盐酸的浓度。用标准 NaOH 滴定交换前后盐酸浓度的变化计算交换性盐基总量。盐酸处理土壤，要选择适当的浓度，浓度太高，会引起矿物质和有机质的水解而影响结果。

（2）试剂配制

0.025mol/L HCl：取比重1.19分析纯盐酸10.5mL，加水稀释至5L。

0.025mol/L NaOH：称取分析纯NaOH10g溶于10L不含CO_2纯水中，放置1～2d后，用邻苯二甲酸氢钾标定浓度。

（3）操作步骤

称取过16目（1mm）风干土2.00g于100mL干三角瓶中，准确加入50.0mL0.025mol/L盐酸，用橡皮塞塞紧，振荡1h，用干燥滤器过滤于三角瓶中。准确吸取滤液20.0mL放入100mL三角瓶中，煮沸3min，冷却后加入1滴1%酚酞，用0.025mol/L NaOH标准液滴定至微红色，且1min不褪色为终点。若土壤含活性铁多，滴定接近终点时会出现黄色，此时滴定终点是溶液由黄色变为橙色。消耗的NaOH体积记为V_1。吸取20.00mL0.025mol/L盐酸放入100mL三角瓶中，如上法滴定，消耗的标准NaOH体积，记为V_2。

（4）结果计算

$$\text{交换性盐基总量 cmol/kg}=\frac{(V_2-V_1)\times 50/20}{\text{土样干重}}\times 100$$

式中，M为NaOH摩尔深度；V_1为样品滴定消耗NaOH的毫升数；V_2为空白滴定消耗NaOH的毫升数。

4.6 土壤中交换性酸的测定

4.6.1 测定方法

土壤交换性酸的测定方法有氯化钡—三乙醇胺法和氯化钾法两种。氯化钡—三乙醇胺法的优点是测定速度快、操作简单、交换完全、结果重现性好，缺点是无法区分交换性H^+和Al^{3+}。氯化钾法优点是能分别测定交换性H^+和Al^{3+}，缺点是因K^+的交换能力较弱，与H^+和Al^{3+}的交换不易完全，因此结果偏低，需要乘以校正系数1.3～1.7，同时该法测定比较耗时。

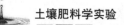

4.6.1.1 氯化钡—三乙醇胺法

（1）测定原理

利用 Ba^{2+} 的强交换力将土壤吸附的 H^{+}、Al^{3+} 交换出来，被有机碱三乙醇胺及时中和。用标准盐酸滴定作用后的溶液至 pH5.1。用标准盐酸滴定一份等量的氯化钡－三乙醇胺溶液至 pH5.1 作为对照。二者之差即交换性酸。三乙醇胺是一种弱有机碱，碱强度低（电离度小）但容量大，能达到既能及时中和酸，又不影响土壤胶体特性的目的。

（2）试剂配制

① 0.25molL$BaCl_2$–0.055mol/L TEA（三乙醇胺）pH8.0：称取 308g $BaCl_2 \cdot 2H_2O$ 溶于无 CO_2 纯水中，加入 35mL 浓三乙醇胺和 20mL6mol/L HCl，再用无 CO_2 纯水稀释至 5000mL。用 HCl 或 TEA 调节至 pH8.0 ± 0.1（在酸度计上检查）。

②标准盐酸：量取 22mL 浓 HCl，用纯水稀释至 1000mL，此酸浓度约为 0.25mol/L；用标准碱准确标定后再准确稀释 10 倍后使用。

（3）操作步骤

称取 2.00g 过 16 目筛孔的风干土样放入 150mL 三角瓶中，准确加入 50mL 三乙醇胺溶液，上塞，振荡 30s，静置过夜。次晨再摇振 30s。澄清或用干滤器过滤备用。准确吸取上清液 10mL 于 50mL 三角瓶中，加入 2 滴溴甲酚绿－甲基红混合指示剂，用 0.025mol/L 标准盐酸滴定至紫红色终点（pH5.1），同时，另取 10.00mL$BaCl_2$–TEA 溶液，同上法加指示剂后用标准盐酸滴定至溶液由绿转变为紫红色。

（4）结果计算

土壤交换酸度 cmol（+）/kg=（$B-A$）$\times M \times 5$/ 土样干重 $\times 100$

式中，B 为空白滴定中的 HCl 消耗量（mL）；A 为样品滴定中的 HCl 消耗量（mL）；M 为标准 HCl 摩尔浓度。

4.6.1.2 氯化钾法

（1）测定原理

用中性 1mol/L KCl 淋洗土壤，使土壤中交换性 H^{+}、Al^{3+} 进入溶液。取一定量交换液用标准碱滴定后可计算出交换性 H^+、Al^{3+} 总量。经滴定至终点（不能滴定过量）的交换液加入适量的氟化钠（NaF），使溶液中的 $Al(OH)_3$ 反应生成 $NaAlF_6$ 沉淀，同时释放出定量的 NaOH。以标准酸滴定此 NaOH，可计算出交换性 Al^{3+}。总量减去交换性 Al^{3+}，即可得交换性 H^+。

$$\boxed{土粒}^{H^+} + 4KCl \rightleftharpoons \boxed{土粒}^{4K^+} + HCl + AlCl_3$$

$$HCl+AlCl_3+4NaOH \rightarrow Al(OH)_3+4NaCl+H_2O$$

$$Al(OH)_3+6NaF_3 \rightarrow NaOH+Na_3AlF_6$$

$$3NaOH+3HCl \rightarrow 3NaCl+3H_2O$$

（2）试剂

① 4% NaF：40g NaF 溶于 1L 水中。

② 1mol/L KCl：74.6g KCl 溶解于水，定容至 1L。

③ 0.1mol/L HCl 标准液，8.8mL 浓 HCl 加入稀释至 1L，用 Na_2CO_3 标定。

④ 0.1mol/L NaOH 标准液：4g NaOH 溶于 1L 水中，用标准酸标定。

⑤ 0.1% 酚酞：95% 乙醇溶液。

（3）操作步骤

称取 10g 过 16 目筛孔的风干土样，加入 50mL 中性 1mol/L KCl 溶液，混匀后过滤于 100mL 容量瓶中。再用 5 份 10mLKCl 淋洗土壤，滤液并入容量瓶。稀释定容。取 20.0mL 滤液放入 100mL 三角瓶，加入 2 滴酚酞，用 0.1mol/L NaOH 标准液滴定至溶液呈稳定的淡红色（即反复振荡和静置颜色不褪为准）记录 NaOH 用量 V_1。再加 1 滴 0.1mol/L HCl 使红色消退。加入 10mLNaF 溶液，不断摇动，用 0.1mol/L HCl 标准液滴定至红色消失，再加 1 ~ 2 滴指示剂，若出现红色，再滴至色褪。直至 2min 内不再出现红色为止。记录 HCl 用量为 V_2。另取少量交换液于试管中，加数滴 1 ∶ 3HCl 酸化，再滴加 2 ~ 3 滴硫氰化铵，检查有无铁存在。如发现有红色出现，则说明有铁离子存在，会影响交换性 H^+、Al^{3+} 的结果，应用比色法测定铁后从结果中扣除。

（4）结果计算

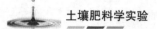

交换性 H^+、Al^{3+} 总量 cmol/kg=（$V_1 \times M_1 \times$ 分取倍数）/ 样品干重 ×100

交换性 Al^{3+} cmol/kg=（$V_2 \times M_2 \times$ 分取倍数）/ 样品干重 ×100

交换性 H^+ cmol/kg=（交换性 H^+、Al^{3+} 总量 – 换性 Al_3^+）cmol（+）/ kg

Al^{3+} 饱和度 %= 交换性 Al^{3+}cmol/kg/ 交换量 cmol/kg × 100

式中，M_1 为标准 NaOH 当量浓度；M_2 为标准 HCl 当量浓度。

[任务实施]

1 任务实施准备

1.1 明确任务

采用电位法测定土壤中酸碱度。

1.2 准备所需仪器用具

天平（感量 0.1g）、酸度计（精度 0.01pH 单位，有温度补偿功能）、饱和甘汞电极、pH 玻璃电极、磁力搅拌器、量筒（25mL）、容量瓶（1000mL）、高型烧杯（50mL）、分析天平（0.001g）、普通烧杯（250mL）、玻璃棒、洗瓶、滤纸。

2 制备测定用试剂

无 CO_2 的蒸馏水：将蒸馏水煮沸 10min 后加盖冷却，立即使用。

10% 的盐酸溶液：吸取 10mL 浓盐酸于 90mL 去离子水中。

10% 的氢氧化钠溶液：称取 10g 氢氧化钠溶于 90mL 去离子水中。

pH4.01 标准缓冲溶液：称取 10.21g 经 105℃烘干 2 ~ 3h 的邻苯二甲酸氢钾（$KHC_8H_4O_4$，分析纯），用蒸馏水溶解后，移入容量瓶稀释定容至 1L，贮于聚乙烯瓶。

pH6.87 标准缓冲溶液：称取经 120℃烘干 2 ~ 3h 磷酸二氢钾（KH_2PO_4，分析纯）和无水磷酸氢二钠（Na_2HPO_4）3.53g，用蒸馏水溶解后，移入容量瓶用蒸馏水定容至 1L，贮于聚乙烯瓶。

pH9.18 标准缓冲溶液：称取 3.80g 硼砂（$Na_2B_4O_7 \cdot 10H_2O$ 分析纯）溶于无 CO_2 的蒸馏水中，移入容量瓶定容至 1L，贮于聚乙烯瓶。

1mol/L 氯化钾溶液：称取氯化钾 74.6g 溶于 400mL 蒸馏水中，用 10% 氢氧化钠和盐酸调节至 pH5.5 ~ 6.0，然后稀释至 1L。

3 待测土样 pH 测定操作

3.1 处理电极与校准仪器

各种 pH 计和电位计的使用方法各不相同，电极的处理和仪器的使用要按仪器使用说明书进行。对于长期存放不用的玻璃电极，使用前需要在蒸馏水中浸泡 24h，使之活化。测定前用标准缓冲溶液对仪器进行校正，具体方法如下：将待测液与标准缓冲溶液调至同一温度，并将温度补偿器调至该温度值，先将电极插入与所测试样 pH 相差不超 2 个 pH 单位的标准缓冲液中，启动读数开关，调节定位器使读数刚好与标准液的 pH 相等，反复几次至读数稳定，取出电极，用滤纸条吸干水分，再插入第二个标准缓冲液中，两个标准液之间允许偏差 0.1 个 pH 单位，如超过则应检查仪器电极或标准液是否有问题。

3.2 测定土壤水浸液的 pH

称取过 16 目筛孔的风干土样 10.0g 于 50mL 高型烧杯中，加 25mL 无 CO_2 蒸馏水，放在磁力搅拌器上搅动 1min，使土粒充分分散，放置平衡 30min 后测定。将玻璃电极的球泡插到下部悬浊液中，并在悬浊液中轻轻摇动，以去除玻璃球表面的水膜，使电极电位达到平衡。随后，将甘汞电极插到土壤悬浊液上部的清液中，打开读数开关，待读数稳定（在 5s 内 pH 变化不超过 0.02）时记录 pH 值。每测完一个样品都要用去离子水洗涤，并用滤纸轻轻吸干，再测定第二个样品。测定 5 ~ 6 个样品后，应用 pH 缓冲液校正一次，并将甘汞电极放在饱和 KCl 溶液中浸泡一下，以维持顶端的氯化钾溶液充分饱和。

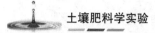

3.3 测定氯化钾浸提液的 pH

当土壤水浸 pH < 7 时，应测定土壤盐浸提液的 pH 值。方法除用 1mol/L KCl 溶液代替无 CO_2 蒸馏水外，其余步骤同水浸 pH 测定相同。

4 记录数据并且分析数据完成报告

表 3–6　土壤 pH 分析原始记录表

测定时间：　　　　　　　　　　　测定人员：

仪器型号			标准缓冲溶液		检测方法	电位法
样品编号	平行	样品重（g）	无 CO_2 蒸馏水体积（mL）	土 / 水	测定结果	平均值
	1					
	2					
	1					
	2					
	1					
	2					
	1					
	2					
	1					
	2					

[复习思考]

1. 讨论土壤酸碱反应对土壤养分有效性的影响?

2. 影响土壤阳离子交换量的因素有哪些?

3. 为什么南方土壤的保肥能力一般较北方土壤弱? 如何提高南方土壤的保肥能力?

任务五　土壤全氮和有效性氮含量测定

[任务描述]

土壤中的氮素是植物生长所必需的营养元素之一，直接影响作物的产量和品质。过量的氮会对环境造成污染，影响土壤生态平衡。在农业生产中，需根据不同作物的生长需求和当地土壤特性进行合理施肥，以控制土壤中氮的含量。土壤中的全氮和有效氮含量是评价土壤肥力的重要指标之一，可反应土壤中氮素的供应状况，也是指导合理施用氮肥的重要依据，也是生产实践中常见的测定项目。

本任务采用重铬酸钾 – 硫酸消化法测定土壤中全氮的含量，用碱解扩散法测定土壤的有效性氮含量，并根据测定结果评价土壤的供氮水平，为合理分配和施用氮肥提供依据。

[知识准备]

1 土壤氮素的含量与形态

1.1 土壤氮含量

土壤中氮素的含量受自然因素，如母质、植被、温度和降水量等的影响，同时也受人为因素，如利用方式、耕作、施肥及灌溉等措施的影响。我国

东北的黑土和青藏高原土壤中氮含量最高，黄土高原和黄淮海地区最低，长江中下游、江南以及华南和蒙新等地区则介于二者之间。

1.2 土壤氮素形态及其有效性

土壤中的氮素形态可分为有机态氮和无机态氮两类。有机态氮为主，占土壤氮素总量的 95% 以上。按其溶解度大小和水解难易程度可分为水溶性有机氮、水解性有机氮和非水解性有机氮三类。其中，水溶性有机氮容易水解释放出 NH_4^+，是植物的有效氮源。土壤中无机态氮很少，表土中一般不超过全氮量的 1.0% ~ 2.0%，主要是铵态氮（NH_4^+）、硝态氮（NO_3^-）和亚硝态氮（NO_2^-）三种类型。它们均易溶于水，能直接被植物吸收利用。

2 土壤氮素转化

2.1 土壤有机氮的矿质化过程

土壤有机氮的矿化过程就是土壤中的有机氮化合物在微生物的作用下逐步降解，最终产生铵盐的过程。矿化过程可分为氨基化和氨化两个阶段。氨基化阶段是复杂的含氮化合物（如蛋白质、核酸和氨基糖等），经过微生物酶的系列作用，逐级降解生成简单的氨基化合物，故称为氨基化作用。氨化阶段是指各种简单的氨基化合物在微生物作用下分解生成氨，故称为氨化作用。氨化作用可在不同条件下进行，生成的氨在土壤中转化成铵离子，供生物利用或参与土壤中的化学或物理化学过程。

2.2 土壤氨的挥发

土壤中氨的挥发是在以下化学反应的基础上进行的物理扩散现象。$NH_4^+ + OH \rightarrow NH_3 + H_2O$。氨的挥发与土壤的酸碱反应密切相关。若土壤 pH < 6 时，NH_3 几乎全被质子化，以 NH_4^+ 形态存在；pH 为 7 时约产生 6% 的 NH_3；pH 为 9.2 ~ 9.3 时，NH_3 与 NH_4^+ 各占 50%。可见，中性到碱性土壤都会发生氨的挥发现象，尤以石灰性土壤和碱性土壤中氨的挥发问题更为突出。土壤碱性越强，质地越轻，氨的挥发越严重。

2.3 硝化作用

硝化作用是指氨或铵盐，在通气良好的条件下，经过微生物氧化生成硝（酸）态氮的过程。这一过程包括下述两个阶段。

第一阶段：氨或铵盐氧化成亚硝酸态氮。

$$2NH_4^+ + 3O_2^- \xrightarrow{\text{亚硝化微生物}} 2NO_2^- + 2H_2O + 4H^+$$

第二阶段：亚硝酸态氮再氧化成硝态氮。

$$2NO_2^- + O_2 \xrightarrow{\text{硝化微生物}} 2NO_3^-$$

2.4 反硝化作用

嫌气条件下，硝酸盐在反硝化微生物作用下被还原为氮气和氮氧化物的过程称为反硝化作用。反硝化作用的具体化学过程尚不完全清楚，大致可表示为：

$$\underset{\text{硝酸}}{2HNO_3} \xrightarrow{-2H_2O} \underset{\text{亚硝酸}}{2HNO_2} \xrightarrow{+2H_2O} \underset{\text{氧化氮}}{2NO_2} \xrightarrow{-H_2O} \underset{\text{氧化亚氮}}{N_2O} \xrightarrow{-H_2O} \underset{\text{氮气}}{N_2}$$

反硝化作用的实质是硝化作用的逆过程，它发生的条件是需要较严格的土壤嫌气环境，只有当土壤溶液中的溶解氧浓度降低到 5% 以下时，反硝化强度才会明显提高。对矿质土壤来说，只有当平衡空气中的氧浓度小于 0.3% 以下，即土壤溶液氧浓度降至 4×10^{-6}mol/L 以下时，整个土体才有可能被反硝化作用控制，此时土壤已处于淹水状态。而在一般土壤含水情况下，即使达到田间持水量的水平，由于土壤中仍保持较高的溶液氧浓度，此时硝化作用和反硝化作用是同时存在的。唯一的例外是，在有大量易分解有机质迅速分解时，土壤中局部会形成嫌气环境，这时会产生强烈的反硝化作用。土壤中反硝化作用造成的氮素损失取决于土壤中硝酸盐和易分解有机质的含量，土壤的通气性、温度、湿度及酸碱反应等因素。研究表明，反硝化的临界氧化还原电位约为 334mV，最适于在 PH 大于 7.0 ~ 8.2 的微碱性土壤中进行；pH 小于 5.2 ~ 5.8 的酸性土壤或 pH 大于 8.2 ~ 9.0 的碱性土壤中，反硝化作用会显著减弱。

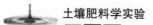

淹水条件下，土壤处于还原状态，常促使反硝化过程的发生。当表层土壤通气良好，在发生了强烈的硝化作用后，硝酸盐随水移动到处于缺氧状态的底土时，也会发生反硝化作用而造成氮素损失。

2.5 土壤氮素固定

指土壤中各种形态的氮转化和迁移，暂时失去生物有效性的过程。土壤氮素固定主要包括黏土矿物对氮的固定及有机质和微生物对无机氮的固持作用等。

2.5.1 NH_4^+ 晶格固定

指 NH_4^+ 陷入 2 ∶ 1 型黏土矿物晶架表面的孔穴内，转为固定态 NH_4^+，而失去生物有效性的过程。其数量及其占全氮的百分比因土壤类型和土壤层次不同而异，主要取决于土壤中黏土矿物的类型和数量以及有机氮的含量。土壤以蒙脱石、伊利石和蛭石等 2 ∶ 1 型黏粒矿物为主，是 NH_4^+ 被固定的基本条件。此外，土壤中阳离子的种类、干湿交替作用及 pH 等因素也对 NH_4^+ 的固定有一定的影响。

2.5.2 有机质对亚硝态氮的化学固定作用

土壤有机质中的木质素类及其衍生物和腐殖质等能与亚硝酸发生化学反应，使亚硝态氮固定成为有机质成分的一部分。这种固定作用一般在微酸性条件下（pH5.5 ~ 7.0）更易发生。在大量施用化学氮肥的情况下，亚硝态氮易于累积，这种化学固定就显得突出。

2.5.3 无机氮的生物固定

土壤中的铵态氮、硝态氮和某些简单的氨基酸态氮（$-NH_2$），通过微生物和植物的吸收同化，成为生物有机质的组成部分，称为无机氮的生物固定。植物通过吸收同化土壤中的有效氮形成植物体。而微生物一方面通过矿质化使土壤中无效和缓效的氮素转化为有效的氮素供植物吸收，另一方面它们也吸收同化氮素，并暂时与植物争夺养料，这有利于土壤氮素的保存。微生物固定有效氮与土壤中的 C/N 有关，C/N 越高，越有利于氮的固定，反之，则有利于氮的矿化释放。

无机态氮主要为铵态氮（NH_4^+–N）和硝态氮（NO_3^-–N），有时还含少量的亚硝态氮（NO_2^-–N）。无机态氮通常只占全氮量的 1% ~ 2%，但绝大部分是水溶性和交换性的，能被作物直接吸收利用，而且是作物吸收氮素的主要形态，是速效氮的来源。

3 土壤氮素含量及供氮水平

一般耕地表层土壤全氮量为 0.5 ~ 3.0g/kg，少数肥沃的耕地、草原、林地的表层土壤含氮量在 5.0 ~ 6.0g/kg 及以上，主要受植被、温度、耕作、施肥等因素的影响。我国土壤的全氮量从东向西、从北向南逐渐减少。土壤全氮量是土壤氮素的总贮量，通常用于衡量土壤氮素的基础肥力，而土壤水解氮则是土壤有效氮含量的指标，反映土壤近期内的氮素供应状况，与作物生长关系密切，对指导施肥有更大意义。土壤水解氮包括无机氮和部分有机质中易分解的、比较简单的有机态氮，是铵态氮、硝态氮、氨基酸、酰胺和易水解的蛋白质的总和。表 3–7 提供了耕层土壤有效性氮含量的分级指标供参考。

表 3–7　我国耕层土壤有效性氮含量的分级

指标	级别					
	1	2	3	4	5	6
有效性氮含量 /（mg/kg）	＞150	120 ~ 150	90 ~ 120	60 ~ 90	30 ~ 60	＜30
土壤供氮水平	高	较高	一般	稍低	低	极低

4 土壤中氮素的测定

4.1 土壤全氮含量测定

氮含量测定的基本方法是将有机态氮连同各种形态的无机氮转变为无机氮的铵，再通过测定铵的含量得出。土壤全氮的测定方法包括重铬酸钾 –

硫酸消化法和硒粉 – 硫酸铜 – 硫酸消化法等。从大量的对比试验得出，重铬酸钾 – 硫酸消化法既能节省时间，又能节约药品，且精密性好，分析结果准确。重铬酸钾 – 硫酸消化法测定原理：用重铬酸钾 – 硫酸消煮样品，有机态氮中的蛋白质经过硫酸水解，成为最简单的氨基酸，氨基酸在氧化剂重铬酸钾的参与下转化成氨，进而与硫酸合成硫酸铵，有机质被氧化成 CO_2，样品中的无机铵态氮则被转化成硫酸铵，样品中极微量的硝态氮则在加热过程逸出而损失（一般土壤中的此类氮含量极微，甚至可略而不计）。然后再用浓碱蒸馏，使硫酸铵变为氨而蒸出，被硼酸吸收，以标准酸滴定。

4.2 土壤中有效性氮含量测定

土壤水解性氮亦称土壤有效性氮，它包括无机的矿物态氮和部分有机物质中易分解的、比较简单的有机态氮。它是铵态氮、硝态氮、氨基酸和易水解的蛋白质氮的总和。有效性氮的含量与有机质含量有关，有机质含量高、熟化程度高，有效性氮含量亦高；反之，有机质含量低，熟化程度低，有效性氮的含量亦低。这部分氮可反映近期内土壤中氮的供应状况。土壤有效性氮的测定方法有碱解扩散法和碱解蒸馏法，当前常采用的测定方法为碱解扩散法。碱解扩散法原理：土壤在碱性溶液中，一部分简单的有机氮被逐步分解为铵态氮，与土壤中原有的铵态氮一同形成气态氮，在扩散皿中扩散，用硼酸吸收后用标准酸滴定。由于碱水解有机质受温度、时间、碱的用量的影响，为了便于测定结果能相互比较，大家对碱解氮的测定条件做了统一规定，即“五个一定”：碱解温度一定，40℃；碱解时间一定，24 小时；碱浓度一定，1mol/L NaOH；碱的用量一定，10.0mL；土样规格和称量一定，1mm、2.00g。

[任务实施]

1 任务实施准备

1.1 明确任务

采用重铬酸钾 – 硫酸硝化法测定土壤中全氮含量，碱解扩散法测定土样碱解氮含量，并根据数据评价土壤氮素供应状况。

1.2 准备所需试剂和仪器

1.2.1 全氮含量测定所需试剂和仪器

[试剂]

①热蒸馏水。

② 10mol/L NaOH：称取 400g NaOH（AR）放入 1L 的烧杯中，加入 500mL 水溶解，冷却后稀释至 1000mL。

③定氮混合指示剂：分别称取 0.1g 甲基红和 0.5g 溴甲酚绿指示剂，放入研钵中，并用 100mL95% 乙醇研磨溶解。

④ 20g/L 硼酸溶液；溶解 20g 硼酸（AR）于 950mL 的热蒸馏水中，冷却，加入 20mL 的定氮混合指示剂，充分混匀后，稀释至 1L。

⑤ 0.01mol/L Na_2CO_3 标准溶液：准确称取 1.0599g 在 180℃ ~ 200℃烘过 2 ~ 3h 的基准无水碳酸钠，用蒸馏水定容至 1000mL。

⑥ 0.02mol/L HCl 标准溶液：取 1.67mL 浓 HCl（比重 1.197）用蒸馏水稀释至 1000mL，用时标定。标定方法：吸取 5.00mL 0.01mol/L 标准碳酸钠溶液于 150mL 三角瓶中，加入 4 ~ 5 滴定氮混合指示剂，用配制好的 HCl 溶液滴定至溶液由蓝绿色变为暗红色，即终点，读取 HCl 的耗量，即可计算出 HCl 的浓度。同时做空白试验。

[仪器]

50mL 三角瓶、弯颈漏斗、150mL 三角瓶、分析天平、定氮仪、调压电炉等。

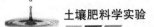

1.2.2 有效性氮含量测定所需试剂和仪器

[试剂]

① 1.8mol/L NaOH 溶液：称取 72.0g 氢氧化钠溶于水，稀释至 1L。

②硫酸亚铁粉末：将硫酸亚铁磨细，放入密闭瓶中，存入阴凉处。

③定氮混合指示剂：同土壤全氮试剂。

④ 20g/L 硼酸溶液：同土壤全氮试剂。

⑤ 0.02mol/L HCl 标准溶液：同土壤全氮试剂。

⑥碱性胶液：称取 100g 阿拉伯胶（AR）溶于 150mL 热蒸馏水中，加入 150mL 甘油（AR），饱和碳酸钾 75mL 混合即成。

[仪器]

半微量滴定管、扩散皿、恒温箱等。

2 土壤氮素测定步骤

2.1 土壤全氮含量测定步骤

准确称取过 60 目（孔径 0.25mm）筛孔的风干样品 0.5000g 于 50mL 三角瓶中。加入 5mL 浓硫酸，瓶口插上弯颈小漏斗，放在电压为 110 ~ 120V 电炉上消煮，使硫酸大量冒白烟，直至摇动时瓶壁无黑色碳粒黏附即可，大约 1h。待冷却后，加 5.00mL 饱和重铬酸钾溶液，在电炉上低温微沸 5min，取下三角瓶冷却。将待测物无损地转入蒸馏管中，加入 25mL 10mol/L NaOH 溶液。吸取 10mL 20g/L 的硼酸溶液于三角瓶中，置于冷凝管下端，冷凝管的下端应浸在三角瓶中硼酸的液面下，以免吸收不完全，馏出液大约为 75mL 为宜。按定氮仪操作规程开启仪器进行蒸馏，待样品中氮蒸馏完毕后，将三角瓶取下，用 0.02mol/L HCl 标准溶液滴定，溶液由蓝色变为紫红色时即达到滴定终点，测定时须做空白试验。

结果计算

$$全氮含量（g/kg）=\frac{C\times(V-V_0)\times 0.014}{m}\times 1000$$

式中，C 为 HCl 标准溶液的浓度，mol/L；V 为滴定试液所消耗 HCl 的 mL 数；V_0 为测定空白时所消耗 HCl 的 mL 数；m 为风干试样的质量，g；0.014 为氮原子的毫摩尔质量。

2.2 土壤碱解氮含量测定步骤

准确称取通过 18 号筛（孔径 1mm）风干样品 2.000g，加入 1g 硫酸亚铁粉剂，均匀铺在扩散皿外室内，水平地轻轻旋转扩散皿，使样品铺平。用吸管吸取 2mL2% 硼酸溶液和 1 滴定氮混合指示剂，加入扩散皿内室。在皿的外室边缘涂上特制胶水，盖上毛玻璃，并旋转数次，以便毛玻璃与皿边完全黏合，再慢慢转开毛玻璃的一边，使扩散皿露出一条狭缝，迅速用移液管加入 10mL 1.8mol/L 氢氧化钠于皿的外室（水稻土样品则加入 10mL 1.2mol/L 氢氧化钠），立即用毛玻璃盖严。水平轻轻旋转扩散皿，使碱溶液与土壤充分混合均匀，用橡皮筋固定，贴上标签，随后放入 40℃恒温箱中培养 24h，再用 0.02mol/L HCl 标准溶液用微量滴定管滴定内室所吸收的氮量，溶液由蓝色滴至微红色为终点，记下盐酸用量毫升数 V。同时要做空白试验，滴定所用盐酸量为 V_0。

$$碱解氮含量（mg/kg）= \frac{C \times (V - V_0) \times 14}{m} \times 1000$$

式中，C 为 HCl 标准溶液的浓度，mol/L；V 为滴定待测液所消耗 HCl 标准溶液的体积，mL；V_0 为滴定空白时所消耗酸标准溶液的体积，mL；m 为风干试样的质量，g；14 为氮原子的摩尔质量（g/mol）。

2.3 结果记录（见表 3-8，3-9）

表 3-8　土壤全氮的测定数据记录表

<table>
<tr><td colspan="3">测定人：</td><td colspan="4">测定时间：　年　月　日</td></tr>
<tr><td rowspan="9">土壤样品</td><td colspan="2">名称</td><td colspan="4"></td></tr>
<tr><td colspan="2">室内编号</td><td></td><td></td><td></td><td></td></tr>
<tr><td colspan="2">采样地点及环境</td><td></td><td></td><td></td><td></td></tr>
<tr><td colspan="2">取样层次及深度</td><td></td><td></td><td></td><td></td></tr>
<tr><td colspan="2">样品规格</td><td></td><td></td><td></td><td></td></tr>
<tr><td colspan="2">平行测定次数</td><td>1</td><td>2</td><td>3</td><td>空白</td></tr>
<tr><td rowspan="3">样品重（g）</td><td>土＋纸重</td><td></td><td></td><td></td><td></td></tr>
<tr><td>纸重</td><td></td><td></td><td></td><td></td></tr>
<tr><td>土重</td><td></td><td></td><td></td><td></td></tr>
<tr><td colspan="2" rowspan="3">HCl 用量（mL）</td><td>滴定终读数</td><td></td><td></td><td></td><td></td></tr>
<tr><td>滴定始读数</td><td></td><td></td><td></td><td></td></tr>
<tr><td>用量 V</td><td></td><td></td><td></td><td></td></tr>
<tr><td colspan="2">M（g/kg）</td><td></td><td></td><td></td><td></td><td></td></tr>
<tr><td colspan="2">平均值（g/kg）</td><td></td><td></td><td></td><td></td><td></td></tr>
<tr><td colspan="2">绝对误差（g/kg）</td><td></td><td></td><td></td><td></td><td></td></tr>
<tr><td colspan="2">相对误差（%）</td><td></td><td></td><td></td><td></td><td></td></tr>
<tr><td colspan="2">计算公式</td><td></td><td></td><td></td><td></td><td></td></tr>
<tr><td colspan="2">计算草式</td><td></td><td></td><td></td><td></td><td></td></tr>
<tr><td colspan="2" rowspan="5">计算草式</td><td colspan="5"></td></tr>
<tr><td colspan="5"></td></tr>
<tr><td colspan="5"></td></tr>
<tr><td colspan="5"></td></tr>
<tr><td colspan="5"></td></tr>
<tr><td colspan="2">备注</td><td colspan="5"></td></tr>
</table>

表 3–9　碱解氮含量测定数据记录表

测定时间：		测定人：					
样品编号		1			2		
重复		1	2	3	1	2	3
土样质量 m/g							
空白消耗标准盐酸溶液量 V_0/mL	滴定前读数				—	—	—
	滴定后读数				—	—	—
	滴定消耗量				—	—	—
	平均值						
土样消耗标准盐酸溶液量 V/mL	滴定前读数						
	滴定后读数						
	滴定消耗量						
有效性氮含量 /（mg/kg）	个别值						
	平均值						
说明							

3 完成报告

对土壤氮素供状况做出评估并撰写报告。

[复习思考]

1. 土壤氮素的主要形态极其转化过程？

2. 凯氏法测定全氮的原理？

任务六　土壤全磷和速效磷含量测定

[任务描述]

磷是植物生长发育及产品形成必不可少的元素。了解土壤磷素供应状况对指导施肥有着直接的指导意义。土壤磷的分析测定有以下意义：（1）了解土壤磷的贮量和供给状况，为施磷肥提供指导；（2）为研究磷在土壤中的吸附、固定、迁移、转化提供定量数据；（3）为研究磷的面源污染提供定量数据。土壤磷素测定项目一般包括全磷和速效磷。

本任务采用 NaOH 熔融法 - 钼锑抗比色法测定土壤中全磷的含量，用 0.5mol/L $NaHCO_3$ 溶液浸提 - 钼锑抗比色法测定土壤的速效磷含量，并根据测定结果判断土壤的供磷水平，为合理分配和施用磷肥提供依据。

[知识准备]

1 土壤中磷的形态与含量

1.1 土壤磷素的形态及其有效性

土壤中的磷素主要来源于土壤矿物质、有机质和施入土壤中的含磷肥料，其形态可分为有机态磷和无机态磷两种类型。有机态磷来源于动物残体、植物残体、微生物和有机肥料中的含磷有机化合物，含量占全磷量的 20% ~ 50%，随有机质含量增加而增加，有机磷不能直接被植物吸收，需通过矿化作用转化为无机磷后才可被植物吸收。无机态磷在土壤中的种类较多，大致分为水溶性磷、弱酸性磷、吸附态磷和难溶性磷四类。水溶性磷主要是碱金属钾、钠的磷酸盐和碱土金属钙、镁的一代磷酸盐，如 KH_2PO_4，$Ca(H_2PO_4)_2$ 等，可被作物直接吸收，是作物吸收磷素的主要形态。弱酸性磷主要是碱土金属的二代磷酸盐，如 $CaHPO_4$，$MgHPO_4$ 等，能被作物吸收利用。吸附态磷指吸附在土壤胶体上，通过交换可被作物吸收利用的磷形态，是植物营养中最重要的。难溶性磷主要有磷灰石、结晶态的磷酸铁铝，还有闭蓄态磷（O–P），即被氧化铁胶膜包被的磷酸盐，不能被植物吸收利用。其中，水溶性磷和弱酸性磷统称为速效磷。

1.2 土壤磷素含量及供磷水平

土壤中的磷素含量受成土母质、气候条件、有机含量、质地等因素的影响。一般来说，有机质含量高、质地黏重、熟化程度高的土壤全磷量相对较高。

我国土壤全磷含量从南向北、从东向西呈现增加趋势；同一地域内，磷的含量也有较明显的差异。我国土壤中的全磷含量约为 0.2 ~ 2.0g/kg，平均约为 0.5g/kg。

土壤中的全磷和速效磷含量分别反映了土壤磷素的潜在肥力和供磷水平，特别是速效磷含量对指导施肥具有重要意义。根据国内外的经验，Olsen-P 适用性较强，而且与作物反应的相关性较好。可根据表 3-10 耕层土壤速效磷含量分级指标对土壤磷素水平进行评价。

表 3-10　我国耕层土壤速效磷含量的分级（Olsen-P）

指标	级别					
	1	2	3	4	5	6
速效磷含量 /（mg/kg）	＞40	20 ~ 40	10 ~ 20	5 ~ 10	3 ~ 5	＜3
土壤供磷水平	高	较高	一般	稍低	低	极低

2 土壤中磷素的转化

磷在土壤中的转化包括磷的固定和释放两个方向相反的过程，即有效磷的无效化与无效磷的有效化过程，两者总处于动态平衡之中。

2.1 磷的固定

磷的固定是指速效磷转化为缓效磷或难溶性磷的过程。一般可以分为化学固定、吸附固定、生物固定和闭蓄作用四个过程。

（1）化学固定

化学固定指的是土壤中的磷素与土壤中的钙、镁、铁、铝等化合物发生化学反应，生成磷酸盐沉淀，从而造成对土壤磷素的固定，导致土壤磷素的有效性降低。在石灰性土壤、中性及大量施用石灰的酸性土壤中，主要形成钙镁磷酸盐沉淀；在酸性土壤中则形成铁铝磷酸盐沉淀。

（2）吸附固定

吸附固定指的是土壤固相对土壤溶液中磷酸根离子的吸附作用，主要是在酸性土壤上发生的非专性吸附，即黏粒表面的 OH^- 质子与磷酸根离子产生非专性吸附，而这种吸附是一种可逆的反应，其反应方向与作用速度受 H^+ 浓度的控制。

（3）生物固定

生物固定指的是水溶性磷酸盐被土壤微生物吸收构成其躯体，而变成有机磷化合物的过程。生物固定是暂时的，因微生物死亡后，有机态磷又可分解释放出有效磷供作物吸收。

（4）闭蓄作用

闭蓄作用指的是土壤中的磷酸盐常被铁、铝或钙质胶膜所包被，闭蓄态磷在未除去其外层胶膜时，很难被作物吸收。该作用主要在砖红壤、红壤、黄棕壤和水稻土中发生。

2.2 磷的释放

磷的释放指的是土壤中的无效态磷在各种生物作用和化学作用下逐渐转化释放出有效磷的过程。无机态的难溶性磷化合物在长期风化过程中，借助各种作用产生有机酸和无机酸，可逐渐转化为有效态磷；有机态的磷化合物在土壤微生物的作用下，会逐渐释放出有效磷（如图 3–1 所示）。土壤中有效磷的消耗与损失受土壤的酸碱度，有机质含量，微生物以及土壤中活性铁、铝、钙的数量等多种因素的影响，其中 pH 的影响最大，一般 pH5 ~ 7.5 时，磷的有效性较高。生产上增施有机肥、实行水旱轮作、调节土壤 pH 等可减少磷的固定，促进磷的释放。

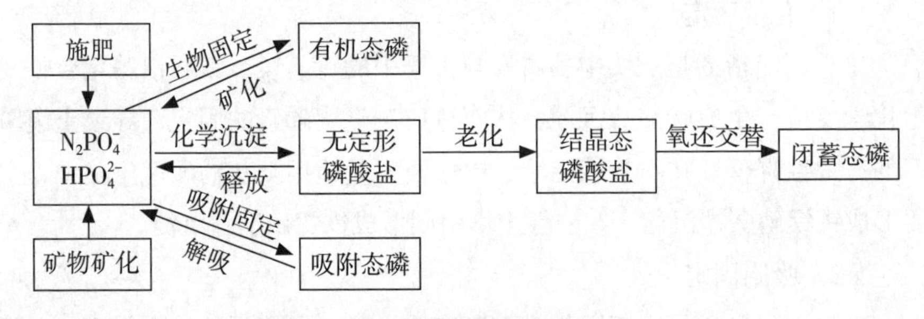

图 3–1 土壤中磷的转化示意

3 土壤磷含量测定

3.1 土壤中全磷含量测定

3.1.1 土壤全磷测定原理

碱熔融法。

3.1.2 样品的前处理

样品的前处理是将占土壤全磷的 99% 以上的不溶性磷分解转化为易溶解正硫酸盐的过程，即将结构复杂、复合度高的矿物转化为简单化合物的过程。测定全磷含量前处理方法有碱熔融法和消化法。具体方法和原理如下。

（1）碱熔融法原理

碱熔融法是将土壤（或矿物）样品与碱共熔，在熔融过程中，由于碱基量的增加，结构复杂的含磷矿物在熔融过程中被破坏，各种酸基和碱基重新组合成简单的酸性氧化物和碱性氧化物或简单的盐类，而磷被分解成可溶性的 P_2O_5。同时，在高温条件下，土壤中的有机质被全部灼烧去除，其中的磷也会被氧化成 P_2O_5。根据所用碱的不同，碱性熔融法包括 Na_2CO_3 熔融和 NaOH 熔融两种。

① Na_2CO_3 熔融法（标准方法）

用一定量的 Na_2CO_3 与一定量的土样在 900℃温度下共熔分解，反应方程如下：

$CaF_3 \cdot 3Ca_3(PO_4)_2 + 2Na_2CO_3 \rightarrow 10CaO + 2Na_2O + 2P_2O_5 + 2NaF + CO_2$

有机磷 P_2O_5：$P_2O_5 + H_2O \rightarrow 2H_3PO_4$

加热熔融过程一般在高温电炉内（箱式电炉，又称马弗炉），样品用坩埚做容器。在 900℃的条件下，由于除铂金以外，所有材料的坩埚都会被 Na_2CO_3 腐蚀，因此，该处理需用昂贵的铂金坩埚作为容器，这也限制了该方法的使用。

该方法的优点是处理回收率达 100%，处理后所制得的待测溶液不仅可以用于磷的测定外，还可以测定 K、Ca、Mg、Fe、Mn、Cu、Zn、Al、Pb、Cr、Si 等近二十种元素。

② NaOH 熔融法（常规方法）

NaOH 熔融法和 Na_2CO_3 熔融法的分解过程基本相同，但熔融温度只需 700 ~ 720 ℃。反应方程式如下：$[Ca_3(PO_4)_2]3CaF_2+2NaOH \rightarrow 10CaO+3P_2O_5+2NaF+H_2O$，$P_2O_5+H_2O \rightarrow 2H_3PO_4$。该方法特点是：熔点低、可用价格较低廉的镍坩埚在 700 ~ 720℃下进行处理，15 ~ 20min 即可完成，现已为常规分析所采用。

（2）H_2SO_4–$HClO_4$ 消化法（湿法灰化）

在有浓硫酸存在的条件下加热土壤样品，通过少量、多次加入 $HClO_4$ 溶液（注：温度小于 200℃、每次加入量不超过 5 滴），不仅可以分解土壤中的有机质，还能分解土壤中的磷矿物。因此，消化液可以直接用于土壤全磷的测定。但与碱熔融法相比，该法的回收率在 95% 左右。反应如下：$2Ca_5F(PO_4)_3+7H_2SO_4 \rightarrow 3CaH_4(PO_4)_2+7CaSO_4+2HF$。$H_2SO_4$–$HClO_4$ 的特点是处理速度快，待测液可用于氮、磷的联合测定。

3.2 速效磷的测定

测定原理和速效磷的提取：土壤速效磷的提取方法很多，有生物方法、化学速测方法、同位素方法、阴离子交换树脂方法等，但应用得最普遍的是化学测定法。化学测定法中由于不同土壤中磷的状态极其复杂，同一种土壤用不同性质的提取剂，或同一种提取剂用于不同性质土壤的提取，结果都会产生很大的差异。因此，用一种提取剂提取不同土壤的速效磷是困难的。下面介绍目前采用的提取剂的种类、特点和适用范围。①水：提取能力弱、易分散土粒、pH 缓冲能力弱。②饱和 CO_2 水：适用于石灰性土壤（可抑制碳酸盐的溶解）、提取能力不强。③有机酸：有 1% 柠檬水、1% 醋酸等，有机酸可以模拟植物根区环境，体现根系对土壤磷的影响。④有机酸或缓冲液：pH4.8 ~ 5.0 适用于弱—强酸性土壤，0.05mol/L HCl–0.01mol/L H_2SO_4 适用于强酸性土壤，0.01mol/L H_2SO_4 –0.5mol/L $(NH_4)_2SO_4$ 适用于中性土壤。⑤ pH8.5，0.5mol/L $NaHCO_3$（Olsen 法）。pH8.5，0.5mol/L $NaHCO_3$ 是目前常用的提取剂，又称 Olsen 法。它适应的土壤条件较广，与作物吸收的磷有极显著正相关，尤其以石灰性与中性土壤更优。但是，$NaHCO_3$ 浸提的磷量随温度而变化，以 25℃提取量为准，所以测定时间应同时测定液温。以便在必要时做温度校正。在一定范围内磷的提取量随时间的增加有增加的趋势，因此，为保证测定结果能有比较性，在提取时规定以下四个条件：①提取剂：pH8.5，0.5mol/L $NaHCO_3$。②提取温度：25℃为标准温度，其他温度条件下测定结果，通过温度校正系数 f_T（表 3-11）校正。速效磷（mg/kg）= 测定 mg/kg × f_T。③提取时间：振荡提取 30min。④土水比：土：提取液体积 =1 ： 20。

表 3-11　速效磷测定结果温度校正系数表（f_T）

温度℃	校正系数	温度℃	校正系数	温度℃	校正系数
10	1.5507	18	1.2702	26	0.9184
11	1.5201	19	1.2325	27	0.8741
12	1.4828	20	1.1950	28	0.8347
13	1.4482	21	1.1570	29	0.7920
14	1.4135	22	1.1185	30	0.7487
15	1.3782	23	1.0795	31	0.7048
16	1.3424	24	1.0400	32	0.6603
17	1.3062	25	0.9545	33	0.6153

石灰性土壤中的磷主要以 Ca-P（磷酸钙盐）的形态存在，中性土壤中 Ca-P、Al-P（磷酸铝盐）和 Fe-P（磷酸铁盐）均占一定的比例。用 0.5mol/L $NaHCO_3$ 浸提，可以抑制 Ca^{2+} 的活性，相应地提高了 Ca-P 的溶解度，同时也可使某些活性的 Fe-P、Al-P 起水解作用而被浸出，溶液中存在的 OH-、HCOO- 等阴离子有利于吸附态磷的交换，因此该法不仅适用于石灰性土壤，也适用于中性和酸性土壤中速效磷的提取。

土壤中浸出的磷量与土液比、液温、振荡时间和方式有关。该方法严格规定土液比为 1 ： 20，浸提温度为（25 ± 1）℃，振荡时间为 30min。

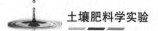

浸提液中的磷，在一定的酸度下用钼锑抗混合显色剂还原显色成磷钼蓝，用比色法测定（蓝色的深浅在一定浓度范围内与磷的含量成正比）。

[任务实施]

1 任务实施准备

1.1 明确任务

采用 NaOH 熔融法 – 钼锑抗比色法测定土壤中全磷的含量，用 0.5mol/L $NaHCO_3$ 溶液浸提 – 钼锑抗比色法测定土壤的速效磷含量，评价土壤的供磷水平。

1.2 准备所需仪器用具和试剂

1.2.1 土壤全磷测定所需试剂和仪器

[试剂]

①氢氧化钠（AR）

②无水乙醇（AR）

③ 100g/L Na_2CO_3 溶液：称取 10.0g 无水碳酸钠（AR）溶于水，稀释至 100mL。

④ 3mol/L H_2SO_4：量取 168mL 浓硫酸（AR）缓缓加入盛有约 800mL 水的大烧杯中，不断搅拌，冷却后稀释至 1L。

⑤二硝基酚指示剂：称取 0.2g 2，6– 二硝基酚（AR）溶于 100mL 水中。

⑥ 5g/L 酒石酸锑钾溶液：称取 0.5g 酒石酸锑钾（AR）溶于 100mL 水中。

⑦ 6.5mol/L 硫酸钼锑贮备液：取 180.6mL 浓硫酸（AR），缓缓加入 400mL 蒸馏水中，不断搅拌，冷却，另取钼酸铵（AR）20g 溶于约 60℃的 300mL 蒸馏水中，冷却。将硫酸液缓缓倒入钼酸铵溶液中，不断搅拌，再加 100mL 5g/L 酒石酸锑钾溶液，用蒸馏水稀释至 1000mL，摇匀，贮于棕色试剂中。

⑧硫酸钼锑抗混合色剂：称取 0.5g 左旋（旋光度 +21 ~ +22°）抗坏血酸，溶于 100mL 钼锑贮存液中，摇匀，贮于棕色试剂瓶，有效期 24h，宜用前配制。

⑨ 50mg/L 磷（P）标准贮备液：准确称取 105℃烘干的磷酸二氢钾（分析纯）0.2197g，溶于 400mL 蒸馏水中，加浓硫酸 5mL，转入 1000mL 容量瓶中，用水定容至刻度，充分摇匀，放入冰箱可供长期使用。

⑩ 5mg/L 磷（P）标准溶液：吸取 50mg/L 磷（P）标准溶液 10.00mL 放入 100mL 容量瓶，定容。该溶液不能长期保存，现配现用。

[仪器]

分光光度计、高温电炉、镍坩埚。

1.2.2 土壤速效磷测定所需试剂和仪器

[试剂]

①无磷活性炭：分析纯、粉末状，不含磷。

② 10g/L NaOH 溶液：称取 10g 氢氧化钠溶解于 100mL 蒸馏水中，贮于试剂瓶。

③ 0.5mol/L $NaHCO_3$ 浸提液：称取 42.0g 化学纯碳酸氢钠溶于 950mL 水中，用 10g/L 氢氧化钠溶液调节 pH 至 8.55（用酸度计测定），用蒸馏水定容至 1000mL，贮存于试剂瓶中备用。若贮存超过 1 个月，应检查 pH 是否改变。

④ 3g/L 酒石酸钾溶液：称取 0.3g 化学纯酒石酸钾溶于蒸馏水中，稀释至 100mL。

⑤硫酸钼锑贮存液：取蒸馏水约 400mL，放入 1000mL 烧杯中，将烧杯浸在冷水中，然后缓缓注入 181mL 浓硫酸，并不断搅拌，冷却至室温。另称取 10.0g 钼酸铵溶于约 60℃的 200mL 蒸馏水中，冷却。然后将硫酸溶液徐徐倒入钼酸铵溶液中，不断搅拌，再加入 100mL 3g/L 酒石酸钾溶液，用蒸馏水定容至 1000mL，摇匀贮于棕色试剂瓶中。

⑥硫酸钼锑抗混合色剂：称取 0.5g 左旋（旋光度 +21 ~ +22°）抗坏

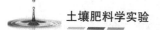

血酸，溶于100mL钼锑贮存液中，摇匀，贮于棕色试剂瓶，有效期24h，宜用前配制。

⑦磷标准溶液：同土壤全磷测定相同。

[仪器]

分析天平、分光光度计、振荡机等。

2 待测土样全磷、速效磷的测定步骤

2.1 土壤全磷测定步骤

（1）称取0.2500g过60目（0.25mm孔径）筛的风干土样，小心放入镍坩埚底部，切勿黏在壁上，加入3～4滴无水乙醇，润湿样品，在样品上平铺2.0g氢氧化钠，盖上盖子，将坩埚放入高温电炉内消解，待温度升至400℃时，切断电源，暂停15min，然后继续升温至720℃，并保持15min，取出稍冷。加入约80℃的水10mL，待熔块溶解后无损转入100mL比色管中，同时用10mL 3mol/L硫酸溶液和蒸馏水多次洗坩埚，洗涤液也一并移入比色管中。冷却，定容，摇匀。同时做空白试验。

（2）吸取待测清液5mL于50mL容量瓶中，用蒸馏水稀释至约30mL，加入1～2滴2，6-二硝基酚，并用100g/L碳酸钠或3mol/L硫酸溶液调节至微黄色。再加入5.00mL钼锑抗显色剂，摇匀，加蒸馏水定容，充分摇匀，在室温20℃以上条件下，放置30min，用分光光度计测定（测定波长660nm）。

（3）标准曲线绘制。分别吸取5mg/L磷标准溶液0.0、1.00、2.00、3.00、4.00、5.00mL于50mL比容量瓶中，同时加入5mL空白试液，用水稀释至约30mL，调节酸度，加入5.00mL钼锑抗显色剂，定容，充分摇匀，即得含磷量分别为0.0、0.1、0.2、0.3、0.4、0.5mg/L标准系列。在20℃以上温度下放置30min，用分光光度计测定（660nm），用浓度为零的点调节仪器零点，以此测定标准系列各浓度的吸光度，绘制标准曲线或计算回归方程。

2.2 土壤速效磷测定步骤

（1）称取 2.500g 通过 20 目（1mm 孔径）筛的风干土样置于 250mL 三角瓶中，加入约 1g 无磷活性炭，加入 50.0mL 碳酸氢钠浸提剂，在 25±1℃的室温下，于往复式振荡机上振荡 30min（振荡频率为 160 ~ 200r/min），立即过滤至干燥的 100mL 三角瓶中。

（2）准确吸取滤液 10.00mL（含磷量高时吸取 2.5 ~ 5mL；同时应补加 0.5mol/L 碳酸氢钠溶液至 10mL）于 50mL 量瓶中，准确加入 5mL 硫酸钼锑抗混合显色剂充分摇匀，充分排除 CO_2 后加蒸馏水定容，再充分摇匀，在室温高于 20℃处放置 30min。同时做空白试验。

（3）标准曲线的绘制：吸取 5mg/L 磷标准溶液 0.00、1.00、2.00、3.00、4.00、5.00mL 于 50mL 容量瓶中，加入显色剂 5.00mL，充分摇动，排除 CO_2 后用水定容至刻度，充分摇匀即含磷 0.00、0.10、0.20、0.30、0.40、0.50 μg/mL 磷标准系列溶液。在室温高于 20℃处放置 30min 后，按上述样品待测液分析步骤、条件进行测定，用系列溶液的零浓度调节仪器零点，测量吸光度值，绘制标准曲线或计算回归方程。

3 结果计算及记录

3.1 结果计算

$$\text{全磷（P）含量，g/kg}=\frac{V\times c\times ts}{m\times 10^6}\times 1000$$

式中，c 为从仪器上直接测得的待测样品磷的含量，mg/L；V 为待测液定容体积，100mL；ts 为待测液稀释倍数；m 为风干样品质量，g。

$$\text{速效磷含量（mg/kg）}=\frac{V\times c\times ts}{m\times 10^3}\times 1000$$

式中，V 为待测液定容体积，50mL；c 为从仪器上直接测得的待测样品磷的含量，μg/mL；ts 为待测液稀释倍数；m 为风干样品质量，g。

3.2 结果记录

表 3–12　土壤全磷测定（NaOH 碱熔——钼蓝比色法）数据记录表

<table>
<tr><td colspan="3">测定人：</td><td colspan="5">测定时间：　　年　　月　　日</td></tr>
<tr><td rowspan="10">土壤样品</td><td colspan="2">名称</td><td colspan="5"></td></tr>
<tr><td colspan="2">室内编号</td><td colspan="5"></td></tr>
<tr><td colspan="2">采样地点及环境</td><td colspan="5"></td></tr>
<tr><td colspan="2">取样层次及深度</td><td colspan="5"></td></tr>
<tr><td colspan="2">样品规格</td><td colspan="5"></td></tr>
<tr><td colspan="2">样品编号</td><td colspan="5"></td></tr>
<tr><td colspan="2">平行测定次数</td><td>1</td><td>2</td><td>3</td><td colspan="2">空白</td></tr>
<tr><td rowspan="3">样品重（克）</td><td>土＋纸重</td><td></td><td></td><td></td><td colspan="2"></td></tr>
<tr><td>纸重</td><td></td><td></td><td></td><td colspan="2"></td></tr>
<tr><td>土重</td><td></td><td></td><td></td><td colspan="2"></td></tr>
<tr><td colspan="3">定容体积（mL）</td><td></td><td></td><td></td><td colspan="2"></td></tr>
<tr><td colspan="3">显色吸取量（mL）</td><td></td><td></td><td></td><td colspan="2"></td></tr>
<tr><td colspan="3">显色体积（mL）</td><td></td><td></td><td></td><td colspan="2"></td></tr>
<tr><td colspan="3">消光值（E）</td><td></td><td></td><td></td><td colspan="2"></td></tr>
<tr><td colspan="3">查得浓度（μg/mL）</td><td></td><td></td><td></td><td colspan="2"></td></tr>
<tr><td colspan="3">P（g/kg）</td><td></td><td></td><td></td><td colspan="2"></td></tr>
<tr><td colspan="3">平均值（g/kg）</td><td></td><td></td><td></td><td colspan="2"></td></tr>
<tr><td colspan="3">绝对误差（g/kg）</td><td></td><td></td><td></td><td colspan="2"></td></tr>
<tr><td colspan="3">相对误差（%）</td><td></td><td></td><td></td><td colspan="2"></td></tr>
<tr><td rowspan="2">标准曲线</td><td>浓度（μg/mL）</td><td>0.00</td><td>0.10</td><td>0.20</td><td>0.40</td><td>0.60</td><td>0.80</td></tr>
<tr><td>消光值 E</td><td></td><td></td><td></td><td></td><td></td><td></td></tr>
<tr><td colspan="3">计算公式</td><td colspan="5"></td></tr>
<tr><td colspan="3">计算草式</td><td colspan="5"></td></tr>
<tr><td colspan="3">备注</td><td colspan="5"></td></tr>
</table>

表 3-13　土壤速效磷的测定（$NaHCO_3$ 浸提——钼蓝比色法）数据记录表

测定人：			测定时间：		年	月	日
土壤样品	名称						
	室内编号						
	采样地点及环境						
	取样层次及深度						
	样品规格						
	平行测定次数		1	2	3	空白	
	样品重（克）	土 + 纸重					
		纸重					
		土重					
浸提剂用量（mL）							
显色吸取量（mL）							
显色体积（mL）							
消光值（E）							
查得值（μg/mL）							
P（g/kg）							
平均值（g/kg）							
绝对误差（g/kg）							
相对误差（%）							
标准曲线	浓度（μg/mL）	0.00	0.10	0.20	0.40	0.60	0.80
	消光值 E						
计算公式							
计算草式							
备注							

4 完成报告

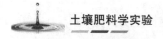

根据测定结果对土壤供磷水平做出评价。

5 注意事项

5.1 全磷测定注意事项

①样品熔融后的内容物的颜色应呈淡蓝色，或是蓝绿色，这样熔融才完全。若呈棕灰色，则熔融不完全，需再进行一次。

②氢氧化钠熔块不能用沸水溶化，其易造成激烈的沸腾，使溶液溅失，只有在 80℃左右待其溶解后再煮沸几分钟，这样提取才完全。

③钼锑显色剂的加入量要准确，因为钼酸铵量的多少对显色的深浅和稳定性有影响。标准溶液和待测液的比色酸度应保持一致，它的加入量随比色定容体积的大小按比例增减。

④在全磷测定过程中，比色时最后的酸度要高一些，它可以防止硅钼蓝的生成，当待测液加入 50mL 的比色管中时，不要用水把其中的溶液体积稀释得太大，一般在 15 ~ 20mL 为宜。

⑤用 3mol/L H_2SO_4 洗涤，若有絮状沉淀，说明 H_2SO_4 的量还不够，用 H_2SO_4 中和过多的 NaOH，使溶液呈酸性而使硅钼蓝得以沉淀下来。

⑥室温低于 20℃时，显色后的磷钼蓝有蓝色沉淀发生，可放置在 30 ~ 40℃的烘箱中保持 30min。

5.2 速效磷测定注意事项

①活性炭一定要洗至无磷无氯反应。

②钼锑抗混合剂的加入量要十分准确，特别是钼酸量的大小，直接影响着显色的深浅和稳定性。标准溶液和待测液的比色酸度应保持基本一致，它的加入量应随比色时定容体积的大小按比例增减。

③温度的大小影响着测定结果。提取时要求温度在 25℃左右。室温太低时，可将容量瓶放入 40 ~ 50℃的烘箱或热水中保温 20min，稍冷

后方可比色。

[复习思考]

1. 市售商品肥料所标注的磷素养分含量是以 P_2O_5 计的，为使用方便，试将所测结果的磷（P）含量换算成五氧化二磷（P_2O_5）的含量。

2. 根据测定结果计算每亩耕层（20cm 深）土壤速效磷（P_2O_5）的含量。

3. 磷以什么形态存在于土壤中？

4. 使用钼锑抗比色法测溶液中磷的原理是什么？

任务七　土壤全钾和速效钾含量测定

[任务描述]

钾是植物生长发育必需的三大营养元素之一，对作物产量和品质均有显著影响。全钾量是土壤供钾潜力的指标，也是土壤风化度的一种反映；速效钾是土壤对植物即时供钾水平的指标；缓效钾反映土壤有效钾的贮备量和转化特性。因此，土壤钾的测定项目包括：全钾、缓效钾和速效钾的测定。

本任务采用氢氧化钠熔融法测定土壤中全钾的含量，用 1mol/L NH_4OAc 溶液浸提火焰光度计（或原子吸收分光光度计）法测定土壤的速效钾含量，用 1mol/L HNO_3 煮沸火焰光度计（或原子吸收分光光度计）法测定土壤中的缓效钾含量，并根据测定结果判断土壤供钾水平，为合理分配和施用钾肥提供依据。

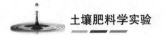

[知识准备]

1 土壤中钾的形态与含量

1.1 钾的形态及其有效性

土壤中钾的形态可分为矿物态、缓效态和速效态三种。矿物态钾指存在于原生矿物中的钾，是土壤钾的主体，占土壤全钾量的 90% ~ 98%，作物不能直接吸收利用，只有在风化过程中逐渐释放后被作物吸收利用。缓效态钾指固定在黏土矿物层状结构中的钾和较易风化的矿物中的钾，一般占土壤全钾量的 2% 左右，不能被植物直接吸收利用，但能逐步释放成速效钾。缓效钾含量是评价土壤的长期供钾潜力的一项重要指标。速效态钾包括交换性钾和水溶性钾两部分，一般只占全钾量的 1% ~ 2%，能被作物直接吸收利用，其含量与钾肥肥效有一定的相关性，常作为施用钾肥的参考指标。

1.2 土壤钾素的含量及供钾水平

土壤中的钾含量主要受成土母质、质地、降水等因素的影响。我国土壤中的钾含量一般为 4.2 ~ 20.8g/kg，从北到南、由西向东呈现降低的趋势。近年来，随着农业生产的发展及施肥水平和产量的提高，北方耕作土壤对钾肥的效应也非常显著。

土壤全钾含量的高低只能说明土壤供钾的潜在能力，无法完全反映该土壤的实际供钾能力。土壤的供钾水平常用速效钾含量表示（见表 3–14），在评价土壤的潜在供钾能力时，还应结合土壤缓效钾的含量（见表 3–15）。

表 3–14 耕层土壤速效钾含量的分级（1mol/L CH_3COONH_4 浸提，火焰光度法）

指标	级别					
	1	2	3	4	5	6
土壤速效钾含量（mg/kg）	＞200	150 ~ 200	100 ~ 150	50 ~ 100	30 ~ 50	＜30
土壤供钾水平	极高	高	一般	稍低	低	极低

表 3–15　土壤缓效钾的分级标准（1mol/L 热 HNO_3 浸提，火焰光度法）

土壤非交换性钾含量（mg/kg）	＞200	150 ~ 200	＜30
土壤供钾水平	高	中	低

2 土壤中钾的转化

土壤中钾的转化可分为非交换性钾和矿物钾的释放，以及速效钾的固定两个方面。

2.1 钾的释放

土壤中钾的释放是指矿物中的钾和有机体中的钾在微生物和各种酸的作用下，逐渐风化转变为速效钾的过程，是土壤中钾的有效化过程。例如，正长石在各种酸的作用下进行水解作用，释放出钾素，成为作物能吸收利用的有效钾。

2.2 钾的固定

土壤中钾的固定是指土壤中的有效钾转变为缓效钾的过程，包括钾的晶格固定和生物固定。晶格固定是土壤中钾固定的主要方式，溶液中的钾离子或吸附在土壤胶体上的交换性钾进入黏土矿物的晶层间，当土壤干燥收缩时，钾离子被嵌入晶格孔穴中成为缓效性钾，从而降低钾的有效性。钾的生物固定是指被土壤微生物吸收的部分，微生物死亡后，钾素又被释放出来，这类固定是暂时无效过程。

3 土壤中钾的测定

3.1 土壤中全钾的测定

测定土壤中的全钾含量时，先考虑将大部分难溶性的钾分解，再将非水溶态的钾转化为水溶态的钾后，才能测定。因此，测定土壤的全钾含量分为样品的前处理和溶解中钾的测定两个步骤。样品前处理可采用碱熔法和高氯酸—氢氟酸法两种方法，国内常规方法为氢氧化钠熔融法，此法采用镍坩埚代替铂金坩埚，适于一般实验室采用，且分解比较完全，制备的待测液可同时测定全磷和全钾。氢氧化钠熔融法的原理：土壤样品在高温（720℃）及氢氧化钠熔剂的作用下被氧化和分解，用硫酸溶液溶解融块，使钾转化为钾离子，然后使用火焰光度计或原子吸收分光光度计进行测定。

3.2 土壤中速效钾的测定

土壤中的速效钾以交换性钾为主，水溶性钾仅占极小部分。测定土壤交换性钾常用的浸提剂有 1mol/L NH_4OAc、100g/L NaCl、1mol/L Na_2SO_4 等。通常用 1mol/L NH_4OAc 作为土壤交换性钾的标准浸提剂，它能将土壤中的交换性钾和黏土矿物固定的钾彻底分离，不仅结果重现性好，而且与作物吸收量相关性也较好，适用于各类土壤。土壤浸出液可直接用火焰溶解度计测定，手续简单，结果较好。NH_4OAc 法原理：以中性醋酸铵溶液作为浸提剂与土壤胶体上的阳离子起交换作用，胶体表面的 K^+ 与 NH_4^+ 进行交换并进入溶液，同时水溶性钾也一同进入溶液中。浸出液中的钾用火焰光度计（或原子收光谱仪）直接测定。由于离子间的交换作用关系，应固定水土比例和一定的振荡时间。一般水土比例为 10 ∶ 1，振荡时间为 30min。

3.3 土壤中缓效钾的测定

土壤中缓效钾的多少可以反映土壤较长时间的供钾潜力，是土壤供钾能力的一个重要指标。事实上，要单独测定土壤中这部分钾是很困难的，也需要比较长的时间。在实际操作中是用某种化学试剂所提取的土壤钾量来表示缓效钾的多少。

土壤缓效钾的测定方法有 1.0mol/L HNO_3 煮沸法、HCl 浸提法和硫酸提取法三种。其中，1.0mol/L HNO_3 煮沸法能比较好地反映土壤中缓效钾的高低，省时、省力，操作简便，测定结果与作物连续种植时的钾吸收量有很好的相关性；HCl 浸提法，试剂耗量大、测定结果变异系数大。硫酸提取法，因浓硫酸稀释不方便及用冷硫酸提取量较低，所以使用较少。目前通用的方法是 1mol/L HNO_3 煮沸法，并使用火焰光度计或原子吸收分光光度计进行测定。

1mol/L HNO_3 煮沸方法原理：土壤中的缓效钾主要指存在于层状硅酸盐矿物层间的一些钾离子。用 1mol/L HNO_3 提取的钾不一定恰恰是这一部分钾，它可能包括这种形态钾的一部分，另外还有一些小颗粒含钾矿物因酸溶解释放出的钾，当然，这种酸提取的钾包含了样品中的水溶性钾和交换性钾，因此将 HNO_3 煮沸法提取的钾减去速效钾的量才是缓效钾的量。

[任务实施]

1 任务实施准备

1.1 明确任务

采用氢氧化钠熔融法测定土壤中的全钾含量，用 NH_4OAc 溶液浸提并使用火焰光度计（或原子吸收分光光度计）测定土壤中的速效钾含量，用硝酸煮沸并使用火焰光度计或原子吸收分光光度计测定土壤中的缓效钾含量，最后根据测定结果对土壤的供钾水平做出评价。

1.2 准备所需试剂和仪器

1.2.1 全钾测定所需试剂和仪器

[试剂]

①氢氧化钠（AR）

②无水乙醇

③ 3mol/L H_2SO_3 硫酸溶液：量取 168mL 浓硫酸（AR）缓缓加入盛有约 800mL 水的烧杯中，不断搅拌，冷却后用水稀释至 1L。

④ 100g/L 钾标准溶液：称取 0.1907g 经 110℃烘 2h 的氯化钾（GR），用水溶解后定容至 1L。此液储存于塑料瓶中。

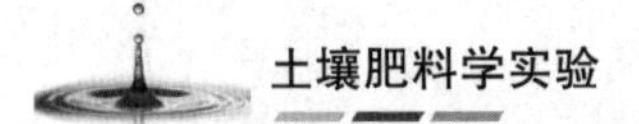

[仪器]

①原子吸收分光光度计或火焰光度计

②高温电炉

③分析天平（1/10000）

1.2.2 速效钾测定所需试剂和仪器

[试剂]

① 1.0mol/L NH_4OAc 溶液：称取 77.09gNH_4OAc 溶于近 1L 蒸馏水中，用稀乙酸（HOAc）或氨水（$NH_3 \cdot H_2O$，1 ∶ 1）调节至 pH7.0，用蒸馏水定容至 1L。此溶液不宜久存。

②钾标准溶液：准确称取 0.1907g 在 110℃下烘 2h 的氯化钾（KCl，分析纯），用蒸馏水溶解后定容至 1L，摇匀。此溶液储存于塑料瓶中，可保存一年左右。

[仪器]

①原子吸收分光光度计或火焰光度计

②高温电炉

③分析天平（1/10000）

1.2.3 缓效钾测定所需试剂和仪器

[试剂]

① 1mol/L HNO_3 溶液：量取 62.5mL 浓硝酸［C（HNO_3）= 1.429g/mL］，稀释至 1L。

② 100mg/L 钾标准溶液；同速效钾试剂。

③ 0.1mol/L HNO_3 溶液：量取 100mL 1mol/L 硝酸溶液，稀释至 1L。

[仪器]

①原子吸收分光光度计或火焰光度计

②高温电炉

③分析天平（1/10000）

2 测定操作步骤

2.1 氢氧化钠熔融法测定土壤全钾步骤

（1）测液的制备：同土壤全磷待测液的制备一致。

（2）吸取 5.00mL 待测液于 50mL 容量瓶中，用蒸馏水定容，在火焰光度计或原子吸收分光光度计上与钾标准系列溶液同条件测定。

（3）标准曲线的绘制：吸取 100mg/L 钾标准溶液 0、5、10、20、25、30mL 于 100mL 容量瓶中，加入与待测液等量体积的空白试液，加水定容，摇匀，即得 0、5、10、20、25、30mg/L 钾标准系列溶液。在火焰光度计或原子吸收分光光度计上以系列溶液的零浓度调节仪器零点进行测定，绘制标准曲线或计算回归方程。

（4）结果计算

$$全钾（K），g/kg=\frac{(C\times V\times ts)}{m\times 10^6}\times 1000$$

式中，C 为从标准曲线上查得待测液 K 的质量浓度，mg/L；V 为待测液的定容体积，mL；ts 为分取倍数；m 为风干试样质量，g；10^6 为单位换算系数。

2.2 NH_4OAc 溶液浸提法测定速效钾步骤

（1）称取 5.000g 过 20 目（1mm 孔径）筛的风干土样于 150mL 三角瓶中，加入 50.0mL 1mol/L NH_4OAc 溶液（土液比为 1 ∶ 10），用橡皮塞塞紧，在 20 ~ 25℃，150 ~ 180r/min 下振荡 30min，直接用滤液或滤液稀释后在火焰光度计或原子吸收分光光度计上测定。同时做空白试验。

（2）标准曲线的绘制：分别吸取 100mg/L 钾标准溶液 0.0、1.0、3.0、5.0、7.0、9.0、12.0mL 于 100mL 容量瓶中，用醋酸铵溶液定容，即浓度：0.0、1.0、3.0、5.0、7.0、9.0、12.0mg/L 的钾标准系列溶液。以钾浓度为零的溶液调节仪器零点，同样品测定条件，用火焰光度计或原子吸收分光光度计测定，绘制标准曲线或求回归方程。

（3）结果计算

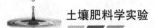

$$速效钾（K），mg/kg=\frac{(C-C_0)\cdot V\cdot D}{m\times 1000}\times 1000$$

式中，C 为从仪器上直接测定的待测液钾的浓度，mg/L；C_0 为空白测定浓度，mg/L；V 为待测液的定容体积，mL；D 为稀释倍数；m 为风干样品质量，g。

2.3 1mol/L HNO_3 煮沸法测定缓效钾步骤

（1）称取 2.500g 过 20 目（1mm 孔径）筛的风干土样于消煮管中，加入 25.0mL 1mol/L 硝酸溶液（土液比 1 ∶ 10），摇匀，在瓶口插入弯颈小漏斗，将消煮管置于铁丝笼中，放入温度为 130℃ ~ 140℃的油浴中，于 120℃ ~ 130℃煮沸（从沸腾开始准确计时）10min 取下，擦去试管外壁的油液，趁热过滤于 100mL 比色管或容量瓶中，用 0.1mol/L 硝酸溶液洗涤消煮管 4 ~ 5 次，冷却后用水定容至刻度，于原子吸收分光光度计或火焰光度计上测定。同时做空白试验。

（2）标准曲线的绘制：分别吸取 100mg/L 钾标准溶液：0.0、1.0、3.0、5.0、7.0、9.0、12.0mL 于 100mL 容量瓶中，加入 15.5mL 1mol/L 硝酸溶液，用水定容至刻度，摇匀，即 0.0、1.0、3.0、5.0、7.0、9.0、12.0mg/L 钾标准系列溶液。以钾浓度为零的溶液调节仪器零点，用原子吸收分光光度计或火焰光度计测定，绘制标准曲线或求回归方程。

（3）结果计算

$$硝酸提取的钾，mg/kg=\frac{(C-C_0)\cdot V\cdot D}{m\times 1000}\times 1000$$

式中，C 为从仪器上直接测定的待测液钾的浓度，mg/L；C_0 为空白测定浓度，mg/L；V 为待测液的定容体积，50mL；D 为稀释倍数；m 为风干样品质量，g。

3 结果记录

表 3–16　土壤全钾的测定（NaOH 熔融—火焰光度计）数据记录表

<table>
<tr><td colspan="7">测定人：　　　　测定时间：　　年　　月　　日</td></tr>
<tr><td rowspan="9">土壤样品</td><td colspan="2">名称</td><td colspan="4"></td></tr>
<tr><td colspan="2">室内编号</td><td colspan="4"></td></tr>
<tr><td colspan="2">采样地点及环境</td><td colspan="4"></td></tr>
<tr><td colspan="2">取样层次及深度</td><td colspan="4"></td></tr>
<tr><td colspan="2">样品规格</td><td colspan="4"></td></tr>
<tr><td colspan="2">平行测定次数</td><td>1</td><td>2</td><td>3</td><td>空白</td></tr>
<tr><td rowspan="3">样品重（g）</td><td>土 + 纸重</td><td></td><td></td><td></td><td></td></tr>
<tr><td>纸重</td><td></td><td></td><td></td><td></td></tr>
<tr><td>土重</td><td></td><td></td><td></td><td></td></tr>
<tr><td colspan="3">定容体积（mL）</td><td></td><td></td><td></td><td></td></tr>
<tr><td colspan="3">火焰光度计读数（格）</td><td></td><td></td><td></td><td></td></tr>
<tr><td colspan="3">查得浓度（mg/L）</td><td></td><td></td><td></td><td></td></tr>
<tr><td colspan="3">K（g/kg）</td><td></td><td></td><td></td><td></td></tr>
<tr><td colspan="3">平均值（g/kg）</td><td></td><td></td><td></td><td></td></tr>
<tr><td colspan="3">绝对误差（g/kg）</td><td></td><td></td><td></td><td></td></tr>
<tr><td colspan="3">相对误差（%）</td><td></td><td></td><td></td><td></td></tr>
<tr><td rowspan="2">标准曲线</td><td>K（mg/L）</td><td></td><td></td><td></td><td></td><td></td></tr>
<tr><td>火焰光度计读数</td><td></td><td></td><td></td><td></td><td></td></tr>
<tr><td colspan="3">计算公式</td><td colspan="4"></td></tr>
<tr><td colspan="3">计算草式</td><td colspan="4"></td></tr>
<tr><td colspan="3">备注</td><td colspan="4"></td></tr>
</table>

表 3–17　土壤速效钾的测定（NH_4OAc 浸提—火焰光度计）数据记录表

<table>
<tr><td colspan="7">测定人：　　　测定时间：　　　年　　月　　日</td></tr>
<tr><td rowspan="9">土壤样品</td><td colspan="2">名称</td><td colspan="4"></td></tr>
<tr><td colspan="2">室内编号</td><td colspan="4"></td></tr>
<tr><td colspan="2">采样地点及环境</td><td colspan="4"></td></tr>
<tr><td colspan="2">取样层次及深度</td><td colspan="4"></td></tr>
<tr><td colspan="2">样品规格</td><td colspan="4"></td></tr>
<tr><td colspan="2">平行测定次数</td><td>1</td><td>2</td><td>3</td><td>空白</td></tr>
<tr><td rowspan="3">样品重（g）</td><td>土＋纸重</td><td></td><td></td><td></td><td></td></tr>
<tr><td>纸重</td><td></td><td></td><td></td><td></td></tr>
<tr><td>土重</td><td></td><td></td><td></td><td></td></tr>
<tr><td colspan="3">浸提剂用量（mL）</td><td></td><td></td><td></td><td></td></tr>
<tr><td colspan="3">火焰光度计读数（格）</td><td></td><td></td><td></td><td></td></tr>
<tr><td colspan="3">查得浓度（mg/L）</td><td></td><td></td><td></td><td></td></tr>
<tr><td colspan="3">K（g/kg）</td><td></td><td></td><td></td><td></td></tr>
<tr><td colspan="3">平均值（g/kg）</td><td></td><td></td><td></td><td></td></tr>
<tr><td colspan="3">绝对误差（g/kg）</td><td></td><td></td><td></td><td></td></tr>
<tr><td colspan="3">相对误差（%）</td><td></td><td></td><td></td><td></td></tr>
<tr><td rowspan="2">标准曲线</td><td>K（mg/L）</td><td></td><td></td><td></td><td></td><td></td></tr>
<tr><td>火焰光度计读数</td><td></td><td></td><td></td><td></td><td></td></tr>
<tr><td colspan="3">计算公式</td><td colspan="4"></td></tr>
<tr><td colspan="3">计算草式</td><td colspan="4"></td></tr>
<tr><td colspan="3">备注</td><td colspan="4"></td></tr>
</table>

表 3-18　土壤缓效钾的测定（1mol/L HNO_3 煮沸—火焰光度计）数据记录表

测定人：　　测定时间：　　年　　月　　日						
土壤样品	名称					
	室内编号					
	采样地点及环境					
	取样层次及深度					
	样品规格					
	平行测定次数		1	2	3	空白
	样品重（g）	土 + 纸重				
		纸重				
		土重				
浸提剂用量（mL）						
火焰光度计读数（格）						
查得浓度（mg/L）						
K（g/kg）						
平均值（g/kg）						
绝对误差（g/kg）						
相对误差（%）						
标准曲线	K（mg/mL）					
	火焰光度计读数					
计算公式						
计算草式						
备注						

4 完成报告

撰写任务实施报告，评价土壤供钾水平。

[复习思考]

1. 市售商品肥料所标注的钾素养分含量是以 K_2O 计量的，为使用方便，试将所测结果钾（K）含量换算成氧化钾（K_2O）的含量。

2. 根据测定结果计算每亩耕层（20cm 深）土壤速效钾（K_2O）的含量。

3. 全钾测定应注意什么问题?

任务八　土壤中中量元素（钙、镁）含量测定

[任务描述]

植物中含量为 0.1% ~ 0.5%（质量分数）的元素被称为中量元素，如钙、镁、硫、硅四种元素。中量元素多数是植物体内促进光合作用、呼吸作用以及物质转化作用等的“酶”或“辅酶”的组成部分，在植物体内非常活跃。作物缺少任何一种中量元素时，都会出现“缺乏病状”，生长发育受到抑制，使作物产量减少、品质下降，严重时甚至颗粒无收。在此情况下，施用中量元素肥料，往往会达到极为明显的增收效果。因此，可测定土壤中中量元素含量，指导施肥。

本任务为用 1.0mol/L 中性乙酸铵溶液交换（2 ~ 3 次），采用原子吸收法测定土壤中的交换性钙、镁含量。

[知识准备]

1 土壤中的钙营养

1.1 土壤钙含量

土壤中钙的含量主要受到成土母质、风化条件、淋溶强度和耕作利用方式等的影响，因此土壤中全钙含量变化很大。例如，由石灰岩发育的土壤，一般因母质中含有大量的 $CaCO_3$ 而使土壤含钙丰富；而在温湿条件下，高度风化和淋溶的土壤含钙量通常很低。

1.2 土壤中钙的形态

根据土壤中钙的化学形态和存在状态，钙可分为矿物态钙、交换态钙和水溶态钙三种形态。矿物态钙主要存在于土壤矿物晶格中，如斜长石和方解石等，占全钙量的 40% ~ 90%，不溶于水，也不易被其他阳离子代换。交换态钙主要是指吸附于土壤胶体表面的钙离子，是土壤中主要的代换性盐基离子之一，可被植物直接吸收。水溶态钙是指存在于土壤溶液中的钙离子，能被植物直接吸收。其中，水溶态钙和交换态钙被称为有效态钙。

1.3 土壤中钙的转化

土壤中含钙硅酸盐矿物较易风化，风化后以钙离子的形式进入溶液。其中一部分钙离子被胶体吸附成为交换态钙。含钙碳酸盐矿物如方解石、白云石、石膏等溶解性较大。含钙矿物风化以后，进入溶液中的钙离子可能随排水而损失，或为生物吸收，或吸附在土壤固相周围，或再沉淀为次生钙化合物。华北及西北地区土壤中含钙的碳酸盐和硫酸盐向土壤溶液提供的钙离子浓度已足够植物生长需要；而华南的酸性土壤则既不含碳酸钙，又不含硫酸钙，含钙硅酸盐矿物通过风化溶解出来的少量钙离子又被强烈淋溶，造成土壤缺钙。交换态钙与水溶态钙处于平衡之中。土壤中交换态钙的绝对数量并不十分重要，而交换态钙对土壤阳离子交换量的比例却很重要，因为该比例对溶液中钙浓度有直接的控制及缓冲作用。水溶态钙还与土壤固相钙（尤其是 $CaCO_3$ 和 $CaSO_4$ 等）形成平衡。

2 土壤中镁营养

2.1 土壤中的镁含量

土壤中的镁含量受成土母质及风化条件等影响，水成土因水的灌、排及溶漏的影响而导致镁损失，以及强烈的还原条件使矿物表面的氧化铁胶膜减少，促进了镁的释放和淋洗，而使其全镁含量明显降低。较细的土粒中，黏粒和粉砂所含的镁占全镁含量的 95% 以上，砂质土全镁含量一般很低。

2.2 土壤中镁的形态

土壤中的镁形态包括矿物态、非交换态、交换态和水溶态。矿物态镁主要指存在于原生矿物和次生黏土矿物中的镁，是土壤中镁的主要来源，占全镁含量的 70% ~ 90%。非交换态镁是指能被 0.05mol/L、0.1mol/L HCl 或 1mol/L HNO_3 等浸提的部分矿物态镁，又称为酸溶态镁和缓效态镁。土壤交换态镁是指被土壤胶体吸附，并能为一般交换剂所交换下来的镁，含量与土壤阳离子交换量、盐基饱和度以及矿物性质等有关，是表征土壤供镁状况的主要指标。水溶态镁是指存在于土壤溶液中的镁离子，是土壤溶液中含量仅次于钙的一种元素。其中，水溶态镁与交换态镁之和称为有效性镁。

2.3 土壤中镁的转化

矿物态镁在化学风化、物理风化和生物风化作用下破碎分解，参与土壤中各种形态镁之间的转化与平衡。交换态和非交换态之间存在着平衡关系，非交换态镁可以释放为交换态镁，反之也可以固定。水溶态镁与交换态镁之间也可发生吸附与解吸的平衡过程，且速度较快。

3 土壤交换性钙和镁的测定方法原理

以乙酸铵为土壤交换剂，浸出液中的交换性钙和镁，可直接用原子吸收法测定溶液中交换性钙和镁的含量。此外，土壤浸出液中，还要加入释放剂锶（Sr），以消除铝、磷和硅对钙测定的干扰。

[任务实施]

1 任务实施准备

1.1 明确任务

采用 1.0mol/L 中性乙酸铵溶液交换（2 ~ 3 次），原子吸收法测定土壤中交换性钙、镁的含量，并评价土壤中钙、镁的供应状况。

1.2 准备所需仪器用具和试剂

[仪器]

10mL、25mL 比色管，原子吸收分光光度计，往返式振荡机，离心管，橡皮头玻璃棒等。

[试剂]

① 1.0mol/L，pH7.0 乙酸铵浸提剂：称取 77.09g 乙酸铵溶于 950mL 蒸馏水中，用（1+1）氨水溶液和稀乙酸调节至 pH7.0，加入蒸馏水定容至 1L，摇匀。

②（1+1）HCl 溶液

③（1+1）氨水溶液

④ 30g/L 氯化锶（$SrCl_2$）溶液：称取 30g 氯化锶（$SrCl_2 \cdot 6H_2O$）溶于水，用蒸馏水定容至 1L，摇匀。

⑤ 1g/L 钙标准储备溶液：称取 2.4972g 经 110℃烘 4h 的碳酸钙（$CaCO_3$ 基准试剂）于 250mL 高型烧杯中，加少许水，盖上表面皿，小心从杯嘴处加入 100mL（1+1）HCl 溶液溶解，待反应完全后，用水洗净表面皿，小心

煮沸赶去 CO_2，无损将溶液移入 1L 容量瓶中，用水稀释至刻度，遥匀。

⑥ 100mg/L 钙标准溶液：吸取 10.00mL1g/L 钙标准储备溶液于 100mL 容量瓶中，用水稀释至刻度，遥匀。

⑦ 0.5g/L 镁标准储备液：称取 0.5000g 金属镁（光谱纯）于 250mL 高型烧杯中，盖上表面皿，小心从杯嘴处加入 100mL（1+1）HCl 溶液溶解，待反应完全后，用水洗净表面皿，小心煮沸赶去 CO_2，无损将溶液移入 1L 容量瓶中，用水稀释至刻度，遥匀。

⑧ 50mg/L 镁标准溶液：吸取 10.00mL 0.5g/L 镁标准储备溶液于 100mL 容量瓶中，用水稀释至刻度，遥匀。

⑨ K–B 指示剂：称取 0.500g 酸性铬蓝 K 和 1.000g 萘酚绿 B（$C_{30}H_{15}FeN_3Na_3O_{15}S_3$）与 100g 经过 105℃烘干的氯化钠一同研细磨匀，存于棕色瓶中。

2 测定步骤

（1）试液制备

称取 2.000g 通过 2mm 孔径筛的风干土样于 100mL 离心管中，沿着离心管壁少量加入乙酸铵溶液，用橡皮头玻璃棒搅拌土壤，使之成为均匀的泥浆状。再加入乙酸铵溶液至总体积 60mL，并充分搅拌均匀，同时，用乙酸铵溶液洗净橡皮头玻璃棒，冲洗液收入离心管中。放入离心机中离心 3min ~ 5min，清液收集在 250mL 容量瓶中，此方法重复 2 ~ 3 次，直至浸提液中无钙离子反应为止，最后用乙酸铵溶液定容。检查钙离子方法：取 5mL 浸提液于试管中，加入 1mL pH10 缓冲溶液，再加入少许 K–B 指示剂，如呈现蓝色，表示无钙离子，如呈现紫红色，表示有钙离子。

（2）测定

吸取 20.00mL 试液于 50mL 容量瓶中，加入 5.0mL 氯化锶溶液，用乙酸铵溶液稀释至刻度，摇匀。直接在原子吸收分光光度计上按钙、镁的测定要求调节仪器进行测定。同时做空白试验。

（3）绘制标准曲线

分别吸取 0.00、2.00、4.00、6.00、8.00、10.00mL 含钙（Ca）100mg/L 的标准溶液于6个100mL容量瓶中，另分别吸取0.00、1.00、2.00、4.00、6.00、8.00mL 含镁（Mg）50mg/L 的标准溶液于上述相应容量瓶中，各加入 10mL 氯化锶溶液，用乙酸铵溶液稀释至刻度，摇匀，即含钙（Ca）0.00、2.00、4.00、6.00、8.00、10.00mg/L 和含镁（Mg）0.00、0.50、1.00、2.00、3.00、4.00mg/L 的钙、镁混合标准系列溶液。在原子吸收分光光度计上，与试样同条件测定。

（4）结果计算

$$交换性钙\ [\frac{1}{2}Ca^{2+}],\ cmol/kg=\frac{p\times V\times D\times 100}{m\times 20.04\times 1000}$$

$$交换性镁\ [\frac{1}{2}Mg^{2+}],\ cmol/kg=\frac{p\times V\times D\times 100}{m\times 12.15\times 1000}$$

式中，p 为从标准曲线上查得测读液的钙（或镁）浓度（mg/L）；V 为测定液体积（mL）；D 为分取倍数：20.04 为钙（1/2 Ca^{2+}）离子的摩尔质量（g/mol）；12.15 为镁（1/2 Mg^{2+}）离子的摩尔质量（g/mol）；m 为风干土样质量（g）；1000 为将 mL 换算成 L 的系数。

重复测定结果以算术平均值表示，结果保留两位小数。

3 完成报告

根据测定结果，对土壤中交换性钙和镁进行分级和评价。

[复习思考]

1. 土壤中钙和镁元素有哪些形态？这些形态之间如何转化？

2. 土壤中交换性钙和镁的测定方法和原理是什么？

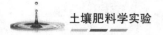

任务九 土壤微量元素含量测定

[任务描述]

微量元素是植物必需的营养元素，在土壤中含量较少，植物对其需求也较低。但是，微量元素与大量元素一样，也直接参与植物体内的代谢过程。同时，作物对微量元素的反应也因大量元素的供应水平不同而异。通常随着大量元素肥料施用量的增加，作物对微量元素的吸收数量也会相应增多，若此时施用微量元素肥料则可以促进作物对大量元素的吸收利用，充分地发挥其增产作用；如果没有补充微量元素肥料，就可能会影响作物对大量元素肥料的吸收利用。此外，大量元素肥料施用不合理也会诱发微量元素的缺乏，如过量施用磷肥会诱发作物缺锌，这需要通过施用相应的微肥去解决。因此，在农业生产中必须协调好微量元素肥料与大量元素肥料之间的关系，只有将两者合理配合施用才能更好地发挥它们的增产效益。

本任务采用0.005mol/L DTPA–0.01mol/L $CaCl_2$–0.01mol/L TEA溶液（pH7.3）浸提（液土比5 ∶ 1），原子吸收法测定土壤中有效铜、锌、锰、铁；用沸水浸提（液土比2 ∶ 1），甲亚胺比色法测定土壤中有效硼；用Tamm液（pH3.3）浸提（液土比10 ∶ 1），示波极谱法测定有效钼。

[知识准备]

1 土壤中的微量元素

1.1 土壤中微量元素的含量与形态

（1）土壤中微量元素的含量

土壤中的微量元素含量主要受成土母质与成土过程的影响，其次受土壤质地和有机质含量的影响。成土母质种类决定了最初的微量元素含量水平，而成土过程则促使最初含量发生变化，并影响着微量元素在土壤剖面中的分布。因此，不仅在不同土类中，微量元素的含量存在差异，而且在同一土类中，因成土母质不同，微量元素的含量也往往有较大差异。土壤质地越粗，微量元素的含量越低。有机质含量高时，微量元素的含量相应较多，当土壤有机质含量为 5% ~ 15% 时，微量元素的含量将达到最高值；有机质含量继续增加，微量元素的含量反而减少。

土壤微量元素的总体含量只能被视为潜在供给能力和储备水平的指标。其可溶部分，植物能直接利用的属于有效部分，对于供给能力的评价有更重要的意义，土壤微量元素的可溶部分含量很低。实际上因土壤类型和所用的提取剂的不同，这些指标有很大差异。我国土壤中微量元素的可溶部分的含量详见表 3–19。

表 3–19　土壤中微量元素全量与可溶部分的比例

元素	全量 /（mg/kg）	可溶部分 /%
硼	64	约 10 或 < 10
锰	710	1 ~ 10
铜	22	约 1
锌	100	约 0.1
钼	1.7	约 1

（2）土壤中微量元素的形态与转化

①土壤中微量元素的形态。土壤中各种微量元素的存在形态可分为：水溶态、交换态、氧化物结合态（包含氧化锰、无定型氧化铁和晶型氧化铁结合态）、有机结合态（包含松结合有机态与紧结合有机态）和矿物态（包含原生与次生矿物结合态）等，在石灰性土壤中还可分出碳酸盐结合态。在上述各形态中，水溶态和交换态的活性最强，占其总含量比例的 5% ~ 10%。不同的元素种类、不同的土壤类型与土壤环境条件都会影响微量元素在各形态中的分配比例。可见，有机质对铜的结合力远大于锌，而锌则主要存在于矿物结合态中。提高土壤 pH 对降低交换态锌的作用明显高于铜。

②土壤中微量元素的形态转化：上述各种结合态的微量元素，在土壤中保持动态平衡。当植物由土壤溶液中吸收某一微量元素时，土壤溶液中这一元素存在于交换性复合体中，于是有部分离子释放出来，使土壤溶液中这一元素保持原有水平；同时也会有矿物和沉淀溶解，来补充土壤溶液和重新占有交换位置。微生物的代谢活动中从土壤溶液吸收微量元素，而当有机物分解时，又会释放出微量元素到土壤溶液中。在上述的平衡体系中，有许多化学反应同时进行着，而土壤溶液则是所有的重要土壤化学反应过程的中心，同时又是植物吸收养分的介质。

（3）影响土壤微量元素有效性的因素

①土壤 pH：土壤微量元素的有效性与土壤中 pH 的关系因元素种类而异。以阳离子形态存在的元素如硼等元素的有效性随着土壤 pH 的降低而加大，而以阴离子存在的微量元素如钼等则随着土壤 pH 的提高，其有效性增大。土壤 pH 增加，植物吸收的硼、锰、锌、铁、铜呈现减少趋势。因此，在我国北方的石灰性土壤上，农作物、果树易发生缺锌、缺铁症状。

②土壤氧化还原电位（Eh）：Eh 对一些变价微量元素的有效性有明显的影响，尤其是在水稻土中更为突出。如在还原条件下，土壤中锰被还原成为 Mn^{2+}，在酸性反应下被交换性复合体吸附，而在中性条件下 Mn^{2+} 开始沉淀成氢氧化物、氧化物或形成碳酸盐。pH 与电位间常有交互作用，如在碱性条件下，氧化过程进行迅速。土壤中的 Mn^{2+} 受 pH 和电位的双重控制；在 pH5 以下的通气良好的土壤中，pH 可单独控制它的溶解度。

③土壤水分状况：土壤含水量高或出现渍水时，由于氧化还原电位降低，对微量元素的有效性有较大的影响，尤其是在水稻土上。当渍水后，一方面氧化还原电位降低，pH 上升，CO_2 分压升高，会导致铁锰氧化物还原而溶解，同时释放出所吸附的微量元素；另一方面，在还原条件下，锌、铜、铁等会形成难溶的硫化物；此外，渍水后土壤有机质因分解缓慢而积累，一些微量元素如铜，被有机质紧密吸附而固定，使其有效性下降。

④土壤有机质：有机质具有离子交换和配合能力，可与某些微量元素如铜、锌、铁、锰、铅等形成稳定的可溶或难溶性的络合物。有时可作为

微量元素的可溶络合剂的来源。另一方面，在富含有机质的土壤中，一些微量元素如铜常被固定而导致农作物缺铜，进入此类土壤的有害重金属污染元素，则因钝化而变得难以被植物吸收，使其毒害减轻。

⑤土壤质地：质地对微量元素有效性的影响是多方面的。考虑成土母质的种类和成土过程，质地粗的土壤微量元素含量往往很低，同时由于通透性良好，使某些微量元素，如锰以高价形态存在，有效性降低；而质地黏重的土壤有较大的表面积和离子交换量，对微量金属离子有较大的吸持力和保肥力，有效性亦较高；该类土壤对于有害的重金属元素同样也有较大的容许含量。当阳离子交换量分别为＜5cmol（+）/kg，5～15cmol（+）/kg，＞15cmol（+）/kg时，对镉、铜、锌、镍、铅的容许含量约可提高一倍而不至于对植物有害。

⑥吸附作用：与常量元素一样，在黏粒矿物、二三氧化物和有机质表面上都存在着微量元素的吸附现象，对控制微量元素的有效性有重要意义。阳离子态微量元素如锌、钼、锰等在负电荷的表面上发生阳离子交换反应；硼、钼等含氧阴离子也会被交换物质吸附。这种由于静电引力而发生的吸附反应称为交换性吸附，是一个可逆的和按当量进行交换的过程。此外，强选择性吸附即专性吸附，属于化学吸附，被吸附离子为非交换性的，不能以常用的交换剂来提取，需要使用亲和力更强的吸附剂进行提取。专性吸附的微量元素不易为植物吸收。黏粒矿物在吸附反应中起着重要作用。微量阳离子被交换的难易顺序为：Cu＞Ni＞Co＞Zn。

上述顺序因交换活性物质和溶液的浓度和酸度不同而常改变。微量阴离子的吸附有类似的情况，钼酸根（MoO_4^{2-}）在阴离子交换物质中，比磷酸根和硫酸根弱，比硼酸根和卤素强，一般是与OH之间的交换。其难易程度可排成下面的顺序：P＞S＞Mo＞Cl。

土壤中的铁、锰氧化物吸附着许多微量元素。氧化锰具有很大的吸附容量，富集了许多微量元素，尤其是钼、锌。这些元素在氧化锰中的含量有时会占其总含量的20%，远高于同层次土壤中的含量。

有机质对微量元素的吸附固定比较突出，尤其在有机土壤中。在未垦的有机质较多的土壤中，可观察到表层有铜、钼等的富集现象（按矿物部分为基础计算）。在一定条件下，有机质对微量元素的固定较无机固定显著。

⑦土壤微生物：微生物活动对土壤中微量元素有效性的影响主要表现在以下几个方面：微生物活动对其他微量元素有效性的重要影响是促进有机质分解，使有机结合态的微量元素被分解和释放出来；同化吸收微量元素到微生物体内，因暂时固定而不能为高等植物利用；在嫌气条件下使微量元素还原成易溶的低价态；在好气条件下氧化微量元素使之成为高价状态；在改变 pH 和氧化还原电位过程中起间接作用。

铁和锰的微生物氧化还原作用最为突出。土壤中的一些微生物可使铁和锰氧化成高价状态，有效性降低。当土壤不发生化学氧化时仍然有生物氧化进行着。在中性到碱性土壤中有机物分解得缓慢，而生物氧化铁、锰进行得比较迅速；在酸性土壤中，有机物分解迅速，生物氧化铁、锰进行得很缓慢。

1.2 土壤微量元素的评价方法与指标

（1）热水溶性硼用沸水浸提。

（2）有效态锌、铜石灰性土壤用 pH7.3 的 DTPA-$CaCl_2$-TEA 溶液提取；酸性土壤用 0.1mol/L 的 HCl 溶液提取。

（3）有效态铁常用 pH7.3 的 DTPA-$CaCl_2$-TEA 溶液提取。

（4）交换态锰用 pH7.0 的 1mol/L HOAc ＋ NH_4OAc 溶液提取，易还原态锰用 pH7.0 的 1mol/L HOAc+NH_4OAc+2g/L $C_6H_4(OH)_2$ 溶液提取。

（5）有效态钼用草酸＋草酸铵（pH3.3）提取。

据上述测定方法，可将土壤有效态微量元素的分级和评价指标列于表 3–20 中。

表 3-20　土壤有效态微量元素的分级和评价指标

元素	很低	低	中等	高	很高	临界值
水溶态硼 /（mg/kg）	＜ 0.25	0.25 ～ 0.50	0.51 ～ 1.00	1.01 ～ 2.00	＞ 2.00	0.50
有效态钼 /（mg/kg）	＜ 0.10	0.10 ～ 0.15	0.16 ～ 0.20	0.21 ～ 0.30	＞ 0.30	0.15
交换态锰 /（mg/kg）	＜ 1.0	1.0 ～ 2.0	2.1 ～ 3.0	3.1 ～ 5.0	＞ 5.0	3.0
易还原态锰 /（mg/kg）	＜ 50	50 ～ 100	101 ～ 200	201 ～ 300	＞ 300	100
有效态锌 **/（mg/kg）	＜ 1.0	1.0 ～ 1.5	1.6 ～ 3.0	3.1 ～ 5.0	＞ 5.0	1.5
有效态锌 */（mg/kg）	＜ 0.5	0.5 ～ 1.0	1.1 ～ 2.0	2.1 ～ 5.0	＞ 5.0	0.5
有效态铜 **/（mg/kg）	＜ 1.0	1.0 ～ 2.0	2.1 ～ 4.0	4.1 ～ 6.0	＞ 6.0	2.0
有效态铜 */（mg/kg）	＜ 0.1	0.1 ～ 0.2	0.3 ～ 1.0	1.1 ～ 1.8	＞ 1.8	0.2

注：** 适用于石灰性土壤，* 适用于酸性土壤。

2 各种微量元素有效态测定原理

2.1 土壤有效态锌、猛、铁铜的测定原理（0.005mol/L DTPA-0.01mol/L $CaCl_2$-0.01mol/L TEA 溶液法）

用 pH7.3 的二乙烯三胺五乙酸 - 氯化钙 - 三乙醇胺（DTPA-$CaCl_2$-TEA）缓冲溶液作为浸提剂，螯合浸提出土壤中有效态锌、锰、铁、铜。其中 DTPA 为螯合剂；氯化钙能防止石灰性土壤中游离碳酸钙的溶解，避免因碳酸钙所包蔽的锌、铁等元素释放而产生的影响；三乙醇胺作为缓冲剂，能使溶液 pH 保持 7.3 左右，对碳酸钙溶解也有抑制作用。浸提液用火焰原子吸收光谱仪测定。

2.2 甲亚胺比色法测定土壤中有效硼的原理

土壤中的有效硼采用沸水提取，提取液用 EDTA 消除铁、铝离子的干扰，用高锰酸钾消退有机质的颜色后，在弱酸条件下，以甲亚胺比色法测定提取液中的硼含量。

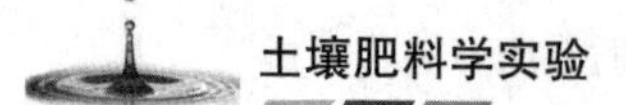

2.3 示波极谱法测定有效钼的原理

Tamm 溶液是 pH3.3 的草酸－草酸铵溶液，它具备了弱酸性、还原性、阴离子代换作用和配合作用，能浸提水溶性的、交换态的钼和溶解相当数量的铁、铝氧化物中的钼，用硝酸－高氯酸破坏草酸盐、消除铁的干扰，以示波极谱法测定。

[任务实施]

1 土壤中有效铜、锌、锰、铁测定

1.1 任务实施准备

1.1.1 明确任务

本任务采用 0.005mol/L DTPA–0.01mol/L $CaCl_2$–0.01mol/L TEA 溶液(pH7.3)浸提（液土比 5 ： 1），原子吸收法测定土壤中有效铜、锌、锰、铁。

1.1.2 准备所需仪器和试剂

[仪器]

① 往返式振荡机；

② 180mL 具塞塑料振荡瓶；

③ 25mL 比色管；

④ 原子吸收分光光度计。

[试剂]

① DTPA 浸 提 剂（0.005mol/L DTPA–0.01mol/L $CaCl_2$–0.1mol/L TEA，pH7.3）：称取 1.967gDTPA（二乙烯三胺五乙酸，AR）溶于 14.92g（13.3mL）TEA（三乙醇胺，AR）和少量水中，再将 1.47g 结晶氯化钙（$CaCl_2 \cdot 2H_2O$，AR）溶于水中，一并转至 1L 的容量瓶中，加水至约 950mL，摇匀，将溶液于 pH 计上用（1+1）HCl 或（1+1）氨水调节溶液的 pH 为 7.3，加水定容至刻度，充分摇匀后备用。该溶液几个月内不会变质，但用前应检查并

校准 pH。

② 1g/L 锌标准储备溶液：准确称取光谱纯金属锌 1.0000g 于烧杯中，用 30mL（1+1）HCl 溶液加热溶解，冷却后，转移至 1L 容量瓶中，稀释至刻度，摇匀，储存于塑料瓶中，放入冰箱中保存。

③ 1g/L 锰标准储备溶液：准确称取光谱纯金属锰 1.000g 于烧杯中，用 20mL（1+1）硝酸溶液加热溶解，冷却后，转移至 1L 容量瓶中，稀释至刻度，摇匀，储存于塑料瓶中，放入冰箱中保存。

④ 1g/L 铁标准储备溶液：准确称取光谱纯金属铁 1.0000g 于烧杯中，用 30mL（1+1）HCl 溶液加热溶解，冷却后，转移至 1L 容量瓶中，稀释至刻度，摇匀，储存于塑料瓶中，放入冰箱中保存。

⑤ 1g/L 铜标准储备溶液：准确称取光谱纯金属铜 1.0000g 于烧杯中，用 20mL（1+1）硝酸溶液加热溶解，冷却后，转移至 1L 容量瓶中，稀释至刻度，摇匀，储存于塑料瓶中，放入冰箱中保存。

1.2 测定步骤

（1）待测液制备

准确称取过 2mm 孔径塑料筛的风干土样 5.00g 于 180mL 的具塞塑料振荡瓶中，加入 25.0mL DTPA 浸提剂，盖紧盖子，于往返式振荡机上振荡 1h(振荡频率为 180r/min)，取出立即过滤于 25mL 的比色管中，滤液即为待测液。同时做空白试验。

（2）测定

Zn、Mn、Fe、Cu 标准系列的配置

50mg/L Zn、Cu 混合液的配置：分别吸取浓度为 1000mg/L 的 Cu、Zn 标准液各 5.0mL 于 100mL 容量瓶中，用水定容至刻度，充分摇匀待用。

100mg/L Mn、Fe 混合液的配置：分别吸取浓度为 1000mg/L 的 Mn、Fe 标准液各 10.0mL 于 100mL 容量瓶中，用去离子水定容至刻度，充分摇匀待用。

Zn、Mn、Fe、Cu 混合标准系列的配置：准确吸取浓度为 50mg/L 的

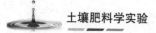

Cu、Zn 混合液 0.2、1.0、2.0、3.0、4.0mL 于 100mL 容量瓶中，再准确吸取浓度为 100mg/L Mn、Fe 的混合液 1.0、2.0、3.0、4.0、5.0mL 于上述 100mL 容量瓶中，用 DTPA 浸提剂定容至刻度，摇匀，即得铜、锌、锰、铁混合标准系列。其各元素系列浓度为：

Cu（mg/L）：0.1、0.5、1.0、1.5、2.0

Zn（mg/L）：0.1、0.5、1.0、1.5、2.0

Mn（mg/L）：1.0、2.0、3.0、4.0、5.0

Fe（mg/L）：1.0、2.0、3.0、4.0、5.0

（3）标准曲线的测定

开启仪器主机——空压机，调试原子吸收仪至最佳状态，开启乙炔瓶并调节好乙炔流量，检查乙炔是否泄漏，在无泄漏的情况，按点火开关至仪器点火，喷吸去离子水 10min，调零，由低浓度至高浓度依次测试标准系列，绘制标准曲线（$r = 0.999$ 以上）。

（4）待测液测定

在测试完标准系列后，在不改变仪器条件的情况下，首先测试国家标准液，国家标准液的实测值在允许误差范围后，进行待测液的测定，若待测液的浓度超过标准系列最高点时，必须将待测液稀释后再测定。

（5）结果计算

$$\text{Cu、Zn、Mn、Fe（mg/kg）} = \frac{(C-C_0) \times V \times ts}{m}$$

式中，C 为待测液测定值，mg/L；C_0 为空白液测定值，mg/L；m 为样品称取质量，g；ts 为试样溶液的稀释倍数。

2 土壤中有效钼的测定

2.1 任务实施准备

2.1.1 明确任务

本任务采用 Tamm 液（pH3.3）浸提（液土比 10 ∶ 1），示波极谱法测定土壤中有效钼含量。

2.1.2 准备所需仪器用具和试剂

[仪器]

示波极谱仪；往返式振荡机；180mL 塑料瓶；10mL 玻璃烧杯；25mL 比色管。

[试剂]

① 草酸－草酸铵浸提剂：称取 24.9g 草酸铵［$(NH_4)_2C_2O_4 \cdot H_2O$］和 12.6g 草酸（$H_2C_2O_4 \cdot 2H_2O$）溶于水，定容至 1L。酸度为 pH3.3，必要时定容前用 pH 计校准。

② 浓硝酸（HNO_3，ρ =1.40g/cm^3）

③ 浓高氯酸（$HClO_4$）

④ 浓硫酸（H_2SO_4）

⑤ 苯羟乙酸（苦杏仁酸）溶液 [$C_6H_5CH(OH)COOH$=0.5mol/L]（现用现配）：称取 7.607g 苯羟乙酸溶于水中，加热溶解后，定容至 100mL。

⑥ 2.5mol/L H_2SO_4 溶液：量取 138.89mL 浓硫酸在不断搅拌下慢慢倒入适量水中，冷却，用水稀释至 1L，摇匀。

⑦ 饱和氯酸钾溶液（$KClO_3$）：取适量氯酸钾溶于水中，加热溶解，冷却，过量的氯酸钾结晶后，取溶液存放于试剂瓶中备用。

⑧ 钼标准储备液：称取 0.2522g 钼酸钠（$Na_2MoO_4 \cdot H_2O$，GR）溶于水，加入 1.0mL 浓 HCl，移入 1L 容量瓶中，用水稀释至刻度，即含钼（Mo）100mg/L 的钼标准溶液。

⑨ 钼标准系列溶液配制：吸取此标准储备液 5.00mL 于 500mL 容量瓶中，用水定容，即含钼（Mo）1.0mg/L 的标准储备液。分别吸取含钼（Mo）1mg/L 的标准溶液 0.00、2.00、4.00、6.00、8.00、10.00mL 于 100mL 容量瓶中，用水定容，即含钼 0.00、0.02、0.04、0.06、0.08、0.10mg/L 的标准系列溶液，备用。

2.2 测定步骤

（1）试液制备

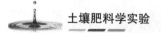

称取通过 2mm 孔径筛的风干试样 2.00g 于 180mL 塑料瓶中，加 20mL 草酸－草酸铵浸提剂，盖紧瓶塞，振荡 1h，放置过夜后再振荡几分钟，过滤。同时做空白试验。

（2）测定

吸取 1.00mL 滤液于 10mL 烧杯中，在通风橱中于电热板上低温蒸发至干。取下烧杯，向蒸干的残渣中加入 2mL 浓硝酸、4 滴高氯酸、2 滴浓硫酸，再将烧杯放于电热板上蒸干并使烟冒尽，取下冷却后，依次加入 1mL 2.5mol/L 硫酸溶液、1mL 0.5mol/L 苯羟乙酸溶液。

（3）绘制校准曲线

分别吸取 1.00mL 含钼（Mo）0.00、0.02、0.04、0.06、0.08、0.10mg/L 的标准系列溶液于 6 个预先盛有 1.00mL 空白溶液的 10mL 烧杯中，于电热板上低温蒸发至干，以下步骤同样品操作。记录电流倍率和峰值电流，绘制校准曲线或求出一元直线回归方程。

（4）结果计算

$$\omega\ (\mathrm{Mo})\ (\mathrm{mg/kg}) = (m_1 \times D)\ /m$$

式中，m_1 为从校准曲线上查得试液的含钼量，单位为微克（ug）；m 为试样风干质量，单位为克（g）；D 为分取倍数。

3 土壤有效硼的测定

3.1 任务实施准备

3.1.1 明确任务

本任务采用沸水浸提（液土比 2 ： 1），甲亚胺比色法测定土壤中有效硼含量。

3.1.2 准备所需仪器用具和试剂

[仪器]

紫外分光光度计，带 2cm 石英吸收池；150mL 石英锥形三角瓶，带回流冷凝装置。

[试剂]

① 1g/L 硫酸镁溶液；称取 1.0g 硫酸镁（$MgSO_4 \cdot 7H_2O$）溶于水中，稀释至 1L。

② 3.0mol/L H_2SO_4 溶液：量取 16.67mL 浓硫酸在不断搅拌下慢慢倒入适量水中，冷却后用水稀释至 100mL，摇匀。

③ 0.2mol/L $KMnO_4$ 溶液：称取高锰酸钾 6.32g 溶于水中，溶解后用水定容至 100mL。

④ 酸性锰酸钾溶液：0.2mol/L 的高锰酸钾溶液与 3.0mol/L 的硫酸溶液等体积混合，现用现配。

⑤ 10g/L 抗坏血酸溶液：称取 0.5g 抗坏血酸溶于 50mL 水中，现用现配。

⑥ 9g/L 甲亚胺溶液：称取 0.9g 甲亚胺和 2.0g 抗坏血酸溶解于微热的 60mL 水中，冷却后稀释到 100mL，现用现配。

⑦ pH5.6 ~ 5.8 缓冲溶液：称取 250g 乙酸胺（CH_3COONH_4）和 10.0gEDTA 二钠盐微热溶于 250 水中，冷却后，用水稀释到 500mL，再加入 90mL 左右硫酸溶液（1 + 4），摇匀（用酸度计测 pH）。

⑧ 混合显色剂：量取 3 体积甲亚胺溶液和 2 体积缓冲溶液混合。

⑨ 甲亚胺的制备：将 H 酸 18g 溶于 1000mL 水中，稍加热使溶解完全，必要时过滤。用 100g/L 氢氧化钾溶液中和至 pH = 7，加水杨醛 20mL，然后滴加浓 HCl，同时加以搅拌使溶液 pH 值为 1.5（试纸试之），直至黄色沉淀产生，微加热 1h，并不断加以搅拌，24 小时后，抽气过滤，用无水乙醇洗涤沉淀 5 ~ 6 次，把黑色沉淀洗涤出来，收集合成的甲亚胺在 30℃干燥数小时，直至完全干燥为止，冷却后，在玛瑙研钵中磨细，储于塑料瓶中备用。产品为橘黄色。

⑩ 100mg/L 硼标准溶液：称取 0.5719g 干燥的硼酸（H_3BO_3，GR）溶于水中，移入 1L 容量瓶中，加水定容，摇匀后存放于塑料瓶中。

⑪ 硼标准系列溶液：将浓度为 100mg/L 的硼标准溶液稀释至 10mg/L。分别吸取 10mg/L 硼标准溶液 0.00、1.00、2.00、3.00、4.00、5.00mL 于 6 个 100mL 容量瓶中，用蒸馏水定容至刻度，即 0.00、0.10、0.20、0.30、0.40、0.50mg/L 硼标准系列溶液，储于塑料瓶中。

3.2 测定步骤

（1）试液制备

称取 10.00g 通过 2.0mm 孔筛的风干试样于 150mL 石英三角瓶中，加 20.00mL1g/L 硫酸镁溶液，装好回流冷凝管，在电炉上文火煮沸 5min（从沸腾时准确计时）。取下三角瓶，稍冷，一次倒入滤纸上过滤，滤液承接于塑料烧杯中。同时做空白试验。

（2）显色和测定

吸取滤液 4.00mL 于 25mL 比色管中，加入 0.5mL 酸性高锰酸钾溶液，摇匀，放置 2 ~ 3min，加入 0.5mL10g/L 抗坏血酸溶液，摇匀，待紫红色消退后，加入 5mL 混合显色剂，摇匀，在避光处放置 1h 后于波长 415nm 处，用 2cm 光径比色皿，以标准曲线的零浓度调节仪器零点后，进行测定。

（3）绘制校准曲线

分别准确吸取含硼（B）0.00、0.10、0.20、0.30、0.40、0.50mg/L 的硼标准系列溶液 4.00mL 于 6 个 25mL 比色管中，与试样同条件显色、比色和测定。

（4）结果计算

$$土壤中有效硼含量（B，mg/kg）=（p-p_0）\times V/m$$

式中，p 为测定液中硼的质量浓度（mg/L）；p_0 为空白试液中的质量浓度（mg/L）；V 为浸提液的体积（mL）；m 为风干土样质量（g）。

4 完成报告

根据测定结果，参考表 3–20 中的土壤有效态微量元素的分级和评价指标，对土壤中的有效态微量元素进行分级和评价。

[复习思考]

1. 土壤中微量元素有哪些形态？这形态在土壤中如何转化？
2. 测定微量元素时需要注意哪些方面的问题？

项目四　土壤改良

[项目提出]

农田土壤质量是土壤肥力质量和土壤健康质量的综合反映。土壤肥力质量是土壤固有特性满足植物生产要求的程度，是土壤物理、土壤化学和土壤生物学性质的综合反映。通常用可描述的定性或可检测的定量指标体系说明土壤能够提供植物生长所需的生活条件和生产生物物质的能力，即农田土壤肥力水平高低，或农田土壤肥力质量优劣。土壤健康质量是土壤容纳、净化污染物质，保障清洁生产和提供人畜健康所需养分的能力，可以根据土壤中污染物含量、对生物直接或潜在危害程度，以及相关土壤性质决定。联合国粮农组织将土壤健康定义为“土壤作为一个生命系统具有的维持其功能的能力。健康的土壤能维持多样化的土壤生物群落，这些生物群落有助于控制植物病害、害虫以及杂草虫害，有助于与植物的根形成有益的共生关系，促进循环基本植物养分，通过对土壤持水能力和养分承载容量产生的积极影响，从而改善土壤结构，并最终提高作物产量”。

土壤形成和更新速度非常缓慢，土壤已有的自然肥力会因长期耕种而发生变化，有效的培肥可以保持肥力平衡或提高，相反，土壤肥力质量也可能在不利的因素作用下受到破坏。联合国 2015 年发布的《世界土壤资源状况》指出，全世界土壤面临严重威胁，防治土壤退化的任务十分艰巨。例如，侵蚀每年导致（2.5 ~ 4.0）$\times 10^{10}$t 表土流失，导致作物产量、土壤的碳储存和碳循环能力下降，养分和水分明显减少，侵蚀造成谷物年产量损失约 7.6×10^{6}t，土壤中盐分的积累导致作物减产，人为因素引起的盐渍化影响了全球大约 7.6×10^{5}km^{2} 的土地。长期以来，发达的工业生产和高投入高产出的农业生产模式对土壤健康质量产生了深刻的影响，成为土壤污染防治的新课题。

任务　改良培肥土壤

[任务描述]

肥沃的土壤是实现作物优质高产的基础。据第二次全国土壤普查结果显示，我国耕地土壤整体的肥力水平普遍不高，现有的1.3亿hm^2左右的耕地中，高产田、中产田、低产田各占1/3左右。我国耕地土壤肥力状况如下：土壤无障碍因素的优质耕地仅占21%；土壤有机质小于6g/kg的耕地约占10%；缺磷耕地占59%，缺钾耕地占23%；水土流失的占34%；沙化占7%；低洼易涝占6%；含盐大于3g/kg占5%；潜育化水稻土占3%。近年来，由于过度用地和只种不养，一些高产稳产的土壤也出现了肥力衰退现象。因此，建设高标准肥沃农田和对中低产田的改良培肥是长期而艰巨的重要任务。土壤培肥是通过科学耕地、合理施肥及水利工程等一系列措施，使土壤中水、肥、气、热达到高产、稳产的水平。

本任务为认知高产田的土壤特征和中低产田的低产原因，明确肥沃高产田的土壤培育措施和中低产田的土壤改良途径和措施，并对特定耕地拟定土壤利用和改良培肥方案。

[知识准备]

1 优质农田土壤基本特征

优质农田土壤是农作物生产中达到持续高产稳产、优质高效的基础。优质农田土壤需具备以下特性。

1.1 地面平整，集中连片，田间设施完善，适用现代化农业生产

地面平整可有效防止水土流失和地表冲刷，有利于水分和养分的均匀分布，也适于大型机械作业；田间设施完善，可保障机动车的高效运作，是规范化和机械化现代农业生产模式的保障。

1.2 灌排设施完善

土壤水分充足，旱能灌，涝能排，是农作物优质高产的前提条件。因此，高产稳产、优质高效的农田土壤，应该是灌溉水源有保证，水质优良，污染物含量符合《农田灌溉水质标准》（GB 5084-2021），田间明渠、输配水工程、渠系建筑物配套完整，地面喷灌、滴灌等设备完善。

1.3 耕层深厚，土层结构良好，土温稳定，耕性良好，理化性质优良

高产肥沃的旱地土壤要求土层厚度在1m以上，且耕作层厚度在20 ~ 30cm，质地较轻，孔隙度在52% ~ 55%，通气孔隙约为10%，表现出疏松多孔的性质，土体构造表现出上虚下实的层次结构。肥沃的水田土壤，应具有松软、深厚、肥沃的爽水耕作层（厚度为18cm左右），犁底层稍紧实，有明显的托水、托肥性，具有一定的透水能力。心土层（渗育层或斑纹层）具有通气爽水，调节水气矛盾的能力。底土层质地较黏重，保水性好，且具有一定的透水性，保持适当的渗漏量。肥沃土壤土温稳定，表现出上下土层和昼夜温差变幅小，稳温性好，冬不冷浆，夏不燥热。理化性质优良表现为pH值6 ~ 7.5，Eh值200 ~ 400mV，CEC 20cmol(+)/kg以上，盐基饱和度60% ~ 80%，有较好的水稳性和临时性的团聚体，土壤密度在1.0 ~ 1.25g/cm^3。宜耕期长。

1.4 有机质和养分丰富，环境质量安全

有机质和养分含量的高低是土壤肥力水平和熟化程度的重要指标之一。北方肥沃旱地土壤有机质在20g/kg以上，全氮（N）含量在1 ~ 1.5g/kg，水解氮在90 ~ 120mg/kg，有效磷（P_2O_5）含量在20mg/kg以上，速效钾（K_2O）

含量在150 ~ 200mg/kg。肥沃的水田土壤，有机质在20 ~ 40g/kg，全氮（N）、全磷（P_2O_5）和全钾（K_2O）含量分别在2.3g/kg、1.0g/kg和15.0g/kg以上。微量元素可以满足农作物生长的需要，或补施可满足生长的需要。同时，耕作层土壤重金属含量符合《土壤环境质量标准》（GB 15618–2018），无污染，土壤健康。

2 土壤培肥的基本措施

2.1 搞好农田基本建设，建设高标准农田

农田基本建设包括改造地表条件、平整土地、改良土壤、培肥地力等多个方面。高标准农田主要指土地平整，集中连片，耕作层深厚，土壤肥沃，田间灌溉设施完善，灌排保障高，路、林、电等配套设施齐全，能够满足农作物高产、稳产、节能节水、机械化等现代农业生产的要求。主要包括农田基础设施、土壤肥力、优良品种、灌溉、施肥、植物保护和机械化等。

2.2 深耕改土

深耕主要目的是疏松土壤，破除紧实的犁底层，增加土壤孔隙度和通透性，改善土壤的物理性状，加速土壤熟化。深耕的主要耕作措施包括耕、耙、压等。同时，深耕结合施用有机肥，能使土肥混合，增加土壤团聚体结构，改善土壤通气、透水、保水等能力。深耕时间要根据当地气候条件和耕作制度确定，在北方旱地宜伏耕和秋耕；在南方水旱轮作区，多在秋种或冬种旱地时进行深耕；在两稻一肥地区，冬前要种绿肥，只能在春耕翻压时进行深耕，但不论何时深耕都应早耕。

2.3 科学合理施肥，有机无机结合

要实现肥沃农田的高产稳产目标，有机质是基础，同时施肥时注意，有机无机肥结合、多元素肥料配合，科学合理施肥，使土壤养分平衡供应。可参考测土配方施肥、水肥一体化和机械耕作等施肥技术。

2.4 合理轮作，用地养地结合

合理轮作主要是为了消除或减轻某些作物连作产生的连作障碍。根据作物对土壤养分的影响程度分为耗地（水稻、小麦、玉米）、养地（草木樨、紫云英）和自养（大豆、花生）三类作物。各地可根据自然条件、生产条件和用地经验等，因地制宜地安排养地增产的轮作方式，如水旱轮作、绿肥作物与大田作物轮作、豆科与粮棉作物轮作等。

2.5 合理灌排，防止土壤内涝

合理灌溉包括灌溉方式、灌水量、有灌有排三个方面。应大力推广使用喷灌、滴灌、渗灌、沟灌等节水灌溉方式。尽可能地防止破坏土壤结构、造成养分流失、抬高地下水位导致土壤次生盐渍化。以定额灌水，采用浅灌、勤灌的方法，有效控制土壤水分，调节土壤水、肥、气、热。平原区，建立灌溉区系统的同时，必须建立相应的排水系统，做到有灌有排，防止土壤内涝。

3 我国主要低产农田的改良利用

3.1 低产农田的低产原因

我国低产农田占总耕地面积的1/3以上，影响我国农业现代化的发展，需要进行改良和合理利用。由于各地农业条件不同，耕作制度不同，低产田产生的原因也不同。大致归纳为以下两个方面的原因。（1）自然环境因素：养分含量低、土体构型不良、坡地侵蚀、土层浅薄、质地过黏过砂、易涝易旱、过酸过碱、土壤盐渍化等。（2）人为因素：盲目开荒、滥砍滥伐，导致土壤侵蚀退化；只用不养，掠夺性经营，导致土壤肥力日益下降；水利设施不完善，灌溉方法落后；土壤污染等。

3.2 低产田分类

（1）红壤类低产的主要原因是：黏、浅、瘦、酸、旱、蚀。

（2）瘠薄型低产的主要原因是：旱、浅、瘦、砂。

（3）滞涝型低产的主要原因是：涝、冷、黏、瘦、毒。

（4）干旱缺水型低产的主要原因是：旱、砂、浅、瘦。

（5）盐碱型低产的主要原因是：瘦、死、板、冷、渍。

（6）风沙型低产的主要原因是：流、砂、瘦、浅、旱。

（7）坡地型低产的主要原因是：流、旱、粗、浅、瘦。

3.3 红壤类低产土壤的改良和利用

3.3.1 红壤类土壤低产的原因

低产的红壤类土壤多存在于各地的山丘坡地，遭到过不同程度的侵蚀和水土流失，耕层浅，一般不超过 10 ~ 15cm，质地黏重易板结，透气性差，耕性差，易耕期短，有机质含量低，氮、磷、钾、钙、镁等营养元素缺乏。土壤酸性强，pH 值 5.0 ~ 5.5，呈现强酸性反应。干旱缺水，水土流失严重。

3.3.2 红壤类低产土壤的改良利用

（1）全面规划综合治理：红壤地区多为山地、丘陵，地形复杂，水热条件差异大，侵蚀程度不一，所以土层厚薄差异大，肥沃性高低有别。因此，要因地制宜，全面规划农、林、牧各业用地，在治山的基础上，进行以改土治水为中心的综合治理，同时注意农林牧副业的综合发展，在发展林业、保持水土、保护农田的同时，大力发展畜牧业，增施有机肥料，培肥地力。低丘水土流失少、土层厚、肥力较高的缓坡（坡度小于 10°）和谷地，可种植农作物和经济作物。较陡的坡地，根据坡向和土层厚薄种植茶树、油茶、柑橘等，同时将水土保持与绿化结合起来。陡坡（坡度大于 20°）、荒山秃岭和土壤侵蚀区，则应营造生长迅速、覆盖度大、适应性强的胡枝子、荆条、马尾松等乔灌木多层林，以保持水土。

（2）平整土地，整修梯田，引水上山：平整土地，修建各式梯田是消除土壤侵蚀、保持水土、提高土壤肥力的根本措施。修筑梯田要因地制宜、合理规划，做到既便于运输与耕作，又便于排水灌溉。梯田的宽度应以地

形坡度和土层厚度而定。平整土地时，应使田面水平，对“生土”应修埂、填洼、垫路，对“熟土”则应使其留在土壤上层。同时要结合兴修水利，拦河筑坝，修筑山塘、水库，沿丘陵山脚挖掘环山沟，既可蓄水灌溉，又可防止山洪冲蚀农田。

（3）深耕改土：红壤类土壤具有耕层浅、养分含量低、速效养分少的特点，加深耕层，结合施用有机肥料，创造一个深厚、肥沃、疏松的耕作层，有利植物根系生长，提高产量。据湖南衡阳地区农业科学研究所调查，在瘠薄的红壤上，耕层浅，不能种棉花，将耕层加深至 15 ~ 20cm，并结合施用有机肥后，可使棉田亩产 75kg。在小面积棉田，深翻 33cm，施大量有机肥，可使棉田产量达 125kg/ 亩。

（4）施用石灰中和酸性：除茶树、橡胶树喜酸外，一般植物都不适合强酸性环境。施用石灰中和酸性，有利于植物的生长发育。同时，石灰是钙、镁等营养元素的来源，也是形成良好土壤结构的胶结剂。

（5）合理轮作、间套作，用养结合：不同种类的植物对土、肥、水的要求不同，采用合理轮作，有利于培肥土壤，提高地力。在轮作中加大绿肥和豆科植物的比例。在制定轮作方案时，既要考虑当季量，也要注意提高土壤肥力，用养结合。特别是一些新垦红壤旱地，在轮作安排上应以培肥改土为主，适当增加养地植物比例。可采用花生、油菜或肥田萝卜换茬。据调查，种花生比种红薯和油菜增产 40% ~ 60%，肥田萝卜增产 30% ~ 40%。对一些初度熟化的红壤，可适当增加地植物比例。在间作套种时，要注意使高矮秆植物间套，深浅根植物搭配，豆科与非豆科植物套作，这样可以充分利用光能，提高土壤水分和养分的利用率，调节土壤肥力，充分发挥红壤所处优越的生物气候条件，使土壤肥力和产量得到不断提高。

（6）增施有机肥料：红壤的黏性强，通透性、保水保肥力差，都与土壤缺乏有机胶体有关。因此，增施有机肥料，增加有机胶体含量是改变土壤不良性状、提高保水保肥能力和改良耕性的有效措施。大量资料证明，连续施用 1500 ~ 2500kg 绿肥后，低产红壤稻田有机质含量可由 15g/kg 提高到 20 ~ 25g/kg，红壤旱地有机质由 10g/kg 左右提高到 18g/kg 以上，胶体的盐基饱和度明显增加，土壤结构得到改善，容重减轻，蓄水保肥能力增强。

3.4 盐碱土的改良与利用

盐碱土是指含有过多的如氯化钠、氯化镁、氯化钙、碳酸钙、碳酸氢钙等可溶性盐碱，以至危害植物生长的低产土壤，但不同地区的盐碱土中盐分的种类和数量不同，盐碱土的类型不同。我国盐碱土主要分布在西北、华北、东北的干旱与半干旱地区，以及海滨地区。

3.4.1 盐碱土对植物的危害

（1）影响植物吸收水分和养分：当土壤中的可溶盐含量达到 1g/kg 以上时，便开始对植物产生毒害，而且随着浓度的增加，危害增大。如果土壤含盐过多，土壤溶液中盐的浓度增大，会导致根系吸水困难，严重时造成根内水分外渗，导致植物枯死。土壤溶液中的盐浓度过高会使植物不能正常吸收水分，从而无法正常吸收养分。

（2）对植物有毒害作用：盐碱土中的某些盐分对植物产生毒害作用。例如，Na^+ 吸收过多，可使蛋白质变性；Cl^- 吸收过多，可降低光合作用强度和影响淀粉的形成。各种盐类的危害程度依次为氯化镁＞碳酸钠＞碳酸氢钠＞氯化钠＞氯化钙＞硫酸镁＞硫酸钠。

（3）对植物有腐蚀作用：碱性过强的碳酸钠对植物的根茎组织具有腐蚀作用。此外，盐碱土含钠离子过多，会使土粒分散、结构破坏、通透性差、耕性不良。

3.4.2 盐碱土的改良和利用措施

盐碱土低产的主要原因是含有过多的盐碱，所以改良盐碱土的核心问题是脱盐，其次是培肥。土壤中盐分的运行和积累受多种因素的影响，治理盐碱土必须进行统一规划、全面安排、综合治理，既要排除盐碱，又要培肥土壤。我国在改良利用盐碱土方面积累了丰富的经验，主要的改良措施如下。

（1）排灌系统配套：进行旱、涝、盐、碱综合治理。“盐随水来，盐随水去。”根据这一道理，要治理盐碱地，治水是治本。降低地下水位，灌水洗盐，及时排走含盐水分，是改良盐碱土的关键。如灌排不配套，有灌无排，就会抬高地下水位，引起土壤返盐。因为，在灌水时表层盐分可随水下渗，保存在土体内，但停止灌水后，地表强烈蒸发，土体内的水分沿毛细管上升到地表，盐分也随水上升，水分蒸发，盐分便积累在地表。如能有排水系统，就可排走含盐水分，不致返回地表。因此，排灌系统配套，有灌有排，就能治理盐碱土。

（2）合理耕作，平整土地：农田表面不平是形成盐斑的重要原因。平整土地，使其受水均匀，蒸发平衡，就不会产生局部积盐。深翻可加厚松土层，加速土壤淋盐。

（3）增施有机肥料，种植绿肥：增施有机肥料和种植绿肥，可增加土壤有机质含量，改善土壤结构，减少土壤水分蒸发，促进淋盐，加速脱盐和培肥土壤。种绿肥还可以增加地面覆盖，抑制返盐。绿肥根系发达，通过蒸腾作用大量吸水，可降低地下水位。绿肥的耐盐性因品种不同而不同，在重盐碱地上可种田菁、紫穗槐；中、轻度盐碱地上种草木樨、紫苜蓿、苕子、黑麦等；盐碱威胁不大的，可以种豌豆、蚕豆、金花菜、紫云英等植物。

（4）躲盐巧种：包括开沟躲盐，营养钵沟种，迟播或早播躲盐等。开沟躲盐就是春季返盐盛季，土壤表层含盐量高，可开沟把表土分到两旁，再把种子播入含盐较少的土层内，有利于种子出苗和幼苗生长。

（5）选种耐盐植物：可在盐碱地上种植一些耐盐能力较强的植物，如向日葵、甜菜、高粱、棉花等。

（6）改种水稻：水稻生育期田面经常保持一定厚度的水层，在水的下淋过程中，把盐分洗出土体，起到改良盐碱的效果。同时，下淋水补给地下水，也使含盐较高的地下水逐渐淡化。但是种稻时一定要注意：第一，健全排灌系统，应有灌有排；第二，稻田要选择在低洼盐区，连片成方，避免交叉种植，在水旱田之间，要挖截渗沟，以免旱地盐碱化；第三，田块不宜过大，田面要平整；第四，水旱轮作，合理换茬，可以节约用水。旱作还可以改善土壤通气状况，促进养分转化，减轻病虫害等。

（7）植树造林：植树造林，营造农田防护林，可改善农田气候环境，降低风速，增加空气湿度，减少蒸发，抑制返盐。同时，林木根系可吸收深层水分，避免水分消耗于蒸腾，可降低地下水位，减轻地表返盐；还能防风，固土护坡。较耐盐的树种有刺槐、杨、柳、榆、臭椿、桑、枣、紫穗槐、柽柳、白蜡条、酸刺、枸杞等。

3.5 低产水稻土的改良和利用

低产水稻土是指某些水稻田存在一些不良土壤因素，如低温、过砂、过黏、淀浆板结、干旱缺水、浅薄、酸毒等。根据低产原因和改良的基本方向，可分为沉板田、黏板田、冷浸田、反酸田等类型。

3.5.1 沉板田

沉板田是指土壤质地过砂或粗粉粒过多的水稻土。产生的主要原因是砂多泥少，土质松散，结构不良，在水田耕作过程中，土粒下沉板结，不便插秧，有机质和养分含量低，保肥保水能力弱，CEC含量少，漏水又漏肥，土温变幅大，不利于水稻生长。沉板田广泛分布于我国南方和长江中下游地区，是面积最大的低产稻田。

改良措施：（1）客土掺黏，改良质地。对沉板田来说，应增加黏粒含量，使粒级配合比例适当。耕层下如有质地黏重的心土层，可采取逐渐加深耕层，翻淤压砂，配合施用有机肥改良。（2）增施有机肥和氮、磷速效肥。沉板田中有机质和养分含量低，因此必须注意增施有机肥，同时配合施用氮肥和磷肥。

3.5.2 黏板田

黏板田是一些质地过于黏重、土体发僵、黏结力大的低产水稻土。低产主要原因是质地黏重、结构差、耕层浅薄、耕性差、通透性极差、易旱易涝。主要分布在广东、广西、湖南、云南等地区。

改良措施：（1）客土掺砂，改良黏性。针对质地过黏、通透性差的特点，掺砂可改良质地，提高产量。（2）增施有机肥或种植绿肥。施用有机肥和种植绿肥可使土壤疏松，土壤容重减小，从而改善土壤中通透性和理化性质，还可培肥地力，改良耕性。（3）合理耕作，逐年加深耕层。黏板田应注意适时耕作，多耕，多耙，同时配合施用速效化肥，通过逐年深耕，加深耕作层，促进生土熟化。

3.5.3 冷浸田

冷浸田的特点是水温和土温低，产生低产的原因是有效养分低、土烂泥深、水温和土温低，同时会产生还原性有毒物质。主要分布在南方山区或丘陵的低洼地段。

改良措施：（1）建立排灌沟渠。建立排水沟的目的主要是把冷水或泉水直接排出田块，不浸渍在稻田中，同时降低地下水，排除地面积水。广东、福建、浙江等地采用截洪沟、排水沟和灌水沟对冷浸田进行排水改造，效果较好。

①截洪沟：也称为防洪沟。根据当地地形、土壤条件和山洪最大流量等情况，选择适宜的地点开截洪沟，以截断山洪入侵，防止水土冲刷。截洪沟的大小，以能及时排走山洪为准。也可把截洪沟与排水沟相连，在连接处用水闸控制，以增大排洪能力。在水源不足的地方，可挖水塘，将山水引入水塘，蓄水灌溉。

②排水沟：根据冷泉水的来源和垄宽，决定排水沟的位置和沟形，一般分为环田沟、中心沟及横沟等。根据地形和地下水的走向不同，选择不同排水沟。以中心沟为排水主沟的，有明沟和暗沟两种，明沟深度为70 ~ 100cm，宽度以能迅速排涝为宜；暗沟深度入口处为1 ~ 2m，出口处为2 ~ 3m。暗沟用石料砌成，沟顶铺泥最少要50cm，可以下走水，上种地，充分利用土地，但较费工。横沟与环田沟、中心沟连通，构成田间排水网，横沟的间距一般为20m ~ 50m，间距小些，排水能力就强。

③灌水沟：在开好截洪沟与排水沟的基础上，开挖灌水沟。改串灌、

漫灌为轮灌、浅灌。宽田可灌水沟与排水沟分开，窄田可灌排结合。如需用冷泉水灌溉的田块，可利用截洪沟或排水沟修闸拦水，待水温提高后再入灌溉沟。为了减少灌水沟、排水沟和道路的过多交叉，可采用灌水沟与排水沟相邻并列的办法。

泉眼特多的冷浸田，可用砂、石堵塞泉眼，同时要开暗沟，把冷泉水引入排水沟排出田外。开暗沟的方法是先把烂泥挖起，开出一条1m左右的深沟，沟底先铺一层硬山草、树枝，再铺一层30～50cm厚的石子或粗砂，也可将松枝捆成“品”字形连续平放在沟内，在石子（粗砂）和松枝上平整田面。有条件的地方可用瓦筒或水泥管做导流暗沟。

（2）冬耕晒田也称为犁冬晒白。冬耕晒田可以改善冷浸田的通透性和土体的还原状态，加速微生物的活动和养分的分解。

（3）半旱式免耕法。此方法要点是起垄栽培，在垄上种植水稻，沟中养鱼，形成稻渔综合种养生态养殖模式，这种方式既可以起到改良冷浸田的作用，也可提高水稻产量，达到稻渔双赢。其增产主要原因是起垄后氧化还原电位提高，避免还原性有毒物质产生，改善了土壤通透性，增强了水稻对养分吸收，同时提高土温和水温，有利于养分转化和供应；水稻为鱼生长提供了饵料，鱼为稻田提供了肥料，稻鱼结合，起到互利互补的作用。

3.5.4 反酸田

反酸田是指酸性极强的土壤，有的土壤pH值可小于3，同时含有大量的硫化物。极强的酸性，除直接破坏植物组织和妨碍生长外，还可在土壤中产生大量的铁、铝、锰等离子，严重危害稻株，使之中毒。同时，土壤酸性过强，还影响土壤的理化性质和养分的有效性，抑制微生物的活动。我国反酸田主要分布在广西、广东、福建等地河流入海处。超成土壤酸化的原因主要是海边红树生长茂盛，红树残体在渍水嫌气条件下还原使土壤酸化。因此，在改良时，挖掉红树残体，再配合其他措施改良，如用淡水洗酸，施用石灰，客土垫高田面，大量施用有机肥等，都可改良此类土壤。

3.6 风沙土的改良和利用

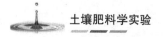

风沙土经常遭受风蚀和沙压，其特点是“流、砂、瘦、浅、旱”。其中，“流”主要指风蚀和流沙的侵蚀；“砂”主要指砂粒含量高，质地粗，土壤无结构；“瘦”主要指养分贫乏，肥力水平低；“浅”主要指土壤层薄；“旱”主要指气候干旱，土壤水分含量低。

风沙土是不良的自然因素与不合理的人为活动综合作用的产物。根据风沙土所处的自然条件及其本身的特点，在改良和利用过程中必须坚持“以防为主、防治结合”的方针，将开发、整治、保护和利用有机地结合起来，关键在于抓好“植被建设”。为此，必须采取下列改良利用途径和措施。

（1）恢复植被，防风固沙：进行封沙育林或人工固沙，保护和恢复草林植被，严禁开垦固定、半固定沙地或沙盖黄土、沙滩地与细砂质砂黄土，已经开垦的要迅速退耕还草还林，以牧为主，牧林结合。

（2）封沙禁牧，建设草场：风沙土区发展畜牧业，一定要以草定畜，合理轮畜，防止草场退化和沙丘破坏，应该积极围封禁牧，建设人工草场，实行舍饲养殖。

（3）因地制宜，造林种草：首先搞好防风林带的建设，防止风沙侵蚀进一步广大，同时大力营造固沙林和农田防护林网建设。降水量超过250mm的风沙土区，采用乔、灌、草结合，并种植经济价值较高的林种；降水量250 ~ 150mm的风沙土区，主要栽植灌木和草本植物。

（4）搞好农田基本建设：农田基本建设和造林、种草同时进行，采取沙湾造林、撵沙腾地、前挡后拉、引水拉沙、引洪漫淤或客土垫沙等措施改造沙田，多施肥料，培肥土壤。

（5）挖掘水源，发展灌溉：除可引河水外，沙区滩地往往有丰富的地下水，可供灌溉。可在较平缓的固定风沙土区，在做好防护措施的基础上，大力推广旱作节水农业技术，发展沙地农业。

[任务实施]

1 任务实施准备

1.1 明确任务

采用 0.2mol/L 氯化钙交换－中和滴定法测定酸性土壤中石灰施用量。

1.2 仪器试剂准备

[仪器]

酸度计、玻璃电极、饱和甘汞电极、磁力搅拌器、烧杯等。

[试剂]

① 0.2mol/L 氯化钙溶液：称取 44g 氯化钙（$CaCl_2 \cdot 6H_2O$，化学纯），溶于蒸馏水中，并定容至 1000mL 容量瓶中，用 0.03mol/L 氢氧化钙溶液或 0.1mol/L 盐酸溶液调节到 pH7.0（用 pH 计测量）。

② 氢氧化钙标准溶液 $c[1/2Ca(OH)_2]$ ＝ 0.03mol/L：称取 4g 经 920℃灼烧半小时的氧化钙（CaO，分析纯），溶于 200mL 无 CO_2 的蒸馏水中，摇匀放置澄清，倾出上部清液于试剂瓶中，用装有苏打石灰管及虹吸管的橡皮塞塞紧，用邻苯二甲酸氢钾标准溶液标定其浓度。标定过程：称取 1.5317g 于 110℃邻苯二甲酸氢钾，用少量蒸馏水溶解，再加蒸馏水稀释至 250mL，得到 0.0300mol/L 邻苯二甲酸氢钾标准溶液。吸取 25.00mL 邻苯二甲酸氢钾标准溶液置于 100mL 烧杯中，插入玻璃电极和饱和甘汞电极，放在磁力搅拌器上，边搅拌边用氢氧化钙标准溶液滴定，直到酸度计指到 pH7.0 为止。同时做空白试验。

2 测定步骤

称取通过 2mm 筛孔的风干土样 10.0g 于 100mL 烧杯中，加 40mL0.2mol/L 氯化钙溶液，在磁力搅拌器上充分搅拌 1min，插入 pH 玻璃电极和饱和甘汞电极，边搅边用 0.03mol/L 氢氧化钙标准溶液滴定，直至酸度计上的指针指在 pH7.0 时为终点，记取消耗的氢氧化钙标准溶液毫升数。

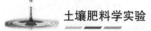

3 结果计算

石灰施用量以中和每公顷耕层土壤（200 万 ~ 260 万 kg）需用氧化钙（即生石灰，CaO）的千克数计算，但在实际施用时，由于实验室测定条件与田间实际情况的差异，施用量的计算方法为：

$$石灰（氧化钙）需用量（kg/hm^2）=\frac{c\times V}{m}\times 0.028\times 2600000\times 0.5$$

$$石灰（氧化钙）需用量（g/m^2）= 石灰（氧化钙）需用量 \times 10^{-1}$$

式中，c 为滴定用氢氧化钙标准溶液的浓度，mol/L；V 为滴定样品用去氢氧化钙标准溶液的体积，mL；0.028 为 1/2 氧化钙分子的摩尔质量，mmol/kg；2600000 为每公顷 20cm 厚土层（壤土）土壤的千克数；0.5 为实验室测定条件与田间实际施用情况差异的校正系数；m 为风干土样质量，g。

4 任务实施报告

根据任务完成情况撰写任务实施报告。

[复习思考]

1. 当地农田环境面临哪些主要问题?

2. 在微观层面上应如何搞好农田生态环境保护?

项目五　化学肥料成分分析和鉴别

[项目提出]

肥料是指能供给作物生长发育所需养分，提高作物的产量和品质，同时改善土壤的理化性质的一种物质，是农业生产中重要的生产资源。据统计，作物增产的40% ~ 60%来自肥料的施用。根据成分和性质的不同，肥料分为有机肥料、无机肥料和生物肥料三类。其中，无机肥料也被称为化学肥料，是指用化学或物理方法制成的，含有作物生长所需一种或几种营养元素的肥料，具有养分含量高、肥效快、体积小、储运和施用方便等特点。化学肥料主要包括氮肥、磷肥、钾肥、微肥、复合肥料等。

我国早在20世纪初就开始施用化学肥料，但施用量非常有限，直到20世纪70年代才开始广泛使用。虽然应用历史不长，但目前我国化肥的生产量和消费量均位居世界首位。从1979—2013年，化肥用量从1086万t增加到5912万t，而粮食产量则从3.32亿t增加到近6.02亿t，化肥在粮食增产中立下了汗马功劳。我国利用全球8%的耕地，生产了全球21%的粮食，养活了占世界22%的人口，但同时，化肥消耗量占到全球的35%。连年大量使用化肥导致土壤肥力下降、土地板结、土壤和水体污染，给粮食增产的可持续性和农产品质量安全带来严峻挑战。

化学肥料种类繁多，不同化肥的有效成分、性质、作用和施用技术差异很大，肥效也会因施肥方法的不同而有很大差别。因此，鉴别化肥种类，认知其性质和特点，明确施用方法和技术，对合理施用化肥、提高化肥利用率、增加作物产量、改善产品品质、提高经济效益、防止土壤和水体环境污染、保障农业可持续发展和确保我国粮食安全具有十分重要的现实意义。

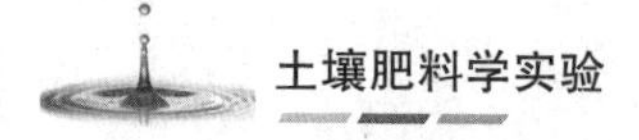

任务一　氮肥分析

[任务描述]

氮是肥料中的三要素之一，是我国所施用的各种肥料中对植物生长影响最大、增产作用最明显的化学肥料之一，可根据存在形态分为铵态氮肥、硝态氮肥、酰胺态氮肥和氰氨态氮肥。测定氮肥中氮素含量时，可通过化学处理方法，将各种形态的氮素转化为 NH_4^+ 再进行定量测定。以 NH_4^+ 存在的氮肥可采用甲醛法、蒸馏法测定其含氮量，氨水、碳酸氢铵和碳铵母液还可用简便的酸量法测定。

本任务采用中和滴定法测定碳酸氢铵肥料中氮的含量。

[知识准备]

1 常见氮肥的种类、性质及施用

1.1 铵态氮肥

指养分标明量为铵盐或氨（NH_4^+）形态氮的单质氮肥，包括碳酸氢铵、硫酸铵、氯化铵、氨水、液氨等。其中的氮素常以 NH_4^+ 形式存在，在一定条件下易生成氨气挥发。它们的共同点是：①易溶于水，作物能直接吸收利用，肥效快速；②肥料中的铵离子解离后能与土壤胶体上的交换态阳离子交换而被吸附在胶粒上，在土壤中移动性不大，不易流失；③在碱性环境中易分解释放出氨气，尤其是液态氮肥和不稳定的固态氮肥本身就易挥发，与碱性物质接触后挥发损失加剧；④在通气条件良好的土壤中，铵态氮通过硝化作用转化为硝态氮，使化肥氮遭流失和反硝化损失。

表 5-1　常见铵态氮肥的性质与施用

肥料名称	化学成分	N/%	主要性质	在土壤中的转化	有效施用
碳酸氢铵（简称碳铵）	NH_4HCO_3	17	无色或白色化合物，呈现板状、粒状、粉状或柱状细结晶，易溶于水，含有吸湿水3.5% ~ 5.0%	施入土壤后很快电离成铵离子和重碳酸根离子，铵离子易被土粒吸附，不易随水移动	适宜做基肥和追肥，不宜在秧田施用，不可接触种子。无论在水田还是旱地均采用深施覆土，以防止氨的挥发。尽量避开中午高温季节和高温时施用。可将碳酸氢铵与其他品种氮肥搭配施用
硫酸铵（简称硫铵）	$(NH_4)_2SO_4$	20.5 ~ 21.0	白色结晶，如有杂质时呈现微黄、青绿、棕红和灰色等杂色，分解温度高达280摄氏度，不易吸湿，易溶于水，肥效快且稳定。含25.6%左右的硫，也是一种重要的硫肥	施入土壤后很快电离成铵离子和硫酸根离子，属于生理酸性肥料。在酸性土壤上施用，增强土壤酸度；在中性和石灰性土壤上施用，造成土壤板结。在还原性较强土壤上施用会产生硫化氢，使根变黑，丧失吸收能力	除还原性强土壤，硫酸铵适用于各种土壤和作物。可作基肥、追肥和种肥。做基肥时，结合耕作深施覆土；做追肥时，可采用条施上和穴施，施后立即覆土；做种肥时，注意控制用量。在酸性土壤上施用时配合施用石灰等碱性肥料，但不能直接混合施用
氯化铵	NH_4Cl	25 ~ 26	白色结晶，易吸湿结块。20 ℃时100mL水溶解37g，溶解度低于硫酸铵，水溶液呈弱酸性，为生理酸性肥料	施入土壤后解离为NH_4^+和Cl^-，在中性和石灰性土壤中NH_4^+和土壤胶体上Ca^{2+}进行交换，生成易溶性的$CaCl_2$，在雨季和排水良好的地区容易造成Ca^{2+}淋失；在酸性土壤上，NH_4^+被土壤胶体吸附，Cl^-与被交换下来H^+结合生产HCl，使土壤酸性增加	可做基肥和追肥，不宜做种肥和秧田施肥。氯化铵中含有65% ~ 66%Cl^-，不宜施在烟草、茶叶、甘薯、亚麻、马铃薯等忌氯作物上。在酸性土壤上施用应适当配施石灰，在盐渍土上不可大量施用

1.2 硝态氮肥

养分标明量为硝酸盐（NO_3^-）形态的氮肥称为硝态氮肥，包括硝酸钙、硝酸钠、硝酸钾等。这种氮肥的特点是：①极易溶于水，是速效性肥料；②硝酸根离子不能被土壤胶体吸附，在土壤溶液中易随水移动导致淋失或随地表水流失；③在土壤通气不良的条件下，硝酸根可经反硝化作用形成 NO、NO_2、N_2 等气体而丧失肥效；④吸湿性强，吸湿潮解后易结块，受热时能分解释放出氧气，助燃易爆，在贮运过程中应注意安全。

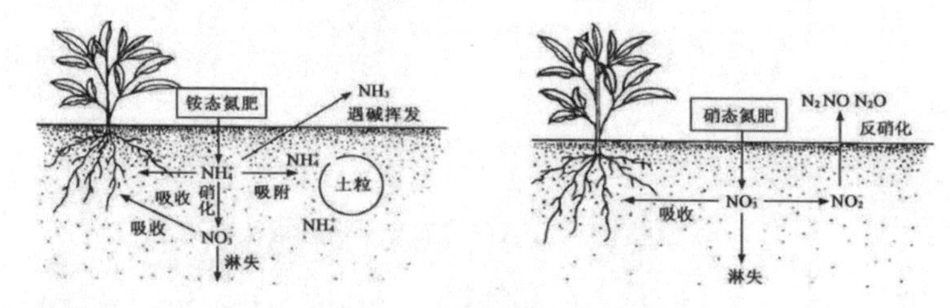

图 5-1　土壤中氮素转化

表 5-2　常见硝态氮肥的性质与施用

肥料名称	化学成分	N/%	主要性质	在土壤中的转化	有效施用
硝酸铵	NH_4NO_3	33 ~ 35	白色结晶，易溶于水，吸湿很强，容易结块，工业上一般将硝酸铵制成颗粒状，在颗粒表面包一层疏水物质（矿物油、石蜡、磷灰土粉等）作为防湿剂，减少吸湿性。	施入土壤后，解离成 NH_4^+ 和 NO_3^-，由于两者都能被植物吸收利用，属于生理中性肥料	由于 NO_3^- 移动性强，不易被土壤胶体吸附，因此，一般不做基肥、种肥和雨季追肥。易做旱地追肥。硝酸铵适用于各种土壤和各种作物，但不宜施于水田。会引起反硝化作用造成氮损失。施用时，采用少量多次施用方式
硝酸钙	$Ca(NO_3)_2$	13 ~ 15	白色结晶，肥料级硝酸钙为灰色或淡黄色颗粒，易溶于水，极易吸湿，20℃时临界吸湿点为相对湿度54.8%，容易在空气中潮解自溶，贮运时注意密封	硝酸钙为生理碱性肥料。因含有钙离子，对土壤胶体有团聚作用，能改善土壤的物理性质	适用于多种土壤和作物，在缺钙的酸性土壤上施用效果更好。最好做追肥施用，在旱田也可做基肥

1.3 酰胺态氮肥

养分标明量为酰胺形态的氮肥称为酰胺态氮肥，如尿素。尿素是人工合成的有机物。我国于 20 世纪 60 年底开始建立尿素厂。1973 年后，我国成为世界上重要的尿素生产国。尿素成为我国氮肥生产中最主要的品种。

尿素肥料的有效成分分子式为 $CO(NH_2)_2$，化学上又称为脲。尿素中含氮量为 42% ~ 46%，呈白色结晶，易溶于水。在 20℃时，100mL 水能溶解 100g 尿素。粒状尿素的吸湿性较低，储藏性能良好。尿素在造粒过程中常形成对植物有毒害的缩二脲。一般要求粒状尿素中缩二脲的含量不超过 1%，水分< 0.5%。

尿素施入土壤后，在脲酶的作用下，水解成铵，经过一段时间后再经过硝化作用形成硝酸被作物吸收利用。整个过程受土壤类型、土壤温度、湿度、酸度及施肥方式的影响。一般来说，当气温在 10℃时，7 ~ 10 天就可完成，20℃时只要 4 ~ 5 天，而在 30℃时，2 ~ 3 天就能全部转化为硝酸盐。

尿素可作为基肥和追肥，不宜做种肥和在秧田上大量施用，深施可提高其肥效。尿素特别适于做根外追肥，原因在于：尿素是有机化合物，中性，电离度小，不易烧伤茎叶；分子体积小，容易透过细胞膜进入细胞；具有一定的吸湿性，容易被叶片吸收，并很少引起叶片质壁分离现象。各种作物喷施尿素的适宜浓度为 0.5% ~ 2.0%；做根外追肥的尿素，缩二脲含量最好不高于 0.5%，以免毒害作物。

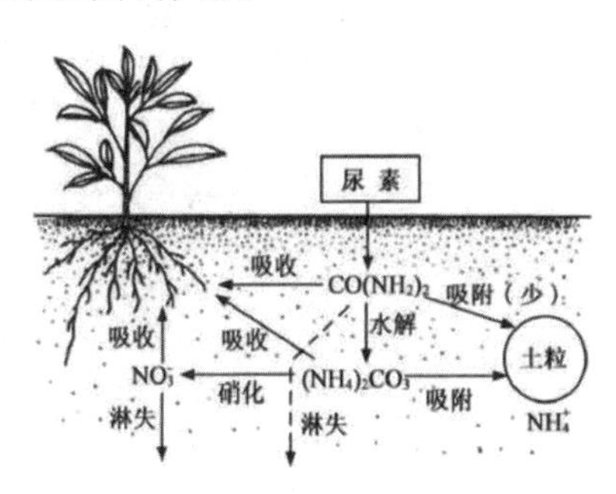

图 5-2　尿素在土壤中转化示意图

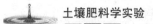

1.4 缓释氮肥

缓释氮肥又称缓效氮肥，是指由化学或物理方法制成能延缓氮素养分释放速率，供植物持续吸收利用的氮肥，如脲甲醛、包膜缓释氮肥等。这类肥料有如下优点：①降低土壤溶液中氮的浓度，减少氮的挥发、淋失和反硝化损失；②肥效缓慢，能在一定程度上满足作物全生育期对氮素的需求；③可以减少施肥次数而一次性大量施用不致出现烧苗现象，减少了部分密植作物后期田间追肥的麻烦。

一般将缓释氮肥分为两类：一是合成的有机缓释氮肥，二是包膜氮肥。

1.4.1 有机缓释氮肥

这类肥料以尿素为主体，与适量的醛类反应生成微溶性聚合物。施入土壤后通过微生物或化学反应逐渐释放出尿素供作物吸收。具体如表 5–3 所示。

表 5–3　常见有机缓释氮肥的性质与施用

肥料名称	合成反应	N/%	主要性质	在土壤中的转化	有效施用
脲甲醛（代号 UF）	尿素加入甲醛催化合成的一系列直链化合物，主要成分为直链甲撑的聚合物	36 ~ 38	含尿素分子 2 ~ 6 个，白色颗粒状或粉状，无臭，固体，成分依尿素和甲醛的物质的量之比（U/F）、反应条件和催化剂等而定	施入土壤后，水解为尿素与甲醛，尿素继续水解为铵离子供作物吸收利用，甲醛在未分解或挥发前，有一定副作用。释放速度与尿素和甲醛物质的量之比（U/F）、活度指数、土壤温度、土壤 pH 以及影响微生物活动的其他条件有关	可做基肥一次施入。脲甲醛的当季肥效低于尿素等氮肥。因此，施予生长期较短的作物时，应配合施用一定速效氮肥
脲异丁醛（代号 IBDU，又称异丁叉二脲）	尿素与异丁醛缩合的产物	32	白色颗粒状或粉状，不吸湿，微溶于水	施入土壤后，在微生物作用下，水解为尿素与异丁醛，高温和低 pH 有利于水解。水解后异丁醛无残毒，且廉价易得。是稻田良好的氮源	可单独施用，亦可按任何比例与其他氮肥、磷肥和钾肥混合施用；还可作为混合肥料或复合肥料的组成成分

续表

肥料名称	合成反应	N/%	主要性质	在土壤中的转化	有效施用
脲乙醛（代号CDU，又称丁烯叉二脲）	首先乙醛缩合为丁烯叉醛，在酸性条件下再与尿素结合而成	28 ~ 32	白色粉状，熔点为259 ~ 260℃，随土壤温度升高和酸度增加，溶解度增大	施入土壤后，最终分解成尿素和 β- 羟基丁醛，尿素进一步水解成铵离子被植物吸收利用，而 β- 羟基丁醛则被土壤微生物氧化分解成 CO_2 和水，无残毒	做基肥一次施入。施在酸性土壤上供肥效率高于碱性土壤。土壤温度为20℃，70d 后有比较稳定的有效氮释放速度，因此，适用于不断刈割的牧草或绿化草地，有良好肥效。施用在速生型作物或需肥量大作物上应配合施用一定速效氮肥
草酰胺（代号为OA）	以塑料工业的副产品氰酸做原料，用硝酸铜做接触剂，在常压低温（50 ~ 80℃）下直接合成，成本较低，纯度 99%	31	白色粉状或粒状，室温下，100g 水中约能溶解 0.02g 草酰胺	施入土壤，草酰胺则较易水解生成草氨酸和草酸，同时释放出氢氧化铵	草酰胺对玉米的肥效与硝酸铵相似，呈粒状时养分释放减慢，但快于脲醛肥料

1.4.2 包膜氮肥

包膜氮肥是在其颗粒表面包上一层或数层半透性或难溶性的物质而制成的肥料，其缓释原理主要是包膜层对氮素释放的物理阻滞作用，主要目的是降低氮肥溶解性能和控制养分释放速率。包膜材料的选择、合成和优化是包膜氮肥的基础。常用的包膜材料有两大类，一类为无机矿物，如硫黄、磷矿粉、钙镁磷肥等；另一类为有机聚合物如聚乙烯、石蜡、沥青、油脂等。

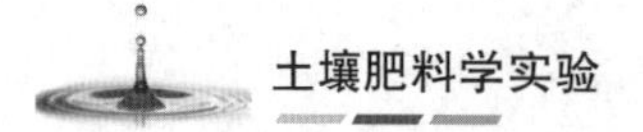

2 氮肥科学施用技术

由于氮肥施入土壤后容易挥发和淋失，造成氮肥平均利用率只有30% ~ 45%。因此，掌握科学合理的施肥技术，提高氮肥利用率，对于实现作物的高产增收、减少环境污染等具有重要意义。

2.1 氮肥合理分配

主要依据土壤条件、作物营养性及氮肥性质确定。

2.1.1 土壤条件

（1）土壤 pH 值

土壤 pH 值是选用氮肥的重要依据。碱性土壤上应选用酸性和生理酸性肥料。盐碱土上避免施用能大量增加土壤盐分的肥料；在低洼、淹水等易出现强还原性的土壤上，不宜施用硫酸铵等含硫肥料；在水田中不宜施用硝态氮肥料。

（2）土壤养分供应水平

土壤中氮素供应水平和其他养分供应水平也是氮肥分配的重要依据。当土壤中有效氮含量较高，而其他养分供应水平较低时，需控制氮肥分配数量，反之，重点投入氮肥。对氮素供应容量大而作物生长前期供应速率较小的土壤，应将肥料投入适度提早，以免作物养分不足和后期贪青迟熟引起产量和品质的下降。对养分释放速率较大，而供应容量较小的土壤，应将肥料投入适度推迟，防止作物生长后期脱力早衰造成产量和品质下降。

2.1.2 作物营养特性

不同作物对氮肥的需求量均有差异。一般来说，叶菜类尤其是绿叶菜类、小麦、水稻、高粱、玉米、桑、茶等作物需氮较多，应增加氮肥的投入；而大豆、花生等豆科作物，由于有根瘤，能进行共生固氮，只需在生长初期施用少量氮肥；甜菜、马铃薯、甘薯、甘蔗等淀粉和糖类作物一般只在生长初期需要充足的氮素供应，形成适当大小的营养体，如供应过多则会影响淀粉和糖分的积累，反而降低产量和品质。同一种作物的不同品种之间也存在差异，耐肥品种通常产量较高，需氮量也较大；耐瘠品种，需氮量较小，产量较低。

2.1.3 氮肥性质

氮肥品种较多，其性质相差较大。如液氨和碳氨中的氨极易挥发，应做基肥深施。其他品种的铵态氮肥和尿素也存在氨挥发问题，一般提倡深施覆土的方式。硝态氮肥一般只宜做旱田追肥，避免在雨季大量施用。硫铵和硝铵肥料可做种肥，但避免与种子直接接触。

2.2 氮肥施用量的确定

生产和科研证明，随着氮肥施用量的增加，氮肥利用率和增产作用逐渐减少。因此，在不同地区、土壤和作物上，合理推荐氮肥用量尤为重要。氮肥施用量确定的方法主要有下面几种。

（1）田间肥料试验的方法，也称为肥料效应函数方法。该方法通常设置多个试验点，每个试验点上以拟合肥料和产量的效应曲线设计多级氮肥用量处理，根据边际分析方法，确定最大利润的施肥量。如果试验地区的土壤条件基本一致，则可以根据各试验点的肥料效应函数取各点平均值，再求得该地区相似点的肥料效应函数和最大利润施肥量，为该地区的氮肥施用提供科学依据。

（2）土壤作物供需平衡法。应用该方法先要确定以下几个重要参数：①目标产量；②形成单位产量作物所需吸收的氮量；③土壤氮素供应量。平衡法虽然渐变，但作物吸氮量是不同产量、不同品种的平均值，土壤供氮量、氮的利用率也是近似值，因此平衡法实际上是估计值，精确度较低。此外，还可以参考临界值法、土壤矿化氮法等确定氮肥施用量的方法。

2.3 提高氮肥利用率

氮素损失直接减少土壤中有效氮含量，降低氮肥的增产作用，同时，进入水体或大气，造成环境污染。因此，采用各种技术措施减少氮素损失是农业氮素管理的重要任务之一。减少氮素损失应遵循以下原则。

（1）尽量减少氮素在土壤表层的大量积累。根据作物的氮素吸收特点和环境因素，适当控制氮肥的用量，采取分期多次施用的方法。

（2）严格控制氮肥的主要损失途径。针对氮挥发损失途径，采用各种措施降低施肥后农田土壤中 pH 值和铵的浓度。如旱地中施用石灰，水田中添加杀藻剂，深施、分次施等措施。针对土壤中氮素的硝化－反硝化损失，采用氮肥深施和配合施用硝化抑制剂等措施，但在不同环境和土壤上，采用技术不同，如北方石灰性土壤，应采用氮肥深施或施肥后灌水的方式。

（3）氮素与其他营养元素协调供应。提高氮素利用率首先考虑养分平衡供应。根据最小养分律，田间作物的产量决定于土壤中最低养分，只有补充土壤中最低养分，其他养分才能发挥作用，从而提高农作物的产量。因此，施用氮肥时配合施用适量的磷肥、钾肥。必要时，应配合施用一定中微量元素肥料。

（4）与有机肥料配合施用。氮肥与有机肥配合施用，既可以提高氮肥的利用率，又可以提高有机肥料的利用效果，增加作物的产量。同时，有机肥料可促进根际微生物的繁殖和生长，提高土壤微生物数量和微生物的碳氮含量，改善土壤环境。其次，矿质态氮被微生物固定在体内，降低了氮素损失。

（5）发展水肥一体化技术。水肥一体化指化学肥料或液体有机肥产品溶解在水中，通过灌溉系统为作物提供营养物质，优点在于使植物根系能够同时获得水和养分的供应，克服了传统施肥中养分离根系远，植物无法直接吸收和利用，造成土壤氮素损失等问题。

（6）综合技术应用。健壮植物从土壤和肥料中吸收较多养分，提高养分利用率。因此，在农业生产中培育健壮植物对提高氮素利用率尤为重要。具体措施为采用合理种植密度和栽培方式，保证农作物有充分的光照条件；改善土壤性质，采用良好的耕作措施，保证土壤具有良好的水、肥、气、热协调供应的能力。

3 中和滴定法测定碳酸氢铵肥料中氮的含量

3.1 实验意义

碳酸氢铵是我国主要的氮肥品种之一。在包装破损及湿热气候条件下贮存，极易吸湿潮解并挥发出氨，从而使肥料含水量增大，含氮量降低。因此，测定碳酸氢铵的含氮量对于鉴定其品质和计算施用量均有重要意义。

3.2 方法原理

用硼酸的过饱和溶液吸收碳酸氢铵水解释放出的氨，然后用标准酸滴定，换算成碳酸氢铵的百分数。

$NH_4HCO_3+H_2O \rightarrow NH_3+CO_2+2H_2O$

$NH_3+H_3BO_3 \rightarrow NH_3 \cdot H_3BO_3$

$NH_3 \cdot H_3BO_3+HCl \rightarrow NH_4Cl+H_3BO_3$

[任务实施]

1 任务实施准备

1.1 明确任务

认知常见氮素化肥，并对碳酸氢铵肥料中的含氮量进行测定。

1.2 肥料准备

搜集常用氮素化肥，分别装小瓶并编号。

1.3 仪器设备准备

容量瓶（250mL）、移液管（25mL）、锥形瓶（250mL）、碱式滴定管（50mL）、洗耳球、分析天平。

1.4 配制试剂

（1）硼酸过饱和溶液（现配现用）：称取 3g 固体硼酸（分析纯）于 200 或 250mL 三角瓶中，加入 20 ~ 30mL 蒸馏水，充分摇溶（有固体硼酸存在）。

（2）盐酸标准液：取 HCl 82.5mL，用水稀释定容至 1 升，用标准硼酸标定。

（3）定氮混合指示剂：0.1g 甲基红和 0.5g 溴甲酚绿溶于 100mL95% 酒精中，调 pH 至 4.5（呈紫红色），盛于棕色滴瓶。

2 操作步骤

称取碳酸氢铵样品 1 ~ 2g（精确至 0.01 克），迅速放入硼酸过饱和溶液中，摇动 1min，使样品溶解吸收。再加入 1 ~ 2 滴定氮混合指示剂于上述溶液中（应显蓝色），用 1.0mol/L 盐酸标准液滴定，颜色由蓝色滴至微红色为终点，记下盐酸 mL 数。

3 结果计算

$$\text{氮}\ \% = \frac{V \times N \times 0.014}{\text{样品重量（g）}} \times 100\%$$

式中，V 为滴定消耗盐酸标准液 mL 数；N 为盐酸标准液浓度；0.014 为 1 毫克当量氮的克数。

4 完成报告

根据测定结果撰写碳酸氢铵肥料中的氮素含量分析报告。

任务二　磷肥分析

［任务描述］

目前，磷肥主要是由磷矿石通过不同的加工过程生产而成。加工方法主要包括机械法、酸制法和热制法。机械法是将磷矿石用机械粉碎、磨细制成磷矿粉肥料的方法，加工过程简单，成本低。酸制法是用硫酸、硝酸和盐酸等强酸处理磷矿粉制成磷肥的生产方法，如过磷酸钙、硫酸铵、硝酸磷肥、重过磷酸钙等。热制法是借助于电力或燃料燃烧产生的高温使磷矿石分解，从而制得磷肥的生产方法，如钙镁磷肥、钢渣磷肥、脱氟磷肥等。通过不同加工方法生产的磷肥品种形态和性质不同。因此，测定磷素化肥的有效磷量对其品质的鉴定、肥效的试验及经济合理施用均具有十分重要的意义。

本任务采用柠檬酸—钒钼黄比色法测定过磷酸钙（或钙镁磷肥）中有效磷的含量。

[知识准备]

1 磷肥的种类、性质和施用

1.1 常用磷肥的种类及主要性质

磷肥按磷酸盐的溶解性质不同分为三种类型：水溶性磷肥、弱酸溶性磷肥和难溶性磷肥。水溶性磷肥主要成分是磷酸二氢根，易溶于水，易被作物吸收，肥效快，但在土壤中易受土壤环境因素的影响退化成弱酸性或难溶性磷肥，主要包括过磷酸钙、重过磷酸钙、磷酸二氢钾、磷酸铵、硝酸磷肥等。弱酸溶性磷肥主要成分为磷酸氢根，不溶于水，但易溶解在弱酸溶液中，作物通过根系溢泌的多种有机酸等化合物逐步溶解该种磷肥并吸收利用。施入土壤后，在土壤中移动性较好，不易造成磷素流失，多数弱酸溶性肥料具有较好的物质性状，吸湿性小，不易结块，主要包括钙镁磷肥、脱氟磷肥、钢渣磷肥、沉淀磷肥等肥料。难溶性磷肥磷酸盐成分复杂，不溶于水，也不溶于弱酸，对于大多数作物来说不能直接利用其中的磷素，只有少部分吸磷能力强的作物能吸收。这类肥料在当季利用率虽低，但其后效较长，主要包括磷矿粉和骨粉两种肥料。

1.2 常见化学磷肥的主要性质和施用

1.2.1 普通过磷酸钙

普通过磷酸钙（简称普钙），属于水溶性磷肥，主要成分是水溶性的磷酸一钙和难溶性的硫酸钙，还含有少量的磷酸、硫酸、非水溶性磷酸盐，以及硫酸铁、铝等杂质，磷（P_2O_5）含量为16% ~ 22%，在我国使用量最大。一般为白色粉末或颗粒，呈酸性，具有一定的吸湿性和腐蚀性。普钙的加工技术简单，适合于中小型生产和就地销售；可应用工业副产品硫酸生产；适于施用在大多数土壤和作物上，且肥效较好；除含有磷外，还含有硫和钙等多种营养元素。

施肥方式：适宜做基肥、种肥和追肥，做种肥时不可接触种子，亦可叶面喷施；适宜施用在石灰性土壤上，集中或与有机肥料混合分层施用，酸性土壤配合石灰，一般基肥30 ~ 40kg/亩；追肥15 ~ 25kg/亩。

1.2.2 钙镁磷肥

钙镁磷肥是一种弱酸溶性磷肥，大多呈灰绿色或棕褐色，含磷（P_2O_5）14% ~ 24%，含镁（MgO）10% ~ 25%，含钙（CaO）25% ~ 30%，含硅（SiO_2）40%，水溶液呈碱性，属于碱性肥料，pH值为8.2 ~ 8.5，不吸湿，不结块，无腐蚀性，物理性质好。我国是钙镁磷肥最大的生产国。我国虽然磷矿储备量大，但绝大多数为中低品位磷矿，而生产钙镁磷肥可利用我国中低品位磷矿，与其他磷肥品种相比具有一定的优势。

钙镁磷肥施入土壤中，在作物根系分泌的酸和土壤中的酸性物质作用下，逐步溶解释放出水溶性的磷酸一钙，供作物吸收利用。在石灰性土壤上施用肥效不如等磷量的过磷酸钙，因此，在北方施用时，可与过磷酸钙混合施用，提高其肥效。

施肥方式：最适宜做基肥，一般用量30 ~ 40kg/亩；做追肥要早施、深施。与有机肥一起堆制或配合酸性肥料施用效果较好。适宜于喜钙作物、需硅多的作物，但不宜和铵态氮肥混合施用。

1.2.3 *磷矿粉*

磷矿粉由磷矿直接磨碎而成，主要成分为磷灰石，含全磷量10% ~ 20%，可溶性磷1% ~ 5%。磷矿粉大多为灰白色或棕灰色粉状，是一种重要的难溶性磷肥。磷矿粉的肥效取决于磷粉的活性、土壤性质和作物特点。推荐在酸性土壤上施用。

2 磷肥合理施用技术

据统计，我国磷肥当季利用率在10% ~ 25%，低于氮肥和钾肥的当季利用率。因此，提高磷肥的当季利用率，减少环境污染，一直以来都是大家努力解决的问题，而解决这个问题的关键是加强磷肥的合理施用。磷肥的合理施用主要遵循以下原则。

（1）土壤条件：土壤中的供磷水平、氮磷比例、有机质含量、土壤的熟化程度和pH值等影响磷肥的选择和施用。土壤中全磷和有效磷含量常用作土壤供磷状况的指标，全磷含量常作为土壤磷素潜在肥力的指标，土壤有效磷含量常作为土壤中磷供应水平的重要指标。因此，在考虑是否需要补充磷肥时，应以有效磷含量作为主要参考数据。在低磷水平下，施磷肥能获得增产；在中等水平下，施磷有可能增产；在高磷水平下，施磷一般不增产，但不同环境、不同地区效果不一致。

（2）作物特性及轮作换茬：作物主要吸收$H_2PO_4^-$和HPO_4^{2-}形态存在的磷酸根，不同作物吸收利用磷的能力不同。一般来说，豆科作物（包括绿肥）、薯类作物（甘薯、马铃薯）、糖用作物（甘蔗和甜菜）、棉花、油菜以及瓜果类等需要较多的磷，谷类作物对磷的需要量低。因此，磷肥重点供应在需磷量高的作物上，但也需注意需要量低作物磷素平衡。在轮作周期内，统筹施用磷肥，尽可能发挥磷肥的后效作用。如在水旱轮作中，把磷肥重点分配在旱作作物上；在旱旱轮作中，将磷肥重点施在对磷敏感的作物上；不同季节作物施肥时，重点施在冬季作物上；在禾本科－豆科轮作时，重点施在豆科作物上。

（3）磷肥品种的选择：由于磷肥有水溶性、弱酸溶性和难溶性的不同品种，并除磷之外，还含有氮、硫、钙、镁、硅等营养元素。因此，施用品种主要参考以下原则：①在同等或相似肥效下，选择顺序为难溶性、弱酸溶性、水溶性；在碱性或石灰性土壤上，以水溶性磷肥为主；在酸性土壤上，可施用水溶性低的磷肥；对生育期短作物，应选择水溶性磷肥。②根据作物营养特性，确定合理 N/P 比例——20 ：（5 ~ 10）。③如土壤中缺少 S、Ca、Mg、Si 等营养元素，应尽量选择含有相应元素的磷肥品种。④水田或雨季的旱地上避免施用含硝态氮的磷肥。

（4）掌握磷肥施用的基本技术：①确定磷肥施用时间：磷肥一般在播种或移栽时做基肥一次性施入，一般不用作追肥撒施，需追施时，应早追。水溶性磷肥不宜提早施用，弱酸溶性磷肥和难溶性磷肥应适当提前施用。②采用正确的施肥方式：可采用集中施用、全层撒施、深施与分层施用、与有机肥料混合施用、制成颗粒磷肥等施肥方式。集中施用是将磷肥施入土壤的特殊层次或部位，减少土壤对有效磷的固定损失，适合水溶性磷肥施用；全层撒施是将磷肥均匀撒在土表，然后翻耕入土，适合于弱酸溶性磷肥和难溶性磷肥施用；磷肥深施可保证大多数作物根系在生长后期能吸收到磷肥，但对于极度缺磷的土壤，为保证苗期作物能正常生长和根系发育，应选择浅施。侧根发达的作物，施肥可选择浅施。主根发达作物应适当深施。混合施用磷肥有利于降低土壤，特别是酸性土壤对有效磷的固定。制成颗粒可减少磷肥与土壤接触，便于机械施肥。颗粒磷肥的肥效与土壤固磷能力有关，土壤固磷能力强，磷肥肥效明显。

3 柠檬酸—钒钼黄比色法测定原理

由于提取种类和测定磷方法的不同，可组合成许多测定方法（详见表 5–4），需视测定目的、磷肥种类、实验设备等选用。

表 5-4　有效磷的测定方法

提取剂、方法及适用的磷肥	定磷方法
水 碱性柠檬酸铵（彼得曼溶液）分别提取合并（称二次浸提法），适用于过磷酸钙	磷钼酸喹啉重量法、容量法 磷酸镁重量法
2% 柠檬酸提取，适用于热制磷肥、磷矿粉、过磷酸钙 中性柠檬酸铵提取，适用于沉淀磷酸钙	磷钼酸铵容量法 磷钒钼黄比色法

测定过磷酸钙有效磷的标准法是碱性柠檬酸铵—磷钼酸铵喹啉重量法。故确定品级、精确的试验研究应采用此法。

最为简便的组合方法是柠檬酸—钒钼黄比色法，称为快速测定法。它用作过磷酸钙或钙镁磷肥的品质比较、确定施用量等，本实验采用此法。

柠檬酸—钒钼黄比色法原理如下：

用 2% 柠檬酸浸提出过磷酸钙或钙镁磷肥样品中的有效磷，在一定酸度条件下与钒钼酸铵试剂生成一种黄色络合物。所显颜色深度与磷含量成正相关，适于比色定量。主要反应式为：

$H_3PO_4+16(NH_4)_2MoO_4+NH_4VO_3+29HNO_3 \rightarrow (NH_4)_3PO_4 \cdot$

$NH_4VO_3 \cdot 16MoO_3+29NH_4NO_3+16H_2O$

[任务实施]

1 任务实施准备

1.1 明确任务

观察认识常见磷肥的一般理化性状，对过磷酸钙中的有效磷含量进行测定。

1.2 肥料准备

搜集常用磷肥，分别装小瓶并编号。

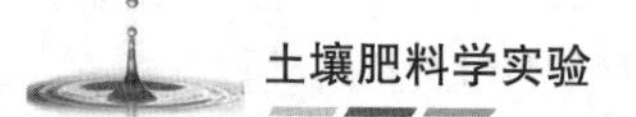

1.3 仪器设备和试剂准备

[仪器]

分析天平、容量瓶、三角瓶、分光光度计等

[试剂]

柠檬酸、钼酸铵、偏钒酸铵、磷酸二氢钾（分析纯）、硝酸

1.4 配制试剂

（1）2% 柠檬酸溶液：称取 20g 柠檬酸放入烧杯中，用蒸馏水溶解后定容于 1000mL 容量瓶中，摇匀后贮于棕色瓶备用。

（2）钒钼酸铵试剂：称取 20g 钼酸铵溶于 400mL 蒸馏水中，制成 A 液；另溶 125g 偏钒酸铵于 300mL 煮沸蒸馏水中，冷却后加 250mL 浓硝酸摇匀冷却，制成 B 液。将 A 液缓慢注入 B 液中，最后用蒸馏水稀释至 1000mL，贮棕色瓶备用。

（3）100mg/kg 磷标准溶液的配制：称取经 45℃烘 3 小时的分析纯磷酸二氢钾（KH_2PO_4）0.1917g 于小烧杯中，蒸馏水溶解定容于 1000mL 容量瓶中（此溶液不可长期保存）。

2 操作步骤

（1）有效磷的浸提：称取混匀的普通过磷酸钙样品（1mm）0.5000g，放入 100mL 三角瓶中，准确加入 2% 柠檬酸 50mL，加塞，在 20 ~ 25℃下振荡 30min，用干滤纸过滤，弃去最初的滤液，滤液承接于干燥的三角瓶中备用。

（2）浸出液中磷的测定：吸取清亮滤液 1.00mL（含 P_2O_5 0.5 ~ 2mg），放入 50mL 容量瓶中，加水至约 35mL，准确加入 10mL 钒钼酸铵试剂，再加水定容，摇匀。放置 20min 后，用分光光度计（波长 470nm）进行比色。从操作步骤（1）起做空白试验，以空白溶液调节分光光度计吸收值为零点。用读得的吸收值查该仪器的标准曲线得比色溶液的浓度（mg/kg）。

（3）标准曲线的绘制，分别吸取 100mg/kg 磷标准液 0、2、4、6、8、

10mL 于 50mL 容量瓶中，再加 10mL 2% 柠檬酸溶液，按照样品显色操作步骤进行。标准溶液的磷浓度分别为 0、4、8、12、16、20mg/kg，将读得的光密度值在坐标上绘成标准曲线或求出回归方程。

3 结果计算

$$\omega(\mathrm{P})=\frac{(V\times c\times ts)}{(m\times 10^{6})}\times 100\%$$

式中，$\omega(\mathrm{P})$ 为过磷酸钙中有效磷的质量分数；c 为测得显色液中磷（P_2O_5）的质量浓度，mg/L；V 为显色液定容体积，mL；ts 为分取倍数；m 为试样质量，g；10^6 为单位换算系数。

$$P_2O_5\%=P\%\times 2.291$$

4 完成报告

根据观察各种磷肥物理、化学性质和过磷酸钙中有效磷含量测定结果撰写任务报告。

任务三　钾肥分析

[任务描述]

生产钾肥的主要原料包括含钾矿物（主要是一些可溶性钾矿盐），以及盐湖水、盐井水和卤水等。钾肥的品种较多，如氯化钾、硫酸钾、硝酸钾、磷酸钾、窑灰钾肥、钾钙肥、钾镁肥、草木灰等。测定钾肥中的全钾含量对鉴定其品质、确定其施用量、研究其提高质量和肥效的途径等均有重要意义。

草木灰是我国农村广泛使用的农家肥之一，也是我国目前主要的钾肥资源之一。其含钾量因植物材料、燃烧温度、贮存条件和时间长短的不同而有很大变化。

因此，本任务采用 HCl 浸提—火焰光度计法测定草木灰中的全钾含量，以便鉴定其品质、确定其施用量、研究其提高质量和肥效的途径。

[知识准备]

1 常见钾肥的种类、性质和施用

1.1 氯化钾

氯化钾肥料的主要成分为 KCl，含 K_2O 50% ~ 60%，呈白色结晶状，易溶于水，吸湿性小，不易结块，肥效快，属于生理酸性肥料。其生产原料主要为光卤石、钾石盐和苦卤等。生产工艺是先将钾石盐等原料溶解在热水中，制成饱和溶液，然后冷却结晶，经过分离，制得较纯净的氯化钾。氯化钾施入土壤后，钾呈离子状态，一部分被植物直接吸收，一部分与土壤胶体吸附离子发生阳离子交换。在中性或石灰性土壤上，K^+ 与土壤胶体吸附 Ca^{2+} 发生交换作用，生成氯化钙，氯化钙易溶于水，在灌溉时随水淋失至下层，对作物生长没有危害；在酸性土壤上，K^+ 与土壤胶体吸附 H^+ 发生交换作用，造成土壤酸化，因此，在酸性土壤施用氯化钾时应配合施用有机肥料或石灰。施肥方式：可做基肥、追肥，不宜做种肥，因氯抑制种子发芽；一般亩施 10 ~ 15kg。中性土壤做基肥宜与有机肥、磷矿粉混配施用，酸性土壤应配施石灰，不宜用于盐碱地。宜棉麻作物，忌氯作物慎用。

1.2 硫酸钾

硫酸钾肥料的主要成分是 H_2SO_4，含 K_2O 48% ~ 52%，为白色结晶体或淡黄色结晶，易溶于水，吸湿性较弱，不易结块，属于生理酸性肥料。生产工艺是将明矾石与氯化物（食盐或苦卤）混合后，纯高温煅烧，通过水蒸气进一步分解而成。施入土壤后，与氯化钾相似，只是生成物不同。在中性和石灰性土壤上生成硫酸钙，在酸性土壤上生成硫酸。生成硫酸钙在土壤中溶解度小，易存在土壤中，长时间会造成土壤板结，应增施有机肥，改善土壤结构。在酸性土壤上，增施石灰，中和土壤中酸性。施肥方式：可做基肥、追肥，一般亩施 10 ~ 15kg；种肥和根外追肥，种肥 3 ~ 5kg/亩，叶面喷施适宜浓度为 2% ~ 3%。中性土壤做基肥宜与有机肥、磷矿粉混配施用。酸性土壤应配施石灰。适宜各种作物，喜硫作物施用效果较好。忌氯作物和经济作物优先选择硫酸钾。

1.3 草木灰

草木灰指植物残体燃烧后的剩余物。我国广大农村普遍以玉米秸秆、落叶、稻草、麦秸等为燃料，所以草木灰在我国农业生产中是一项重要的钾肥来源。草木灰成分比较复杂，除钾外，还含有植物体内各种灰分元素，如磷、钙、镁和各种微量元素养分，其中钾和钙的含量较多。草木灰中含有各种钾盐，以碳酸钾为主，硫酸钾次之，氯化钾含量较少，90% 的钾都能溶于水，属于速效钾肥。因含有较多碳酸钾，所以是一种碱性肥料，不能与铵态氮肥和腐熟有机肥混合施用。施肥方式：可做基肥、追肥，也可做根外追肥、盖种肥；基肥 50 ~ 100kg/ 亩，追肥 50kg/ 亩，宜集中沟、穴施，施前应拌少量湿土或浇少量水湿润。盖种多用于水稻和蔬菜育苗；用 1% 的浸出液叶面喷施，还可防治虫。不能与铵态氮肥、腐熟有机肥混合。

2 钾肥合理施用技术

我国南北地区的气候、环境、土壤条件和耕作施肥方式等的不同，造成钾肥肥效各异。北方由于大部分土壤有效钾含量比较丰富，钾肥肥效不及氮、磷肥明显，但随着复种指数和单产的提高，以及氮、磷肥用量的增加，一些需钾较多的作物也出现缺钾现象。南方因受气候和土壤条件的影响，很多作物已表现出缺钾现象。这些都说明钾肥已是我国农业生产中的一项重要增产措施。钾肥施用效果与作物种类、土壤条件、肥料种类和施肥技术等条件密切相关。要充分发挥钾肥肥效，需考虑以下几个因素。

（1）作物种类

不同作物需钾量和吸收钾的能力各异。由于钾素影响蛋白质和脂肪代谢，因此豆科作物和油料作物施钾肥效果较高。含有碳水化合物多的薯类作物和含糖较多的甜菜、甘蔗等需钾较多，经济作物麻类、棉花、烟草等也是需钾较多的作物；禾本科作物对钾的需要量较少。因此，有限的钾肥优先施用需钾量高的作物。

（2）土壤条件

①土壤供钾水平：土壤中速效钾的含量和缓效钾的贮藏量及其释放速率称为土壤供钾水平。只有土壤供钾水平低于一定界限时，钾肥才能发挥其肥效。土壤速效钾含量水平是决定钾肥肥效的基础条件，以中国科学院南京土壤研究所对水稻、小麦等作物拟定的土壤速效钾分级标准为例，速效钾（K_2O）含量低于33.0mg/kg，等级为极低，钾肥肥效极明显；速效钾（K_2O）含量在33.0 ~ 68.6mg/kg，等级为低，施用钾肥一般有效；速效钾（K_2O）含量在68.6 ~ 124.0mg/kg，等级为中等，在一定条件下钾肥有效；速效钾（K_2O）含量在124.0 ~ 165.3mg/kg，等级为高，施用钾肥一般无效；速效钾（K_2O）含量大于165.3mg/kg等级为极高，不需要施钾肥。

②土壤质地：土壤质地主要影响土壤含钾量和供钾能力。一般黏质土含钾量高于砂质土，因此在砂质土上施用钾肥效果较明显。在砂质土上施钾时应控制施用量，采取少量多次施入方式，以减少钾的流失。

（3）根据肥料特性合理施用：钾肥在土壤中移动性小，可做基肥集中施于根系密集的土层中。对于砂质土，可一半做基肥，一半做追肥。做追肥时应根据作物生育期提前施入。

（4）肥料配合：肥料三要素氮、磷、钾对植物物质代谢的影响是相互促进和相互制约的，因此施钾肥时，应注意氮肥和磷肥配合施用。当土壤中氮和磷含量低时，单施钾肥增产作用不明显，随氮肥和磷肥用量增加，施用钾肥才能获得高产；反之，当单施氮肥或磷肥或只施氮、磷肥不施钾肥，也不能带来高产效果。

（5）施肥技术：钾肥的施用应遵循“重施基肥、轻施追肥、分层施用、看苗追施”的原则，并且要早施，避免出现缺钾现象。对于保水性和保肥性较差的土壤，应分次施用。钾肥要深施、集中施用。

3 火焰光度计法原理

草木灰中的钾主要以水溶态 K_2CO_3、K_2SO_4 为主，还有少量以难溶的硅酸钾复盐形式存在。这些难溶性钾可用稀 HCl 溶解。待测液中钾的测定方法有很多种，其中首推火焰光度计法，该方法操作简便、准确可靠。其原理如下：含钾的待测液被吸入火焰光度计后，呈雾状与燃气混合燃烧。在火焰高温激发下，辐射出钾元素的特征光谱（火焰呈紫红色）。通过钾滤光片，经光电池或光电倍增管，将光能转化为电能，放大后用微电流表（检流计）指示其强度。由钾标准液浓度和检流计读数做出工作曲线（或回归方程），查出（或算出）待测液的钾浓度，然后计算样品的钾含量。本实验选用此法，以学习和初步掌握火焰光度计法测钾。无火焰光度计时，可选用钾电极法或四苯硼酸钾重量（容量）法等。

[任务实施]

1 任务实施准备

1.1 明确任务

认知常见钾肥的一般理化性状，对草木灰中有效钾含量进行测定。

1.2 肥料准备

准备常见的硫酸钾、氯化钾和草木灰等钾肥，按小组数量分别装入小瓶并编号。

1.3 仪器设备

分析天平、火焰光度计等。

1.4 试剂配制

（1）浓盐酸：分析纯或化学纯原装。

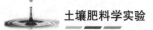

（2）钾标准液：准确称取105℃烘干4 ~ 6小时的分析纯KCl1.9070g，用蒸馏水溶解并定容至1L，即1000mg/kg K贮备液。吸取该贮备液25mL于250mL量瓶中，用水定容，即100mg/kg K标准原液。分别吸取100mg/kg K标准原液0、1.0、2.5、5.0、10.0、20.0mL于50mL量瓶中，各加入与待测液等量的空白液，用水稀释至刻度，即分别为0、2、5、10、20、40mg/kg钾标准系列液。

2 操作步骤

（1）待测液的制备

称取通过1mm筛的草木灰样品0.5000g于100mL三角瓶中，加几滴蒸馏水湿润后，缓慢加入浓HCl10滴，反应微弱后，加蒸馏水15mL，盖上小漏斗，用低温煮沸3mim，中途可加水保持原液面高度，稍冷后，用小漏斗小心转入250mL量瓶中，用水多次洗三角瓶并无损地转入量瓶中定容，充分摇匀后过滤于三角瓶中备用。同时做空白试验。

（2）待测液中钾的测定

吸取滤液10mL于50mL容量瓶中，用蒸馏水稀释至刻度，摇匀，与相应的钾的标准系列液一同上机测定，记录检流计读数，于标准曲线上查得其钾的浓度，以此计算，得到样品中钾的含量。

3 结果计算

$$\omega(\mathrm{K})=\frac{(c\times V\times ts)}{(m\times 10^{6})}\times 100\%$$

$$\mathrm{K_2O\%=K\%\times 1.205}$$

式中，ω（K）为草木灰中有效磷的质量分数；c为测得显色液中K的质量浓度，mg/L；V为显色液定容体积，mL；ts为分取倍数；m为试样质量，g；10^6为单位换算系数。

4 完成报告

根据对常见钾肥的物理性质观察和草木灰中钾含量测定的结果，撰写任务报告。

任务四　科学施用中量、微量元素肥料

[任务描述]

目前，在农业生产中，对大量元素肥料的科学合理施用方法已经较为了解，但对中量和微量元素肥料的营养管理的重视程度不够，使用方法尚未普及。近年来，由于中量和微量元素引起的病害时有发生，但很多时候在病害发生后的防治效果并不理想，甚至适得其反。究其原因，除了病害的诊断有误外，还与中量、微量元素的使用方法有关。

本任务为认知中量和微量元素肥料的种类及常见中量、微量元素的成分和性质，明确微量元素肥料施用的方法和注意事项。同时，采用氯化钙交换—中和滴定法测定土壤中石灰需要量。

[知识准备]

1 硫、钙、镁肥的性质及其施用

1.1 常见硫肥的性质及施用

1.1.1 硫肥种类及性质

硫肥主要通过硫黄矿、硫铁矿和石膏矿等高含硫矿物，经开采、加工，或直接用于肥料，或用于生产其他化学硫肥。常用的化学硫肥包括硫黄、普通过磷酸钙、硫酸铵、硫酸钾、石膏、硫酸镁、化学硫肥等。石膏是最常用的硫肥，也可作为碱土的化学改良剂。农用石膏有生石膏、熟石膏和磷石

膏三种。生石膏，以石膏矿石直接粉碎而成，主要成分为 $CaSO_4 \cdot 2H_2O$，白色粉末，微溶于水。熟石膏由不同石膏煅烧脱水而成，主要成分为 $CaSO_4 \cdot 1/2H_2O$，容易磨细，吸湿性强，易结块。磷石膏是用硫酸分解磷矿石制成磷酸后的残渣，主要成分为 $CaSO_4 \cdot 2H_2O$，含0.7% ~ 4.6%的磷(P_2O_5)，呈酸性，易吸潮。

1.1.2 硫肥的施用

硫肥的合理施用包括施用量的估算、硫肥品种的选择及施肥时间、施肥方式等的确定。施用量主要依据土壤和作物之间的供需关系确定。土壤条件中，北方土壤缺硫较少，南方土壤缺硫比较普遍。同时，硫肥肥效高低取决于土壤中有效硫的含量，通常土壤中有效硫含量低于 10 ~ 16mg/kg，施用硫肥效果较好。豆科、十字花科、石蒜科等作物需硫较多，对施硫肥的反应敏感，而谷物类作物对硫的缺乏相对耐受。硫肥用量确定还需要考虑各元素营养的平衡，特别是氮、硫的平衡。一些试验表明，N/S接近 7 时，氮肥和硫肥才能得到有效利用。选择硫肥品种时，由于石膏类肥料和硫黄溶解度低，宜做基肥撒施，水溶性含硫肥料如硫酸铵、硫酸钾等可做基肥、追肥、种肥及根外追肥。硫肥施用的时间，在温带地区，春季施用磷酸盐类等可溶性硫肥效果优于秋季，在热带、亚热带地区宜在夏季施用。

1.1.3 石膏可作为碱土化学改良剂

施用石膏可改良碱土。施用原则为当土壤中交换性钠的含量占阳离子交换量的 5% 以下时，不需要施用石膏；如含量达到 10% ~ 20% 时，需施用适当的石膏；含量在 20% 以上时，必须施用石膏进行土壤改良。施用农用石膏时应按其有效成分计算。碱土施用石膏应在雨季前或灌溉前，与土壤混合，让石膏中钙离子与土壤中钠充分接触进行交换，然后通过排水脱碱。

1.2 钙肥种类、性质及施用

1.2.1 钙肥种类及性质

广义上，凡是富含钙的物质都可以称为钙肥。常用的含钙肥料有生石灰（CaO）、熟石灰 [$Ca(OH)_2$]、碳酸石灰（$CaCO_3$）、含钙的工业废渣和其他含钙肥料。石灰物质除用于补充钙的肥料外，还用作酸性土壤改良剂。

（1）生石灰：主要成分为氧化钙（CaO），易溶于水，是石灰肥料中碱性最强的一种，且中和酸度的能力也强。生石灰除补充钙外，还有一定杀虫、灭草和土壤消毒的作用。

（2）熟石灰：主要成分为氢氧化钙 [$Ca(OH)_2$]，含 70% CaO，由生石灰加水或堆放时吸水而制成，较易溶解，中和土壤酸度的能力、灭菌和杀虫能力次于生石灰，是我国普遍施用的一种石灰肥料。

（3）碳酸石灰：主要成分是碳酸钙（$CaCO_3$），溶解度较低，中和土壤酸度的能力较弱，但作用持久。

1.2.2 钙肥施用

钙施钙肥一般以土施钙肥和叶面喷施相结合，土施钙肥以无机盐类钙肥为主，撒在土表浅划即可。果树一般在套袋前采用根外喷施钙肥 3 次，每次间隔 7 ~ 10 天，直接喷施在果面上。缺钙土壤中，土施钙肥优于叶面喷施。我国在酸性土壤上施用石灰的历史悠久，施用石灰除为作物提供钙素营养外，还可以中和土壤中的酸，起到改土培肥、增产增收的作用。其中，大豆、大麦、棉花等作物对石灰较敏感，施用石灰肥效较好；小麦、水稻、花生等作物次之；油菜不敏感，甘薯产生负效应。

1.3 镁肥种类、性质及施用

1.3.1 镁肥种类及性质

常用的含镁肥料有硫酸镁、氯化镁、硝酸镁、氧化镁和钾镁肥等，可溶于水，易被作物吸收。白云石粉、钙镁磷肥等也含有效镁，微溶于水，肥效缓慢。磷酸铵镁是一种长效复合肥，除含镁外，还含氮（N）8%、磷（P_2O_5）40%，微溶于水，所含养分对作物均有效。现将这些镁肥的成分性质列于表 5-5。

表 5-5 常用镁肥的成分及性质

肥料名称	Mg 含量（%）	镁的存在形态	主要性质
硫酸镁	9.7	$MgSO_4 \cdot 7H_2O$	酸性，易溶于水
氯化镁	25.6	$MgCl_2$	酸性，易溶于水
硝酸镁	16.4	$Mg(NO_3)_2$	酸性，易溶于水
碳酸镁	28.8	$MgCO_3$	中性，易溶于水
磷酸铵镁	14.0	$MgNH_4PO_4$	中性或碱性，微溶于水
钾镁肥	7 ~ 8	$MgSO_4 \cdot K_2SO_4$	碱性，易溶于水
氧化镁	55.0	MgO	碱性，易溶于水
白云石粉	10 ~ 13	$CaCO_3 \cdot MgCO_3$	碱性，微溶于水
钙镁磷肥	9 ~ 11	$MgSiO_3$、Mg_2SiO_4、$Mg_3(PO_4)$	碱性，微溶于水

1.3.2 镁肥施用

随着作物产量和复种指数的不断提高，以及含镁化学肥料和有机肥料施用比例的降低，土壤中镁不断消耗，缺镁现象日渐加重。镁肥肥效受到作物营养特性、土壤条件及镁肥种类等多种因素的影响。镁肥施用量主要决定于土壤中有效镁的含量和作物营养特性，一般土壤中有效镁含量小于 40mg/kg 时需要施用镁肥。一般作物对镁的需要量顺序为：经济林木和经济作物＞豆科作物＞禾本科作物。在蔬菜作物中，果菜类和根菜类需镁量大于叶菜类。镁肥可做基肥和追肥。在酸性土壤上施用微溶性的镁肥效果较好，中性或碱性土壤上施用可溶性镁肥做基肥或追肥效果较好。镁肥还可以做根外追肥，通常用硫酸镁肥料做根外追肥，连续多次进行叶面喷施，对矫正缺镁症状具有良好的效果。

2 常见微量元素肥料的种类、性质及施用

2.1 常见微量元素肥料的种类和性质

微量元素肥料的种类较多，一般按肥料所含元素的种类或所含化合物的类型划分。如按元素种类划分可分为铁肥、钼肥、铜肥、锰肥、硼肥和锌肥等。常用的微量元素肥料的种类和性质见表 5–6。

表 5–6　常用的微量元素肥料的种类和性质

种类	肥料名称	主要成分	含量 /%	主要性质
铁肥	硫酸亚铁	$FeSO_4 \cdot 7H_2O$	19 ~ 20	浅绿色结晶，呈酸性，易溶于水，在潮湿空气中会吸潮，并被空气氧化成黄褐色或铁锈色
钼肥	钼酸铵	$(NH_4)_2MoO_4$	50 ~ 54	无色结晶，暴晒易风化失氨；易溶于水，溶于弱酸、强酸
铜肥	硫酸铜	$CuSO_4 \cdot 5H_2O$	24 ~ 26	蓝色结晶，易溶于水，易风化
锰肥	硫酸锰	$MnSO_4 \cdot 3H_2O$	25 ~ 28	粉红色或肉色结晶，弱酸性，易溶于水，不吸湿
硼肥	硼砂 硼酸	$Na_2B_4O_7 \cdot 10H_2O$ H_3BO_3	11 17.5	白色结晶或粉末，40℃热水中易溶，不易吸湿，性偏碱。硼酸性质同硼砂
锌肥	硫酸锌	$ZnSO_4 \cdot 7H_2O$	23 ~ 24	白色或无色结晶，弱酸性，易溶于水，不易吸湿

2.2 微量元素肥料施用

微量元素肥料有多种施用方法，可做基肥、种肥或追肥直接施入土壤，又可直接作用于作物，如种子处理、蘸秧根或根外施肥等。施用应结合具体条件，采用不同方法。

2.2.1 土壤施肥

微量元素肥料直接施入土壤能够满足作物整个生育期对微量元素的需求。一般来说，可溶性微量元素施入土壤后，一部分被作物吸收利用，一

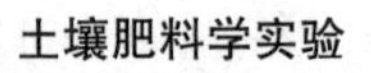

部分被固定。有研究表明，微肥具有一定后效性。因此，土壤施微肥时可考虑隔年施用一次的方式。此外，玉米、水稻等作物缺锌症状多出现在苗期，锌肥可做种肥施入。在水源不足的干旱地区，土施微肥效果优于根外施肥。

2.2.2 植物施肥

植物施肥主要包括拌种、浸种、蘸秧根和根外喷施，园艺树木和果树采用的注射施肥等，这些方式是微量元素肥料最常用的施肥方式。

（1）拌种

拌种施肥方式是将水溶性微肥配成一定浓度，按水与种子质量比为 1 ∶ 10 比例，喷洒在种子上，搅拌均匀，堆闷 3 ~ 4h，阴干后播种。一般每千克种子 0.5 ~ 1.5g。

（2）浸种

浸种是将种子浸泡在一定浓度的微量元素溶液中，浸泡 5 ~ 12h，晾干即可播种。微量元素浸种浓度一般在 0.1 ~ 0.5g/kg，最高不要超过 1g/kg。

（3）蘸秧根

蘸秧根是将适量的微量元素肥料与少许肥沃土壤或有机肥料制成稀薄的糊状液体，在插秧前或植物移栽前，把秧苗或幼苗根浸入液体数分钟后移栽，多用于水稻及其他移栽作物。如水稻可用 1% 氧化锌悬浊液蘸根 30s 即可插秧。用于蘸秧根的微量元素肥料不能含有有害物质，酸碱度不能太强，通常采用较纯净的微量元素肥料。

（4）根外喷施

微量元素肥料采用根外喷施具有节约肥料、肥效快的优点，是微量元素肥料施用最经济有效的方法。喷施浓度为 0.1 ~ 2g/kg，但要根据植物种类、植株大小而定。

（5）注射施肥

注射施肥是在树木，特别是果树的根茎上打孔，并在一定的压力下将含有微量元素的稀溶液由注射孔注入树体中，通过木质部导管运输到树木其他部位。注射时间一般在树木休眠期，打孔深度要求达到主干直径的

2/3。注射装置一般采用吊袋滴注法。缺铁时常用0.2% ~ 0.5%的硫酸亚铁溶液注入树干内，或在树干上钻一小孔，每棵树用1 ~ 2g硫酸亚铁盐塞入孔内，效果很好。常见微量元素肥料的具体施用方法列于表5–7。

表5–7　常见微量元素肥料的施用方法

肥料名称	基肥	拌种	浸种	根外喷施
铁肥	大田植物，硫酸亚铁2 ~ 3kg/亩，果树5 ~ 10kg/亩	硫酸亚铁每千克种子4 ~ 6g	硫酸亚铁浓度为0.02% ~ 0.05%	大田植物硫酸亚铁浓度0.2% ~ 1.0%；果树0.3% ~ 0.4%，喷3 ~ 4次
锰肥	硫酸锰1 ~ 3kg/亩，可持续1 ~ 2年，效果较差	硫酸锰每千克种子4 ~ 8g	硫酸锰浓度为0.1%	硫酸锰浓度0.1% ~ 0.2%，果树0.3%，喷施2 ~ 3次
铜肥	硫酸铜1 ~ 2kg/亩，可持续3 ~ 5年	硫酸铜每千克种子4 ~ 8g	硫酸铜浓度为0.01% ~ 0.05%	硫酸铜浓度为0.02% ~ 0.04%，喷1 ~ 2次
锌肥	硫酸锌1 ~ 2kg/亩，可持续2 ~ 3年	硫酸锌每千克种子4 ~ 6g	硫酸锌浓度为0.02% ~ 0.05%。水稻用0.1%	硫酸锌浓度0.1% ~ 0.2%，喷施2 ~ 4次
钼肥	钼渣2.75kg/亩，可持续2 ~ 4年	钼酸铵每千克种子1 ~ 2g	钼酸铵浓度为0.05% ~ 0.1%	钼酸铵浓度0.05% ~ 0.1%，喷施1 ~ 2次
硼肥	硼砂0.5 ~ 0.75kg/亩，硼酸0.3 ~ 0.5kg/亩，可持续3 ~ 5年	每千克种子用硼砂或硼酸0.4 ~ 1.0g	硼砂或硼酸浓度为0.01% ~ 0.05%	硼酸或硼砂浓度0.1% ~ 0.2%，喷施2 ~ 3次

2.3 微量元素肥料施用注意事项

植物缺少微量元素，生长受到抑制，导致作物减产和品质下降；过多会引起作物中毒，影响作物产量和质量。因此，对微量元素的施用应十分谨慎，必须根据土壤中微量元素的供应状况和作物对微量元素的营养特性，科学合理施用微肥，以达到提高作物产量和改善产品品种的目的。根据以上原因，在施用微肥时应注意以下几个问题。

2.3.1 根据作物对微量元素的反应施肥

不同作物对不同的微量元素种类的反应和敏感程度不同，需求量也不同（详见表 5-8）。了解不同作物对微量元素的反应是合理施用微肥的前提。微肥应施用在对微量元素不敏感的作物或需求量较多的作物上。此外，果树对微量元素的需求一般比大田作物多，因此，在果树上应优先施用微肥。

表 5-8　主要植物对微量元素需求状况

元素	需要较多	需要中等	需要较少
铁（Fe）	蚕豆、花生、马铃薯、苹果、梨、桃、杏、李、柑橘等	玉米、高粱、苜蓿等	大麦、小麦、水稻等
锰（Mn）	甜菜、马铃薯、烟草、大豆、洋葱、菠菜等	大麦、玉米、萝卜、番茄、芹菜等	苜蓿、花椰菜、包心菜等
铜（Cu）	小麦、高粱、菠菜等	甘薯、马铃薯、甜菜、苜蓿、黄瓜、番茄等	玉米、大豆、豌豆、油菜等
锌（Zn）	玉米、水稻、高粱、大豆、番茄、柑橘、葡萄、桃等	马铃薯、洋葱、甜菜等	小麦、豌豆、胡萝卜等
钼（Mo）	大豆、花生、豌豆、蚕豆、绿豆、紫云英、油菜、花椰菜等	番茄、菠菜等	小麦、玉米等
硼（B）	甜菜、苜蓿、萝卜、向日葵、白菜、油菜、苹果等	棉花、花生、马铃薯、番茄、葡萄等	大麦、小麦、柑橘、西瓜、玉米等

2.3.2 注意土壤中微量元素的状况

不同类型、不同质地的土壤其施用微量元素肥料的效果不同。一般来说，缺铁、硼、锰、锌、铜，主要发生在北方石灰性土壤中，而缺钼主要发生在酸性土壤中。酸性土壤施用石灰会明显影响多种微量元素养分的有效性。因此，应在补充有效性微量元素养分的同时，消除导致微量元素缺乏的土壤因素。一般可采用施用有机肥料或适量石灰来调节土壤酸碱度，改良土壤的某些性状。

2.3.3 注意与大量元素肥料的配合

虽然微量元素肥料和氮、磷、钾肥料三要素都是同等重要和不可代替的，但是在农业生产中，只有在大量元素肥料满足作物需要的基础上，微量元素肥料才能表现出较好的效果。因此，应注意大量元素肥料的配合。

2.3.4 注意严格控制用量，力求施用均匀

微量元素肥料施用过多会对植物产生毒害作用，而且有可能污染环境，或影响人畜健康。因此，施用时应严格控制用量，力求施用均匀。

总之，在微量元素的施用过程中，应遵循适时、适量和施用均匀的原则。

[任务实施]

1 任务实施准备

1.1 明确任务

用微肥拌种、浸种，给作物喷施微量元素肥料。

1.2 确定施肥的作物、准备肥料

由指导教师结合当地的生产实际（可在学校农场或深入农户），针对当地微量元素丰缺状况，确定需补充微量元素的作物及要补充的微量营养元素，并备好微肥。

1.3 准备所需器具

天平、种子、喷雾器、塑料盆、小钵、量筒、水桶等。

2 微肥拌种操作

①确定拌种的作物种子数量和拌种用的微量元素肥料；

②根据种子数量计算所需的微量元素肥料；

③称量种子和微量元素肥料；

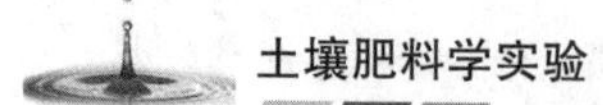

④溶解肥料并将肥料液喷洒于种子上，并拌匀。

3 微肥浸种操作

①确定浸种的作物种子数量和浸种用的微量元素肥料；

②确定浸种的微肥浓度和溶液用量，并计算所需肥料；

③确定浸种时间，称量种子和微量元素肥料；

④将肥料溶解制成溶液，将种子倒入溶液中浸泡一定时间后，捞出种子晾干待播。

4 给缺乏微量元素营养的果树或蔬菜喷施微肥

确定喷施所用肥料及喷施浓度和溶液用量、喷施时间；配制溶液并进行喷施。

5 查检和评价施肥质量

查检和评价的内容包括：肥料用量及所用浓度的合理性、拌种和浸种质量、喷施时间和喷施质量、肥料施用的均匀程度等，最后由教师对各组的施肥作业过程进行点评。

任务五　复合（混合）肥料中氮、磷、钾含量的测定

[任务描述]

复混肥料是复合肥料和混合肥料的总称，由化学方法或物理方法制成。复混肥料是世界化学工业发展的新方向，当前复混肥料的产量和技术已成为一个国家化工业发达程度的重要指标。随着我国农业生产的发展，复合肥料的需要量和在化学肥料中所占的比例日益增加。复合肥料中氮、磷、钾含量的高低是反映其品质的重要指标。因此，在合理施肥确定适宜的施肥量时必须了解复合肥料中的氮、磷、钾含量。

本任务采用蒸馏法、钒钼黄比色法和火焰光度计法分别测定复合（混合）肥料中的氮、磷、钾含量。

[知识准备]

1. 复混肥料的概念

1.1 复混肥料的含义

复混肥料是指在肥料养分标明量中至少含有氮、磷和钾三种养分中的两种或两种以上的由化学合成和物理掺混方法制成的肥料。根据生产工艺或加工方法，复混肥料分为复合肥料和混合肥料两大类。复合肥料是指由化合（化学）作用或混合氨化造粒过程制成的，工艺流程中有明显的化学反应，称为复合肥料；混合肥料是指将两种或两种以上的单质化肥，或用一种（或一种以上）的复合肥料与一种（或一种以上）的单质化肥，通过机械混合的方法制取不同养分配比的肥料，其生产工艺以物理过程为主，按制造方法的不同又分为粉状混合肥料、粒状混合肥料和掺混（BB）肥料。粉状混合肥料采用干粉掺和或干粉混合，加工方法简单，成本低，但容易结块，物理性差，施用不便，不宜机械化施肥；粒状混合肥料是在粉状混合肥料的基础上发展而来，主要是先将肥料通过粉状搅拌混合后，造粒，筛选再烘干，优点在于颗粒中养分分布均匀，物理性状好，施用方便，可根据作物需要更换肥料配方。掺混（BB）肥料是将两种或两种以上粒度相近的不同种肥料颗粒通过机械混合而成，每个颗粒组成与肥料整个组成不一致，优点在于针对性强，可以灵活改变配方，能满足不同土壤和作物对养分的需要。根据含有的有效成分种类可分为：二元复混肥料、三元复混肥料、多元复混肥料和多功能复混肥料。二元复混肥料指含有氮、磷、钾三要素中的任意两种组合的复混肥料，如硝酸钾、磷酸二氢钾、硫酸铵等；三元复混肥料指含有氮、磷、钾三要素的肥料，如铵磷钾肥、硝磷钾肥和尿磷钾肥等；多元复混肥料指在二、三元复混肥料中添加一种或几种中、微量元素的复混肥料；多功能复混肥料指在二、三元复混肥料中适当添加植物生长调节剂、除草剂、抗病虫农药等物质生产的复混肥料。

1.2 复混肥料的含量标志

复混肥料的营养成分和含量用其所含的氮、磷、钾三要素为标志，三要素的代表符号和顺序为 N–P_2O_5–K_2O，分别用阿拉伯数字表示，称作肥料配合式或肥料分析式。例如，磷酸二铵包装袋上标出养分为 18–46–0，表示该肥料含有效氮（N）18%、有效磷（P_2O_5）46%，“0”表示不含钾；肥料包装袋上标出养分 12–9–20，表示该肥料含有效氮（N）12%，有效磷（P_2O_5）9%、钾（K_2O）20%；肥料包装袋上标出养分 15–8–12（S），附在最后的符号（S）表示肥料中的钾是用硫酸钾作为原料；肥料包装袋上标出养分 15–15–15–1.5Zn，表示该肥料除含有氮、磷、钾三要素外，还含有 1.5% 的锌，但有效养分只计算氮、磷、钾三要素。

1.3 复混肥料的特点

1.3.1 优点

与单质肥料相比，复混肥料具有以下优点。

（1）养分种类多、含量高：复混肥料至少含有氮、磷、钾两种或两种以上的养分，能为作物提供多种养分，充分发挥营养元素之间的相互促进作用，从而提高作物产量，改善作物品质。复混肥料一般养分含量高，如磷酸二铵（18–46–0）含 N18%，含 $P_2O_5$46%，总养分含量达 64%。

（2）副成分少、物理性状较好：大多数复混肥料为颗粒型，副成分少，吸湿性小，不结块，施用方便。

（3）成本低、效益好：复混肥料养分全，浓度大，生产成本低，节约了流通费用，施用省时省力，提高了生产效率，总体经济效益好。

1.3.2 缺点

（1）复混肥料养分比例固定，不能完全适用于各种土壤和作物。如 15–15–15 类型的复混肥料中，作物吸收氮和钾比磷多，长期施用会导致土壤中磷素的积累，引起部分微量元素缺乏等生理障碍。因此，复混肥料的养分必须根据土壤情况、作物需要量及肥料利用率合适配制，生产一些适用于某种土壤、某种作物及气候条件的专用肥料。

（2）难以满足不同施肥技术的要求。复混肥料中的各种养分只能采用同一种施肥时期、施肥深度和施肥方式，这样就无法充分发挥各种营养元素的最佳施肥效果。

2 常用复混肥料的性质与施用

我国复混肥料发展起步虽然较晚，但近年来发展很快，适合我国特点的高效复混肥迅速增加。目前，各地推广施用的配方肥多为掺混肥（简称BB肥），是把含有氮、磷、钾及其他营养元素的肥料按一定比例掺混而成，因其生产工艺简单、投资少、能耗少、成本低、养分配方灵活、针对性强、适应农业生产需要，发展很快。常见复混肥的性质与施用详见表5–9。

表5–9　常见复混肥的性质与施用

肥料名称	组成和含量	性质	有效施用
磷酸铵	$(NH_4)_2HPO_4$和$NH_4H_2PO_4$的混合物，含N 14% ~ 18%、P_2O_5 46% ~ 50%	灰白色或灰黑色颗粒，性质稳定，易溶于水，中性反应	适合于各种土壤和各种作物，可做基肥或种肥，适当配合氮肥。基肥10 ~ 15kg/亩，种肥3 ~ 5kg/亩
硝酸磷肥	硝酸分解磷矿粉后氨化制得，主要成分NH_4NO_3、$(NH_4)_2HPO_4$、$CaHPO_4$和$Ca(NO_3)_2$，一般含N > 25.0%，P_2O_5 > 10.0%	灰白色或深灰色颗粒，具有吸湿性，易结块，中性或微酸性	适宜北方旱地，不宜水田和多雨地区；豆科、甜菜等作物效果差。可做基肥、追肥，不宜做种肥；基肥10 ~ 15kg/亩
磷酸二氢钾	KH_2PO_4，0–52–35	白色晶体，不易吸湿结块，物理性状好，易溶于水，酸性	多用作根外追肥和浸种肥。喷施适宜浓度0.1% ~ 0.2%，浸种的浓度一般为0.2%，浸泡18 ~ 24h
硝酸钾	KNO_3，N 12% ~ 15%、P_2O_5 45% ~ 46%	白色结晶，水溶性，吸湿性小，无副成分	多做追肥，施于旱地和马铃薯、甘薯、烟草等作物

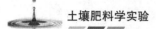

续表

肥料名称	组成和含量	性质	有效施用
铵磷钾肥	由硫酸铵、磷酸铵和硫酸钾配制而成，养分比例有12-24-12、10-20-15、10-30-10等	物理性状良好，所含养分速效，易被作物吸收	最适宜需磷较多的作物，对有些作物应适当补充氮肥，可做基肥或追肥，一般用量30 ~ 40kg/亩
硝磷钾肥	硝酸磷肥基础上添加钾肥制得，主要产品有10-10-10、15-15-15等	淡褐色颗粒，有吸湿性	一般做旱地的基肥或早期追肥，用量为30 ~ 50kg/亩。烟草、黄瓜等作物效果明显
尿素磷钾肥	由尿素、磷酸铵和硫酸钾或氯化钾配制而成，主要产品有15-15-15、19-19-19、25-10-10等	颜色多样的颗粒，吸湿性小	一般以基肥为主，也可做追肥，用量为30 ~ 50kg/亩
有机无机复混肥	由有机物（腐殖酸类或畜禽粪发酵物等）与化学氮、磷、钾肥混合配制而成，养分配比多样	一般为黑色或棕褐色颗粒	适用于各种作物，在蔬菜、果树上应用较多，一般做基肥施用，用量为50 ~ 100kg/亩，适当配合单质肥料或氮、磷、钾复混肥

3 复混肥料的合理施用

复混肥料的增产效应与土壤条件、作物类型、肥料中的养分、施用量及施肥技术有关。因此，在施用时应充分考虑土壤条件、作物特性、肥料养分、肥料用量及施肥环节等因素，确保肥料施用效果。

3.1 因土施用

根据土壤的供肥水平，因地制宜选择合适的复混肥料品种。我国土壤的有效磷平均在19.2mg/kg，从低到高依次为西南区、西北区、华东区、华北区、华南区和东北区。土壤中速效钾全国平均水平在120.6mg/kg，从低到高依次为华南区、华东区、西南区、华北区、东北区和西北区。

3.2 因作物施用

根据作物的种类和营养特性选用适宜的复混肥料品种。一般来说，粮食作物选用氮、磷复混肥料；豆科植物选用磷、钾为主复混肥料；果树、西瓜等经济作物，施用氮、磷、钾为主三元复混肥料；烟草、柑橘、茶叶等忌氯作物应选不含氯的复混肥料。

不同作物对氮、磷、钾三要素的需求量不同，应根据其需肥特点确定肥料配方。例如，花生、大豆为1 ∶ 2 ∶ 1；棉花为1 ∶ 0.5 ∶ 1或1 ∶ 0.5 ∶ 0.5；西瓜为1 ∶ 0.4 ∶ 0.8。

3.3 因肥料养分形态施用

含铵态氮、酰胺态氮的品种在旱地和水田中均可施用，但应采用深施覆土方式，以减少氮素损失；含硝态氮的复混肥料宜于施用在旱地土壤中，在水田或多雨地区应少施或不施；含水溶性磷的复混肥料在各种土壤上均可施用，弱酸溶性磷的复混肥料更适合施用在酸性土壤上；以磷钾为主的复混肥料，应集中施于根系附近，减少养分固定，便于作物吸收；含氯复混肥料不宜施在忌氯作物和盐碱地上。

3.4 以基肥为主

复混肥料中含有磷、钾元素，多呈现颗粒状，养分释放速度缓慢，可做基肥或种肥，肥效较好。做基肥时采用深施方式，做种肥时采用条施效果较好。

3.5 掌握合理的施用量

由于复混肥料种类多、成分复杂，养分含量不同，施用前必须根据复混肥料的成分、养分含量、作物需肥量和肥料利用率等计算肥料用量。

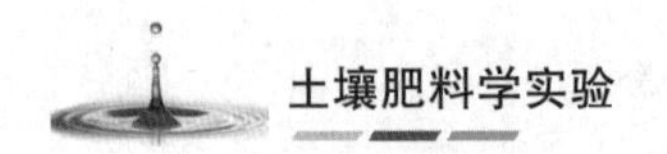

[任务实施]

1 复合肥料中氮的测定

复合肥料中的氮有铵态氮和硝态氮之分，有一些复合肥料兼有这两种形态，因此应根据复合肥料的性质和成分分别采用不同的方法。

1.1 含硝态氮的复合肥料中氮的测定

（1）方法原理：样品加定氮合金（铝－铜－锌）在碱性条件下把 NO_3^- 还原为 NH_3，并用蒸馏法测定。

（2）主要仪器：开氏瓶（250mL）、常量定氮蒸馏装置（或定氮仪）。

（3）试剂配制

①定氮合金：50% 铝、45% 铜和 5% 锌的混合物。

② 40% NaOH：称取 400g NaOH 于硬质玻璃烧杯中，加 400mL 蒸馏水溶解并不断搅拌，冷却后倒入细颈玻璃或塑料瓶中，加塞防止吸收空气中 CO_2，放置几天待沉淀后吸出清液，用去 CO_2 的蒸馏水稀释至 1L，用橡皮塞或木塞塞紧。

③ 2% 硼酸－指示剂溶液：称取 20g 硼酸（H_3BO_3，AR），加蒸馏水 900mL 稍稍加热溶解，冷却后加入混合指示剂（0.099g 溴甲酚绿和 0.066g 甲基红溶于 100mL 乙醇中）20mL，然后用 0.1mol/L NaOH 调节溶液至红紫色（pH 约 4.8 ～ 5.0），最后加水稀释至 1L，混匀贮于瓶中。指示剂宜于用前与硼酸混合。

④ 0.01mol/L H_2SO_4：每升水中注入 3mL 浓 H_2SO_4（AR），冷却，充分混匀，用 Na_2CO_3 标定。即先将标定剂 Na_2CO_3（AR）装在扁形称量瓶中，在 160℃烘干 2 小时以上。

用称量瓶称取 0.1600 ～ 0.2400g 烘干的 $Na_2CO_3$3 份，分别放入 250mL 三角瓶中，溶于约 30mL 水中，加 1 ～ 2 滴溴甲酚绿－甲基红混合指示剂，用配好的 0.05mol/L H_2SO_4 溶液滴定至溶液由绿色变为紫红色，煮沸 2 ～ 3min

逐尽 CO_2，冷却后继续滴定至溶液突变为葡萄酒红色为终点。同时做空白试验。按下式计算 H_2SO_4 溶液的浓度（M_H），取 3 次标定结果的平均值。

$$M_H=\frac{W}{0.106\times(V-V_0)}$$

式中，W 为每份滴定所用 Na_2CO_3 重量（g）；V 为标定时所用 H_2SO_4 溶液的体积（mL）；V_0 为空白试验所用 H_2SO_4 溶液的体积（mL）。

而后将 0.05mol/L H_2SO_4 标准溶液稀释 5 倍，即 0.01mol/L H_2SO_4 标准溶液。

（4）操作步骤

称取试样 0.3000g 于 250mL 开氏瓶中，加水 150mL，再向瓶中加 3.5g 达氏合金，将开氏瓶装置在常量定氮蒸馏器上。另取 2% H_3BO_3– 指示剂溶液 35mL 于 250mL 三角瓶中，将三角瓶置于定氮器承接管下（承接管末端浸入溶液中），小心地沿开氏瓶壁慢慢地加入 20mL 40% NaOH 溶液，打开冷凝水源，接通电炉电源，然后逐渐升温，进行蒸馏。待蒸馏残液至 50mL 左右时，停止蒸馏，用蒸馏水冲洗承接管，取下三角瓶，用 0.01mol/L H_2SO_4 标准液滴定至溶液由蓝绿色变为紫红色为终点。

（5）结果计算

$$N\%=\frac{2M(V-V_0)\times0.0140}{W}\times100\%$$

式中，M 为 H_2SO_4 标准溶液的摩尔浓度；V 为待测液消耗 H_2SO_4 标准溶液的体积（mL）；V_0 为空白液消耗的 H_2SO_4 标准溶液的体积（mL）；W 为样品重（g）。

1.2 含铵态氮的复合肥料中氮的测定

（1）方法原理：样品在碱性溶液中蒸馏出来的 NH_3 被 H_3BO_3 溶液吸收，用标准酸滴定之。

（2）主要仪器：开氏瓶（250mL），常量定氮蒸馏装置。

（3）试剂配制

① 40% NaOH 溶液：同上。

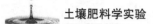

② 2% H_3BO_3– 指示剂溶液：同上

③ 0.01mol/L H_2SO_4 标准液：同上。

（4）操作步骤

称取试样 0.3000g 于 250mL 开氏瓶中，加水 150mL。另取 2% H_3BO_3–指示剂溶液 35mL 于 250mL 三角瓶中，将三角瓶置于定氮器承接管下（承接管末端浸入溶液中），小心地沿开氏瓶壁慢慢地加入 40% NaOH 溶液 20mL，将开氏瓶装在常量定氮蒸馏器上，打开冷凝水源，接通电炉电源，然后逐渐升温，进行蒸馏。待蒸馏残液至 50mL 左右时，停止蒸馏，用蒸馏水冲洗承接管，取下三角瓶，用 0.01mol/L H_2SO_4 标准液滴定至溶液由蓝绿色变为紫红色为终点。

（5）结果计算

$$N\%=\frac{2M（V-V_0）\times 0.0140}{W}\times 100\%$$

式中，M 为 H_2SO_4 标准溶液的摩尔浓度；V 为待测液消耗 H_2SO_4 标准溶液的体积（mL）；V_0 为空白液消耗的 H_2SO_4 标准溶液的体积（mL）；W 为样品重（g）。

2 复合肥料中磷的测定

2.1 方法原理

用中性柠檬酸铵浸提复合肥料中的有效磷，浸出液中的正磷酸盐与钒钼酸铵在酸性条件下形成黄色的三元杂多酸（$P_2O_5 \cdot V_2O_5 \cdot 22MoO_3 \cdot nH_2O$）。黄色的深度与溶液中磷的含量成正比，可以在 400 ~ 490nm 波长处进行比色。此法显色稳定，可在室温下进行，常见干扰离子少，灵敏度较低，适测范围广（1 ~ 20mg/kg，P），适用于含磷量较高而且变化幅度较大的磷肥样品。

2.2 主要仪器

分光光度计、分析天平等

2.3 试剂配制

（1）钒钼酸铵溶液

A 液：25g（$(NH_4)_6Mo_7O_{24} \cdot 4H_2O$）（二级）溶于 400mL 水中。

B 液：1.25g 钒酸铵（NH_4VO_3，二级）溶于 300mL 沸水中，冷却后加 250mL 浓 HNO_3。然后将 A 液缓缓倾入 B 液中，不断搅匀，并用水稀释至 1L。

（2）中性柠檬酸铵溶液：称取 450g 柠檬酸铵溶于适量水中，小心地加入浓氨水，直至溶液 pH 为 7（用 pH 计测定）。然后用水稀释，使其在 20℃时的比重为 1.09。

（3）50mg/kg 磷标准液：称取 0.4390g KH_2PO_4（二级纯，经 105℃烘干 2 小时）溶于 200mL 蒸馏水中，加入 5mL 浓硫酸，转入 1L 容量瓶中用蒸馏水定容。此溶液为 100μg/mL 磷标准溶液，可较长期保存。

取此液 25mL 稀释至 50mL，即 50μg/mL 磷标准溶液，该溶液不能长期保存。

2.4 操作步骤

（1）有效磷的浸提：称取样品（0.5mm）1.000g，置于小瓷研钵中，加入 20mL 中性柠檬酸铵溶液，用研棒小心研磨。而后用 80mL 中性柠檬酸铵溶液将其全部转入 250mL 容量瓶中，盖紧塞子，充分振荡。再把容量瓶浸入 65℃水浴中放置 1h（瓶塞稍松动，以便放出膨胀的气体）。在浸提过程中间歇摇动 3 ~ 4 次。取出容量瓶，冷却后，加水定容。用干燥滤纸过滤入 250mL 三角瓶中，弃去最初的滤出液。

（2）浸出液中磷的测定：吸取清亮滤液 1.00mL 于 50mL 容量瓶中，加水至约 35mL，准确加入 10mL 钒钼酸铵溶液，然后加水定容。放置 20min 后，用分光光度计于 400 ~ 490nm 波长比色（用 1cm 比色槽），同时做空白试验，以空白溶液调节比色计吸收值零点。

（3）工作曲线的绘制：分别吸取 50μg/mL 磷标准溶液 0、2.5、5、7.5、10、15、20mL，放入 50mL 容量瓶中，各加 1mL 2% 柠檬酸铵溶液，加水至约 35mL，准确加入 10mL 钒钼酸铵溶液，然后加水定容。放置 20min 后，用分光光度计比色。以空白溶液调节比色计的吸收值零点，测定各瓶溶液的吸收值。标准系列溶液的终浓度为0、2.5、5、7.5、10、15、20μg/mL磷。以吸收值为纵坐标，磷浓度（μg/mL）为横坐标，在普通坐标纸上绘制工作曲线。

2.5 结果计算

$$有效磷（P）\%=\frac{(c\times V\times ts)}{(m\times 10^6)}\times 100\%$$

$$P_2O_5\%=P\%\times 2.291$$

式中，c为从工作曲线上查得待测液中磷浓度；V为显色液体积；ts为分取倍数；m为样品重（g）；2.291为由P换算成P_2O_5的化学因数。

3 复合肥料中钾的测定

3.1 方法原理

复合肥料中所含的钾为KCl、K_2SO_4等中性钾盐，易溶于水，制成溶液，即可用火焰光度计法测定。

待测液在火焰高温激发下，辐射出钾元素的特征光谱，通过钾滤光片，经光电池或光电倍增管，把光能转换为电能，放大后用微电流表（检流计）指示其强度；根据钾标准溶液浓度和检流计读数做工作曲线，即可查出待测液的钾浓度，然后计算出样品中的钾含量。

3.2 主要仪器

火焰光度计、分析天平、三角瓶、容量瓶等

3.3 剂配制

（1）lmol/L中性醋酸铵溶液：称取NH_4OAc（三级纯）77.09g溶解于蒸馏水中，定容至近1L，用稀HOAc或1 ：1NH_4OH调至pH7.0，然后定容至1L。具体调节方法如下：取出50mL初配的醋酸铵溶液，用溴百里酚蓝做指示剂，以1 ：1NH_4OH或稀HOAc调节至溶液呈绿色，即pH7.0。

根据 50mL 所用的氢氧化铵或醋酸的 mL 数，算出所配溶液氢氧化铵或醋酸的需要量，加入后再调至 pH7.0。

（2）钾标准溶液：称取 KCl（二级纯，110℃烘干 2 小时）0.1907g 溶于 1mol/L 中性醋酸铵溶液中，并定容至 1L，摇匀，此为含 K 100μg/mL 的醋酸铵溶液。分别吸取 100μg/mL K 的醋酸铵溶液 0、1、2.5、5.0、10.0、15.0、25.0mL 于 50mL 容量瓶中，用 1mol/L 中性醋酸铵溶液定容，即 0、2、5、10、20、30、50μg/mL K 的标准系列溶液。

3.4 操作步骤

（1）待测液制备：称取试样 1.0000g 溶于水中，移入 250mL 容量瓶中，加水定容（必要时过滤）。

（2）测定：吸取滤液 10mL 于 50mL 容量瓶中，加水定容。直接在火焰光度计上测定，记录检流计读数，从工作曲线上查得待测液的钾浓度（μg/mL）。

（3）工作曲线的绘制：吸取 100μg/mL K 标准溶液 0、2.5、10、20、40、60mL，分别放入 100mL 容量瓶中，用水定容。此系列溶液分别为 0、2.5、10、20、40、60μg/mL K 标准溶液。以浓度最大一个定到火焰光度计上作为统计的满度（100 或 90），然后从稀到浓依序进行测定，记录检流计的读数。以检流计读数为纵坐标，K 浓度（μg/mL）为横坐标，绘制工作曲线。

3.5 结果计算

$$\omega(\mathrm{K}) = \frac{(c \times V \times ts)}{(m \times 10^6)} \times 100$$

式中，ω（K）为草木灰中有效钾的质量分数；c 为测得显色液中 K 的质量浓度，mg/L；V 为显色液定容体积，mL；ts 为分取倍数；m 为试样质量，g；10^6 为单位换算系数。

$$K_2O\% = K\% \times 1.205$$

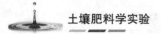

任务六　常见化学肥料定性鉴定

[任务描述]

市场上生产和销售的氮肥、磷肥和钾肥的品种较多，通过本项目前三个任务的学习，我们已基本掌握了氮肥、磷肥和钾肥的种类、性质和施用。但因搬运和施用过程中出现外包装标签缺失或损坏等情况，肥料品名无法识别，给施用带来困扰。因此，对化肥进行必要的简易定性鉴定，可避免因误用造成浪费和经济损失。

由于各种化肥都有特殊的外表形态、理化性质，我们可以通过外表观察（颜色、结晶）、气味、溶解程度、酸碱性、灼烧反应和化学分析等方法加以鉴别。

本任务为掌握对常用化肥的认知，明确其种类、性质、作用、有效成分及其含量和施用技术；对包装缺失、标签或损坏等原因造成肥料品名不清的化肥，应用简易方法进行定性鉴定；并掌握一些简便可靠的识别假冒伪劣化肥的方法。

[知识准备]

1 常用化学肥料定性鉴定

1.1 氮、磷、钾肥的初步判断

根据肥料的颜色、外部形态、溶解性能以及灼烧现象，可以初步区分氮、磷、钾肥：

①白色或浅色、结晶、溶于水的肥料为氮、钾肥（氯化钾有红色，硫酸钾有浅黄色）。

②颜色较深（灰白、深灰、黑等）、粉末状或部分溶解的肥料为磷肥。

③灼烧氮、钾肥的粉末，不熔融、残留跳动、有爆裂声的为钾肥；若

能燃烧、全部熔融或发烟、无残留的为氮肥或氮钾复合肥。

1.2 常用氮肥或氮钾复合肥的鉴定

对初步确定的氮肥或氮钾肥，首先根据肥料是否有刺激性氨味，区分碳酸氢铵与其他氮肥和氮钾复合肥；然后根据浸泡过肥料溶液的纸条燃烧情况、火焰颜色、沉淀反应进一步加以鉴别。

①碳酸氢铵有强烈的刺激性氨臭味，可将其与别的化学肥料区别开来。

②点燃浸泡过肥料饱和溶液的纸条，若纸条易燃、火焰明亮，则为含 NO_3^- 的肥料；该类肥料再通过加碱试验，硝酸铵会产生氨臭味，硝酸钠和硝酸钾不会产生氨臭味，硝酸钠火焰颜色为黄色，而硝酸钾火焰颜色为紫色。纸条燃烧不旺、火焰不明亮或易熄灭的肥料，可能是尿素、硫酸铵或氯化氨，先进行加碱试验，尿素不会产生氨味。若有氨味，再通过沉淀试验加以区分，在肥料溶液中加氯化钡溶液，有白色沉淀产生且不溶于盐酸者为硫酸铵；在肥料溶液中加硝酸银溶液，有白色沉淀产生且不溶于硝酸者为氯化铵。

1.3 常用磷肥的鉴定

根据肥料的颜色、光泽、密度和酸碱性，对初步确定为磷肥的肥料做进一步的鉴别。

磷矿粉的密度大、呈褐（灰、棕）色、有金属光泽，用 pH 试纸检验溶液呈中性。密度不大、灰色粉末，再用 pH 试纸检验肥料溶液，酸性的为过磷酸钙，碱性的为钙镁磷肥。

1.4 常用钾肥的鉴定

利用沉淀反应对硫酸钾和氯化钾进行鉴别。在肥料溶液中滴加氯化钡溶液，若产生白色沉淀，且沉淀不溶于盐酸则为硫酸钾；若不产生沉淀，则再滴加硝酸银溶液，产生白色沉淀且不溶于硝酸的为氯化钾。

1.5 复混肥料的鉴定

复混肥料的原料来源复杂，但可以参照氮、磷、钾肥的鉴定原理进行鉴别，以区分不同的复混肥料品种和制作原料。对于真假复混肥料，除可以借助化验室的专门分析方法外，还可以通过一些简单的方法进行初步判别。

①复混肥料的颜色多为灰色、灰白色、杂色、彩色等；结晶感强，且具有一定的光泽。

②造粒型复混肥料颗粒均匀，并具有一定的抗压强度，不易散碎。

③手上留下一层灰白色粉末并有黏着感的为质量优良；若摸其颗粒，可见细小白色晶体的也表明为优质。劣质复混肥料多为灰白色粉末，无黏着感，颗粒内无白色晶体。

④复混肥料一般无异味（有机－无机复混肥除外），如有异味，则说明含碳铵或有毒物质。

⑤复混肥料一般不能完全溶于水，但放入水中，颗粒会逐渐散开变成糊状（有些能大部分溶于水）。

⑥以铵态氮肥或尿素为氮素原料，磷酸铵为磷素原料，氯化钾或硫酸钾为钾素原料生产的复混肥料，样品灼烧时能发出刺激性的氨味，在火焰上灼烧时能发出钾离子特有的紫色火焰。以硝酸铵为氮素原料的复混肥料，能发生燃烧现象，且放出棕色烟雾。

注意：化肥定性鉴定只能初步判断肥料中所含的养分类别，不能确定其含量多少。不能把鉴定结果直接作为判定真假化肥的依据。

[任务实施]

1 任务实施准备

1.1 明确任务

认知常见化学肥料的一般理化性状，对未知化学肥料进行定性鉴定。

1.2 组织和知识准备

以小组为单位，由教师引导，进行小组讨论，明确常见化学肥料的种类、性质、作用、有效成分及其含量、适用范围及其有效施用，进行必要的知识准备。

1.3 肥料准备

由指导教师搜集常用化学肥料，按小组数，分别装小瓶并编号。

1.4 仪器设备准备

试管、酒精灯、小铁片、小钳子、纸条、pH 试纸等。

1.5 配制试剂

石灰或氢氧化钠。

10% HCl：将 263mL 浓 HCl 加入 100mL 容量瓶中，用蒸馏水稀释至刻度。

1% $AgNO_3$：1g $AgNO_3$ 溶于 100mL 蒸馏水中。

5% $BaCl_2$：5g $BaCl_2$ 溶于 100mL 蒸馏水中。

35% $Na_3Co(NO_2)_6$：35g $Na_3Co(NO_2)_6$ 溶于 50mL 水中，加冰醋酸 2.5mL，稀释至 100mL。

钼酸铵溶液：（1）保存剂：称取钼酸铵 25g，溶于 200mL 蒸馏水中，稍加热溶解，如显混浊，需过滤。另取浓硫酸 275mL，缓缓加入 400mL 蒸馏水中，待溶液冷却后，把钼酸铵溶液缓缓加入硫酸溶液中，冷却至室温，加蒸馏水定容为 1000mL，移入棕色瓶中，长期保存。此溶液浓度 2.5%。（2）使用剂：量取 2.5% 硫酸 – 钼酸铵保存剂一份，稀释一倍。使用期限为 3 个月。

氯化亚锡：（1）保存剂：第一配法，称取氯化亚锡 20g 溶于 100mL 浓盐酸，贮于棕色瓶中，并加入 1mm 厚的液体石蜡，此溶液可保存 3 ~ 4 个月；第二配法：称取氯化亚锡 2.5g 加浓盐酸（土粒密度 1.19）10mL 在沸水浴上加热促使溶解，再加化学纯甘油 90mL，摇匀，贮于棕色瓶中，置于暗处，此溶液可保存半年左右。（2）使用剂：宜用前临时配制。吸取 20% 原液 10 滴，加蒸馏水 20mL，摇匀。

二苯胺试剂：0.5g 二苯胺，溶于 20mL 水中，再徐徐加入浓 H_2SO_4 100mL。

纳氏试剂：在天平上称取碘化钾 17.5g 溶于 50mL 蒸馏水中，另取氯化汞 8.5g，溶于 15mL 蒸馏水中，稍加热溶解后，将此液不断搅动，并徐徐加入碘化钾溶液中直至红色沉淀不再消失为止。然后加入 30% KOH（或 20% NaOH）300mL，不断搅动，再加数滴氯化汞至稍有沉淀为止，静置过夜，倾倒出上部清液，贮于棕色瓶中。

硝酸试粉：（1）保存剂：甲，称取柠檬酸 150g，对氨基苯磺酸 4g 和甲萘胺 2g 混匀磨细，贮于棕色瓶中；乙，称取锌粉 4g 和硫酸锰 20g，混合均匀磨细，贮于另一棕色瓶中。（2）使用剂：取保存剂甲 15g 和乙 1g 充分混合均匀，贮于棕色瓶中备用，两个月内有效。

草酸铵水溶液：浓度 2.5%。

浓硝酸。

1.6 仪器设备

研钵一套；酒精灯一只；牛角勺数支；试管（15 × 150mm）；小量筒；玻璃片；燃烧匙（或碎玻璃片、铁片等）；试管夹；试管架；点滴板；玻璃棒。

2 操作步骤

首先对无机肥料进行物理性质鉴定，大致区分出氮肥、磷肥、钾肥和钙肥，然后鉴定其化学性质，主要是鉴定阴阳离子反应，从而确定肥料的名称。

2.1 外形观察

（1）颜色

氮肥：大部分为白色，个别为灰黑色，如石灰氮。

磷肥：颜色不一，如过磷酸钙为灰白色，磷矿粉为土黄色或黄褐色。

钾肥：一般呈白色，草木灰为灰白色

钙肥：石灰、石膏为白色。

（2）形状

大多数氮肥和钾肥为结晶形，如硝酸铵、尿素为圆形粒状结晶，硫酸钾和氯化钾为细小结晶。磷肥和钙肥为非结晶形，一般为粉状，如普钙、磷矿粉、石灰、石膏等。

2.2 溶解度

一般氮肥和钾肥易溶于水，磷肥和钙肥多半不溶于水。通过观察样品在水中的溶解性能大体上把磷、钙肥从氮、钾肥中分辨出来。

取少许肥料样品，约 0.5g（半角勺）置于试管内，加 10 ～ 15mL 水，振摇，必要时在酒精灯上略加温，以观察其溶解情况，加温后全部溶解者也属于可溶范围之内。

2.3 灼烧试验

通过灼烧可以把氮肥从磷、钾肥中区分出来，并且把氮肥各品种粗略分档。取试样少许，置于燃烧匙中（或凹形的小铁片、玻璃片上），放在酒精灯上灼烧，观察其熔融情况。

熔融和升华的氮肥其反应过程是：

$NH_4Cl \xrightarrow{\Delta}$ 升华↑

$NH_4HCO_3 \xrightarrow{\Delta} NH_3\uparrow + H_2O + CO_2\uparrow$

$(NH_4)_2SO_4 \xrightarrow{\Delta} 2NH_3\uparrow + SO_2\uparrow + H_2O$

$NH_4NO_3 \xrightarrow{\Delta} N_2O\uparrow + 2H_2O$

$2NaNO_3 \xrightarrow{\Delta} 2NaNO_2 + O_2\uparrow$

$Ca(NO_3)_2 \xrightarrow{\Delta} Ca(NO_2)_2 + O_2\uparrow$

$2CO(NH_2)_2 \xrightarrow{\Delta} (CONH_2)_2NH + NH_3\uparrow$

2.4 阳离子检查

（1）氨离子（NH_4^+）

①加碱性物质（石灰或氢氧化钠）

取试样少许，与碱性物质（少量 NaOH 也可）一起放入研钵，加水湿润，研磨，嗅有无氨味发生，如有氨味，就证明有氨离子（NH_4^+）存在。其反应式为：

$$NH_4^+ + OH^- \rightarrow NH_3\uparrow + H_2O$$

在有 NH_4^+ 存在时，氨味发出比较浓烈，嗅其味时须小心。每一样品检验完毕，一定要把研钵冲洗干净方可进行其他样品检验。

②加纳氏试剂

取少许肥料于点滴板上，加 2 ～ 3 滴水使之溶解，然后再加 2 ～ 3 滴纳氏试剂，如有红棕色沉淀产生，就证明有 NH_4^+ 存在。其反应式如下：

$$NH_4^+ + 4OH^- + 2K_2HgI_4 \rightarrow NH_2IHg_2O\downarrow + 4KI + 3I^- + 3H_2O$$

（红棕色）

（2）钾离子（K^+）

取少量肥料溶液的清液于试管中，加入 35% 亚硝酸钴钠溶液 2 ～ 3 滴，如出现亚硝酸钴钠钾的黄色沉淀，就证明有 K^+ 存在，其反应式如下：

$$2K^+ + Na_3Co(NO_2)_6 \rightarrow K_2NaCo(NO_2)_6\downarrow + 2Na^+$$

（黄色）

（3）钙离子（Ca^{2+}）

取少量肥料溶液的清液于试管中，加入饱和的草酸铵溶液 3 ～ 4 滴，如出现草酸钙的白色沉淀，就证明有 Ca^{2+} 存在。其反应式如下：

$$Ca^{2+} + (NH_4)_2C_2O_4 \rightarrow CaC_2O_4\downarrow + 2NH_4^+$$

（白色）

2.5 阴离子检查

（1）硫酸根离子（SO_4^{2-}）

取少量肥料溶液的清液于试管中，加入 5% 氯化钡溶液 2 ～ 3 滴，如

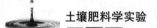

出现硫酸钡白色沉淀，就证明有 SO_4^{2-} 存在。其反应式如下：

$$SO_4^{2-}+BaCl_2 \rightarrow BaSO_4\downarrow + 2Cl^-$$

（白色）

（2）氯离子（Cl^-）

取少量肥料溶液的清液于试管中，加入 1% 硝酸银溶液 2 ~ 3 滴，有絮状白色沉淀者为含 Cl^- 的样品。其反应式如下：

$$Cl^-+AgNO_3 \rightarrow AgCl\downarrow +NO_3^-$$

（3）硝酸根离子（NO_3^-）

取少许肥料于点滴板上，加 2 ~ 3 滴水溶解，再加 2 ~ 3 滴二苯胺溶液，如出现蓝紫色，就证明有 NO_3^- 存在。

取少量肥料于点滴板上，加 2 ~ 3 滴水溶解，再稍加硝酸于肥料溶液中，如有玫红色出现者为含有 NO_3^- 的肥料。

（4）磷酸根离子（PO_4^{3-}）

取少量肥料于试管中，稍加水溶解，再加 2 ~ 3 滴钼酸铵溶液，加氯化亚锡溶液 1 ~ 2 滴，如出现蓝色，为含 PO_4^{3-} 的肥料。

（5）碳酸根离子（CO_3^{2-}）

取少量肥料于点滴板上，再加 10% 盐酸，如发生气泡，就证明有 CO_3^{2-} 存在。其反应式如下：

$$CO_3^{2-} + 2HCl \rightarrow CO_2\uparrow + H_2O + 2Cl^-$$

2.6 尿素的检查

尿素与上述试剂不起反应，但是它能与浓硝酸作用生成硝酸尿素白色细小结晶。

取少量肥料于玻璃片上，稍加水使其溶解，再加浓硝酸 2 ~ 3 滴，如出现白色细小结晶，此肥料即尿素。其反应式如下：

$$CO(NH_2)_2+HNO_3 \rightarrow CO(NH_2)_2\cdot HNO_3$$

（白色细小结晶）

3 样品检查结果及分析

样品检查结果可按下面的表格加以反映和进行分析，对样品所具有的特性和所含离子以"√"表示或附简单说明。

表 5–10　样品检查结果

样品号	颜色	形状	水溶试验	灼烧	大体分类	NH_4^+	K^+	Ca^{2+}	SO_4^{2-}	Cl^-	NO_3^-	PO_4^{3-}	CO_3^{2-}	与浓硝酸反应生成白色细小结晶	肥料名称
示例	白色	结晶	√	升华	氮肥	√				√					氯化铵

4 完成报告

根据测定分析结果，完成任务实施报告。

[复习思考]

1. 随着世界人口的增长，人类对农产品的需求量增大，化肥对农作物的增产已成为最有力的措施。现有一包化肥，可能是碳酸氢铵、硫酸铵、磷矿粉、氯化钾中的一种，取少量样品，观察到外观为白色固体，加水后能全部溶解；另取少量样品与熟石灰混合研磨，没有刺激性气体放出，这包化肥是（　）

A．碳酸氢铵　　B．氯化钾　　C．硫酸铵　　D．磷矿粉

2. 分析题：一袋化肥中，可能混入了其他化肥，且化肥包装袋上的字迹模糊。某同学进行了如下探究，请你参与探究并填空：

[提出问题] 该化肥中含有什么物质？

[收集信息] 经询问得知，该化肥为铵态氮肥.

[提出猜想] 该化肥所含的阴离子可能是 Cl^-、CO_3^{2-}、SO_4^{2-} 中的一种或几种。

[实验、记录与分析]

实验操作步骤	实验现象	实验分析
（1）取少量该化肥样品和少量熟石灰放在研钵中混合研磨	______	含有铵根离子
（2）另取少量该化肥样品于试管中，加入适量的水完全溶解，滴加足量的硝酸钡溶液，再滴加少量稀硝酸，过滤	产生白色沉淀，沉淀不溶解	没有______（填化学式）存在
（3）取（2）中所得滤液少量于试管中，滴加______________	______	有 Cl^- 存在

[实验结论]若该化肥中只含有一种阳离子，则其中一定含有的物质是（写化学式）____。

[实验反思]若步骤（2）中用氯化钡溶液代替硝酸钡溶液是否可行？____________（填“是”或“否”），请简要说明原因：____。

项目六　有机肥料成分分析

[项目提出]

自古以来，我国农民在农业生产中就有使用有机肥料的优良传统。一直以来，有机肥料是我国农业生产中一种重要肥料，它包括传统有机肥料和现代商品有机肥料两大类。以前，大家通常所说的有机肥就是农家肥，如人畜粪尿肥、绿肥、作物秸秆类等，这些均为非商品有机肥，就地取材、就地回田。但是，随着我国经济的快速发展，在农业生产中施用农家肥越来越少，一是因为化肥施用量逐年递增，农家肥培肥土壤的效应被化肥增产的效果掩埋；二是农村无劳动力去施用体积庞大和含水量高的农家肥。但是，由于长时间单一施用化肥或过量施用，我国农田土壤出现土壤酸化、土壤生物活性降低、土壤结构破坏、农作物品质下降、环境污染等问题，严重影响我国农业可持续发展。为保证农业的可持续发展，提高有机肥料的质量，合理施用有机肥，充分发挥有机肥在改土配肥、改善土壤环境、增产保质等方面的作用，是发展现代化农业的重要环节。因此，认知有机肥料的成分与性质、测定有机肥料中有机质和氮磷钾等含量、明确各种有机肥料施用技术，对有机、无机肥料配合施用，实现农业稳产高产具有十分重要的现实意义。

任务一　有机肥料样品的采集及有机质含量的测定

[任务描述]

有机肥料成分复杂，部分有机肥料中还有大量泥土等，有机质含量不高，因此测定有机肥料中的有机质含量可作为评价有机肥料品质指标之一。有机质的测定方法有灼烧法和重铬酸钾滴定法两种，但是由于有机肥料中有机物质含量较高，且不均匀，如果测定过程中样品称量过少、采样不均匀，会使测定结果误差较大、数据不可取等。因此，掌握正确的肥料样品采集和制备方法，是有机肥料中有机质含量测定非常重要的环节。

本任务进行有机肥料样品采集，并采用灼烧法对有机肥料中有机质含量进行测定。

[知识准备]

1 有机肥料的类型

1.1 传统有机肥类型及施用

1.1.1 粪尿肥

（1）人粪尿

人粪尿来源广、养分含量高、氮多、磷钾少、C/N 小、易分解，常称为细肥或精肥。但人粪和人尿在成分和性质上有所不同。人粪是排出体外未被消化和吸收的食物残渣，其中 70% ~ 80% 是水分；20% 左右为有机物质，主要包括蛋白质、氨基酸、脂肪、脂肪酸、纤维素和半纤维素等，还有少量的粪臭素、硫化氢和丁酸等臭味物质；5% 左右是钙、镁、钾、钠等的无机盐。此外，还含有大量已死的和活的微生物，有时还含有寄生虫和寄生虫卵。新鲜人粪一般呈中性反应。人尿是食物经过消化吸收，参与新陈代谢后，排出体外的液体。人尿中含水95%，含水溶性化合物和无机盐类约5%，其中含尿素1% ~ 2%，氯化钠1%左右，还含有少量尿酸、铵盐、磷酸盐、马尿酸及各种微量元素和生长素等。新鲜人尿呈弱酸性反应，腐熟后呈碱性反应。

人粪尿施用范围及方式：适用于多种作物和各类型土壤，一般当作氮肥施用，多施用于叶菜类、禾谷类和纤维类作物。可做基肥、追肥和浸种肥，条施、穴施均可。施肥前应该充分腐熟，腐熟后储存期间应防止氨的挥发。在盐碱地尽量少施或不施，不宜施于忌氯作物（如烟草、茶叶、薯类等）。

（2）牲畜粪尿

主要是指猪、牛、羊、马等饲养动物的排泄物，含有丰富的有机质和各种植物营养元素，是良好的有机肥料。畜粪中的氮素大多数以有机态存在，植物不能直接吸收；磷素一部分以有机态存在（如卵磷脂和核蛋白等），一部分以无机态磷酸盐存在，植物可直接吸收利用；钾素大部分以水溶性形式存在，肥效高。不同牲畜粪尿的成分和理化性质依种类、饲料和饲养方式的不同而有所不同，各种牲畜粪尿中养分含量详见表6–1。

表6–1　各种牲畜粪尿养分含量（%）

种类	水分	有机质	N	P_2O_5	K_2O	CaO	C/N
猪粪	81.5	22.5	0.6	0.40	0.42	0.09	17/1
猪尿	96.7	4.2	0.3	0.06	0.62	–	
牛粪	83.3	21.75	0.46	0.44	0.21	0.34	26/1
牛尿	93.8	5.25	0.81	0.08	0.95	0.01	
马粪	75.8	31.5	0.58	0.30	0.24	0.15	24/1
马尿	90.1	10.65	1.20	微量	1.50	0.45	
羊粪	65.5	47.1	0.75	0.47	0.39	0.46	29/1
羊尿	87.2	12.45	1.54	0.03	2.11	0.16	

①猪粪

猪为杂食动物，饲料一般以精饲料为主，粪质较细，纤维少，养分含量高，含水量较多，C/N 小，易分解腐熟，能形成大量腐殖质，CEC 也高，有利于培肥改良土壤。猪粪适于各种土壤和作物，可做基肥和追肥。

②牛粪

牛为反刍动物，饲料经胃中反复消化，粪质细密，含水量较高，通透性差，养分含量低，特别是氮素含量，有机质分解缓慢，释放的热量较少，属于典型的冷性肥料。为加快分解速度，可加入少量的钙镁磷肥、磷矿粉或马粪混合堆制，提高堆制的温度。牛粪施在轻质砂性土壤上效果较好，可做基肥。

③马粪

马的饲料以高纤维粗饲料为主，咀嚼不细，因此马粪纤维含量高，粪质粗松，含有大量高温性纤维分解细菌，增强纤维分解，放出大量热量，故称为热性肥料。施马粪能显著改善土壤理化性质，宜施用在质地黏重的土壤、低洼地和冷浆土壤上，多做基肥。同时，还可做温床或堆肥时的发热材料。

④羊粪

羊为反刍动物，与牛相同，对多纤维的粗饲料反复咀嚼，但羊粪中含水量少于牛粪，粪质细密又干燥，肥分浓，氮磷钾养分含量在牲畜粪中最高，热量在马粪和牛粪之间，发酵较快，故称为热性肥料。适用于各种土壤，可做基肥。

⑤禽粪

鸡、鸭、鹅等家禽饲料以各种精饲料为主，纤维量少于家畜粪，粪质较高，养分含量高（如鸡粪 N、P_2O_5、K_2O 含量分别为 2.18%、0.64% 和 1.86%，鸭粪 N、P_2O_5、K_2O 含量分别为 1.94%、1.15% 和 1.19%，鹅粪 N、P_2O_5、K_2O 含量分别为 3.08%、0.41% 和 1.66%），属于细肥，多做追肥。

1.1.2 秸秆类肥料

各种农作物秸秆中含有相对数量的营养元素，但因作物秸秆种类不同，各种元素的养分含量不同（参见表 6–2）。秸秆肥料具有改善土壤物理、化学和生物性状，增加作物产量，改善作物品质等作用。可根据作物秸秆的不同处理方式，采用堆沤还田、过腹还田和直接还田等利用秸秆类肥料的方法，以减少大量秸秆焚烧所造成的环境污染问题。

秸秆还田时应考虑以下几点：（1）C/N：C/N大的秸秆在还田时应补施氮元素，调解碳氮平衡，促进分解。（2）水、温条件：秸秆埋入土壤时，土壤中水分和温度决定秸秆分解的快慢。因此，当土温在25 ~ 30℃，土壤水分含量在田间持水量50% ~ 80%时，秸秆分解速度最快；但土温低于5℃，土壤含水量少于田间持水量20%时，分解几乎停止。（3）还田时间：还田时间应避开毒害物质分解高峰期，一般水田在播前40 ~ 45天，旱地应在播前30 ~ 40天为宜，同时，还需要考虑秸秆含水量，含水量不应低于30% ~ 40%。

表6–2　主要作物秸秆中几种营养元素的含量

秸秆种类	几种营养元素含量（占干物质质量百分数）/%				
	N	P	K	Ca	S
麦秸	0.50 ~ 0.67	0.09 ~ 0.15	0.44 ~ 0.50	0.15 ~ 0.38	0.12
稻草	0.63	0.11	0.70	0.15 ~ 0.44	0.11 ~ 0.19
玉米秸	0.48 ~ 0.50	0.17 ~ 0.18	1.38	0.39 ~ 0.80	0.26
豆秸	1.30	0.13	0.41	0.79 ~ 1.50	0.23
油菜秸	0.56	0.11	0.93	—	0.5

1.1.3 绿肥

1.1.3.1 绿肥类型

绿肥指利用植物生长过程中所产生的全部或部分绿色植物体，直接耕翻到土壤中作为肥料的绿色植物。按种植季节可分为冬季、夏季和多年生绿肥；按来源可分为栽培型和野生型；按植物学特性划分为豆科和非豆科。

1.1.3.2 常用绿肥作物种类

绿肥的种类繁多，按照来源可分为栽培型（绿色植物）和野生型；按照种植季节可分为冬季绿肥（如紫云英、毛叶苕子等）、夏季绿肥（如田菁、绿豆等）和多年生绿肥（如紫穗槐、沙打旺、多变小冠花等）；按照栽培方式可分为旱生绿肥（如黄花苜蓿、箭舌豌豆、金花菜、沙打旺、黑麦草等）和水生绿肥（如绿萍、水浮莲、水花生、水葫芦等）；按植物学特性可分为豆科绿肥（如紫云英、毛叶苕子、紫穗槐、沙打旺、黄花苜蓿、箭舌豌豆、绿豆等）和非豆科绿肥（如绿萍、水浮莲、水花生、水葫芦、肥田萝卜、黑麦草等）；按利用方式可分为肥饲和肥菜兼用绿肥。

绿肥适应性强，可利用农田、荒山、坡地、池塘、河边等种植，可间作、套种、混种、单种、轮作等。绿肥植物产量高，平均亩产鲜草 1 ~ 1.5t，含较丰富的有机质，有机质含量一般在 12% ~ 15%（鲜基），而且养分含量较高。绿肥能提供大量新鲜有机质和钙素营养，其根系有较强的穿透能力和团聚能力，有利于土壤团粒结构形成。种植绿肥可富集土壤养分，增加土壤速效氮、磷、钾等养分的含量，增加土壤有机质含量，改良土壤，培肥地力，提高土壤肥力；调节土壤有机质，改善土壤性质，改良低产田，护坡固沙，增加地面覆盖，防止水土流失和土壤沙化；扩大饲料生产，促进畜牧业发展，农牧结合促进农业可持续发展。

绿肥的利用主要采取直接翻埋和刈割两种方式。一年生或越年生通常直接翻埋或刈割，多年生则以刈割利用为主，也可做裸露地植被，作为保持水土、修复荒坡荒地的生物措施。在绿肥利用上，必须农、牧、渔业相结合，水土保持与土地利用相结合，用地与养地相结合，短期效益与长期效益相结合。

1.2 现代商品有机肥料

1.2.1 现代商品有机肥料产品

有机物质经过高温堆制后基本上具备商品性状，可直接用来生产商品有机肥料。商品有机肥料产品的农业行业标准为有机质含量≥ 45%，养分含量≥ 5%，水分含量≤ 30%，pH5.5 ~ 8.5。这是我国目前市场上主导的有机肥料产品，市场份额达到 90%。目前，商品有机肥料具有多个系列和品种。

1.2.1.1 天然有机肥料

天然有机肥料是指不添加任何化学合成物质的有机物料，经过工厂生

产而成的富含有机质、一定养分和腐殖酸类物质的纯天然有机肥料。

1.2.1.2 有机无机复混肥料

有机无机复混肥料是指在经过一定化学、物理和生物等方式处理后的有机肥料中添加一定比例的化学肥料，通过工厂化机械化处理后造粒生产的肥料。该产品的农业行业标准如下。Ⅰ类：有机质含量≥ 20%，养分含量≥ 15%，水分含量≤ 12%，pH5.5 ~ 8.0；Ⅱ类：有机质含量≥ 15%，养分含量≥ 20%，水分含量≤ 12%，pH5.5 ~ 8.0。在造粒和烘干工艺过程中，先是腐熟堆制后烘干，然后与化学肥料混合后用转鼓喷水造粒，再经300℃烘干，这个过程造成所有有益微生物被杀死，而有机质含量低，肥料施入后对当季作物增产效果不如化肥。

1.2.1.3 生物有机复混肥料

生物有机复混肥料指的是具有特定功能的微生物与有机肥料混合后制成的肥料。在制造工艺上主要是在普通有机肥料基础上再经过一些加工工艺，目前主要有芽孢杆菌二次固体发酵制造粉状生物有机肥料、芽孢杆菌液体菌种直接喷于造粒后的有机肥料颗粒和木霉菌生物有机肥料制造工艺等几种技术工艺。该产品农业行业标准如下：有机质含量≥ 45%，特定功能菌≥ 2×10^7 个芽孢或孢子每 g 肥料，水分含量≤ 30%，pH5.5 ~ 8.0。

1.2.1.4 复合微生物肥料

由于生物有机肥料在农业行业中无养分含量要求，产品对田间生物效果不明显，因此，在生物有机肥料基础上添加一些化学肥料或复合肥料，把这种添加化肥或复合肥的商品有机肥料称为复合微生物肥料。复合微生物肥料的农业行业标准为有机质含量≥ 45%，养分含量 8% ~ 25%，特定功能菌≥ 2×10^7 个芽孢或孢子每 g 肥料，水分含量≤ 30%，pH5.5 ~ 8.5。

1.2.1.5 全元生物有机肥料

全元生物有机肥料是指集有机肥、化肥（包括控缓释化肥、速效化肥、稳定性化肥）和生物肥料为一体的新型生物有机肥料。可以简单地理解为含有无机养分、功能菌和有机质三种养分的肥料。产品具体指标为有机质含量≥ 30%，养分含量 8% ~ 20%，特定功能菌≥ 2×10^7 个芽孢或孢子每 g 肥料，游离氨基酸≥ 0.5%，水分含量≤ 30%，pH5.5 ～ 7.5。

1.2.2 商品有机肥料的生产工艺

堆制和沤制是传统有机肥料制造的主要途径，但所生产的有机肥料体积庞大、养分含量低和无公害化程度差等缺点限制了有机肥料的施用。现代商品有机肥料制造主要途径为好氧快速堆肥工艺。该工艺主要通过好氧高温发酵，实现有机废弃物的无害化和腐熟化。工艺主要包括：槽式堆肥工艺、条垛式堆肥工艺和气流膜发酵工艺三种。

1.2.3 有机肥料腐熟过程及调控技术

1. 备料和接种发酵微生物：将人畜禽粪便与植物材料按 4 ∶ 6 或 5 ∶ 5 进行配比（也可依当地自然资源，灵活搭配就地利用），进入发酵槽或铺成宽约 2m、高约 1.5m、长约 60m 的条垛，或进入气流膜。再接种好氧高温微生物，如果接种菌是固体菌种，可在拌堆肥材料时混入，如果接种菌是液体菌种，则适当稀释后直接喷洒在堆体材料上。通常在前几次堆肥时，必须接种高温菌，堆制几批后则用前一批的堆肥作为接种高温菌即可。

2. 堆制过程中的微生物活动：堆肥的整个腐解过程是一系列微生物活动的复杂过程，包括矿质化过程和腐殖化过程。初期以矿质化过程为主，中期为矿质化和腐殖化并进阶段，后期则以腐殖化过程为主。堆制过程的速度和方向受堆肥材料的成分、含有微生物及其环境条件影响。因此，了解这些因子的变化规律及其相互关系，对于制造高质量堆肥具有重要意义。

堆制过程中的温度变化大致有以下几个过程：

（1）发热阶段：堆制初期，堆温上升到 60℃左右，称为发热阶段。该阶段起主要作用的是芽孢杆菌、球菌、无芽孢杆菌、放线菌、真菌和硝化细菌等中温性的微生物。这些微生物先利用水溶性的有机质迅速繁殖，继而分解蛋白质和部分半纤维素和纤维素，同时释放出 NH_3、CO_2 和热量。通常在升温阶段，不需要翻堆。

（2）高温阶段：堆制 3 天后，堆温升至 70℃以上，称为高温阶段。该阶段出现大量好热性甚至嗜热性的微生物，普通小单孢菌、嗜热放线菌

和高温纤维素分解菌等代替了原有的中温性微生物群落。这些微生物除对尚存的易分解有机物继续分解外，还开始分解难分解的如半纤维素、纤维素和部分木质素等大分子有机物，与此同时进行腐殖化过程。由于该阶段微生物消耗氧气的数量和强度较大，因此当堆温升至 70℃以上的 2 天后，必须马上翻抛，而且翻抛越彻底（氧气供应越充分和越均匀），堆肥质量就越高。在此过程中，有机质的矿质化会导致堆体 pH 显著上升，导致氨挥发，在翻抛时应适当喷洒稀硫酸，使堆体材料的 pH 始终维持在 6.0 ～ 7.5。

（3）降温阶段：在高温过后，堆温逐渐下降到 50℃以下，称为降温阶段。此时，堆内微生物种类和数量较高温阶段多，如中温性的纤维素分解黏细菌、芽孢杆菌、真菌和放线菌等数量显著增加。一些好热性和耐热性微生物，在降温过程中仍然维持着活动。在这个阶段里，堆内可分解的有机物料基质锐减，腐殖化作用占绝对优势，降温阶段还需要每 2 ～ 3 天翻抛一次，以便让堆肥充分均匀腐熟。

（4）腐熟保肥阶段：此时堆内物质的 C / N 已逐步减小，腐殖质累积量明显增加，但分解腐殖质等有机物的放线菌数量和比例也有所增加，厌氧纤维素分解细菌、厌氧固氮菌和反硝化细菌逐步增多。在堆肥表层，常形成真菌菌丝体为主的白毛。此时应采取保肥措施，防止新形成的腐殖质强烈分解，逸出 NH_3。而且，硝化作用形成的硝酸盐，有可能随雨水淋入堆底层进行反硝化作用，使氮素损失，此时可把堆肥材料堆紧压实，使其处于厌氧状态。这时堆肥已完全发酵腐熟，颜色较黑。

总之，堆肥的腐熟过程是一个多种微生物交替活动的过程，是微生物对有机物进行分解和再合成的过程。这一过程受堆肥材料、环境温度、水分、通气、pH 等因素的影响。堆肥腐熟的总时间取决于堆肥材料，一般而言，人畜禽粪便为主的堆肥需 15 ～ 20 天就可达到腐熟，而秸秆类材料为主的堆肥大概需要一个月的时间才能充分腐熟。

2 有机肥料的作用

与化学肥料相比，有机肥资源丰富，种类繁多，所含养分虽少但种类齐全，供肥平缓，且含有丰富的有机质，改土作用显著，这是化肥无法替代的。其作用主要体现在以下几个方面。

（1）供给各种养分，营养作物

有机肥料几乎含有作物生长发育所需的所有营养元素，尤其是微量元素，可直接供作物吸收利用。此外，有机肥中还含有少量的氨基酸、酰胺、磷脂、可溶性糖等有机分子，可以直接为作物提供有机营养；有机肥腐解过程中产生的胡敏酸、生长素、激素等活性物质对改善作物营养、促进作物生长、增强作物的抗逆性等均有重要作用。

（2）增加土壤有机质，培肥土壤

有机肥料含有丰富的腐殖质和其他有机物质，对增加有机质含量、促进团粒结构的形成、增强土壤蓄水保水能力、提高土壤保肥性和缓冲性、改善土壤热状况等有特殊作用，可调节土壤松紧度，协调土壤水、肥、气、热矛盾，提高土壤肥力，改善土壤耕性。

（3）活化土壤养分，提高化肥肥效

有机肥料分解所产生的有机酸和无机酸，可促进土壤矿物态养分的释放和难溶性化肥的溶解，提高化肥利用率。同时，化肥又可促进有机物质的分解和养分释放，两种肥料配合施用能够提高肥料利用效率。近年来施用有机肥的数量、种类，作物种植类型、生长状况、产量水平及各种作物施肥种类和数量，土壤肥力变化情况，有机肥料的种类、积制方式、所积肥料的形态特征等，都会影响有机肥料的施用情况。

3 有机肥施用注意事项

有机肥料在施用时要注意以下六点：（1）因肥效长，用量不可过多，以防作物贪青晚熟；（2）如施用新鲜有机物，在腐熟过程中会分解产生有机酸及有毒物质，需配合施适量的石灰，以消除其害；（3）因有机肥分解腐熟过程中微生物活动旺盛，消耗土壤氮素养分，故需配合增施少量速效性氮肥，防止发生生物夺“氮”现象；（4）腐熟的有机肥不能与碱性肥料混合，防止氨的挥发损失；（5）注意深翻入土，做到土肥相融，

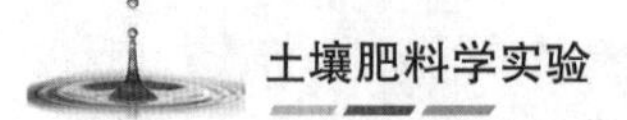

防止肥分损失；（6）注意与化学肥料配合施用，相互补充，缓急相济。

[任务实施]

1 有机肥料样品的采集与制备

1.1 工作准备

1.1.1 明确任务

采集有机肥料和制备有机肥料样品。

1.1.2 准备采样工具

塑料袋、铁制或竹制的圆筒、40 目尼龙筛、3mm 尼龙筛等。

1.2 有机肥料样品的采集

有机肥样品的采集，应根据肥料种类、研究要求（如各种绿肥的样品采集期和部位）的不同，采用不同的采集方法。

1.2.1 堆肥样品的采集

采用多点采样法。采样点的分布应考虑堆肥的上、中、下部位和堆肥的内外层，或是在翻堆时采样，点的多少视堆的大小而定。一般一个肥料堆可取 20 ～ 30 点，每个点取样 0.5kg，置于塑料布上，将大块肥料捣碎，充分混匀后，以四分法取约 5kg，装入塑料袋中并编号。准确称取 1 ～ 2kg，放置在塑料布上，风干。风干后再称量，计算其水分含量，以作为计算肥料中养分含量的换算系数。

1.2.2 新鲜绿肥样品的采集

在绿肥生长比较均匀的田块中，视田块形状大小，按“S”形随机布点，共取 10 个点，每点采取均匀一致的植株 5 ～ 10 株，送回室内处理。

采集的样品往往数量大，随放置时间的延长其成分会发生变化，因此必须及时制备。在测定其成分含量时，除测定有机肥料的全氮、速效性氮或有特定要求的需采用新鲜样品外，一般采用干样品。

1.3 有机肥料样品的制备

1.3.1 堆肥样品的制备

首先将样品送到风干室进行风干处理，然后把长的植物纤维剪细，肥块捣碎混匀，用四分法缩分至250g，再进一步磨细，全部通过40目筛，混匀，置于广口瓶内备用。

1.3.2 新鲜绿肥样品的制备

与植物组织样品的采集制备方式相同，先将新鲜样品在80 ~ 90℃的烘箱中鼓风烘15 ~ 30min（松软组织烘15min，致密坚实的组织烘30min），然后降温至60 ~ 70℃，逐尽水分。样品在粉碎和储藏过程中，又会吸收空气中的水分。所以，在精密分析称样前，还需将粉碎的样品在65℃（12 ~ 24h）或90℃（2h）再次烘干。

2 有机肥料中有机质总量的测定

2.1 工作准备

2.1.1 明确任务

明确有机肥料中有机质总量的测定方法、原理和步骤等。

2.1.2 准备制备工具

高温电炉、瓷坩埚、坩埚夹、万分之一天平等。

2.2 操作步骤

称取1.000g（m）风干磨细的1mm有机肥料样品置于已称质量（m_0）的瓷坩埚中，于105 ~ 110℃干燥箱中烘干2h，冷却，称重（m_1）。用搅棒（将电炉丝绕于玻璃棒顶端）将坩埚内样品铺成薄层，放在电炉上缓慢灰化，逐渐升高温度，至炉温达到525℃后，继续灼烧2h。取出稍冷后，用坩埚夹放入干燥器中，放冷至室温，称重。用干燥的玻璃棒轻轻搅拌样品（搅拌时不能带出样品），再放入高温炉中灼烧 30min，同样冷却，称重。如此反复操作，直至恒定（m_2）。

2.3 结果计算

（1）以烘干有机肥为基数的有机物含量：

$$W（肥料有机物）/（\%）=（m_1-m_2）/（m_1-m_0）\times 100\%$$

（2）以风干有机肥为基数的有机物含量：

$$W（肥料有机物）/（\%）=（m_1-m_2）/（m_1-m_0）\times 100\%$$

式中，m 为风干有机肥料样品质量，g；m_0 为瓷坩埚质量，g；m_1 为灼烧前烘干有机肥料样品质量 + 瓷坩埚质量，g；m_2 为灼烧后残渣质量 + 瓷坩埚质量，g。

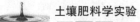

3 完成任务实施报告

根据样品采集的实际情况及样品中测定的有机物含量，撰写任务实施报告。

[复习思考]

1. 简述有机肥料改善土壤物理结构的机制？
2. 为什么有机肥料能够平缓地供给植物所需要的养分？
3. 有机肥料堆制过程为什么需要加入少量的石灰？

任务二　有机肥料中氮、磷和钾含量的测定

[任务描述]

有机肥料的分析项目包含全量氮、磷、钾和速效氮、磷、钾及微量元素含量等。

本任务采用硫酸–水杨酸–催化剂消化法测定有机肥料全氮含量；采用 H_2SO_4–HNO_3 消煮–钒钼黄比色法测定有机肥料中的全磷含量；采用 H_2SO_4–HNO_3 消煮–火焰光度计法测定有机肥料中的全钾含量。

[知识准备]

1 有机肥料全氮测定原理

由于有机肥料中测定全氮时需要包括硝态氮。所以，一般先用水杨酸固定硝态氮，再用还原剂将被固定的硝态氮还原成氨基，或在碱性介质中用铬粒还原硝态氮，然后按开氏法继续消煮。硫酸–水杨酸–催化剂消化法原理：样品中硝态氮在 H_2SO_4 存在下与水杨酸反应生成硝基水杨酸，加硫代硫酸钠或锌粉还原剂，使硝基水杨酸还原为氨基水杨酸；或经还原处理后，再加入混合盐催化剂消化，把有机氮转化为无机氮，加碱蒸馏定氮。

2 有机肥料全磷、钾测定原理

测定有机肥料中全磷、钾的含量时，首先要把样品中有机态的磷以及矿物态的磷、钾经消化转化成相应的磷酸和可溶性的钾盐才能进行测定。消化方法有干灰化法和湿灰化法。干灰化法是把样品经高温灰化之后，残渣用稀盐酸溶解制成供磷、钾测定的溶液。干灰化法温度不能超过500℃，过高可能会引起磷、钾的损失。湿灰化法常用 HNO_3–H_2SO_4–$HClO_4$ 或 H_2SO_4–HNO_4，而植物性肥料，如各种绿肥或秸秆堆沤的用 H_2SO_4–H_2O_2 消煮可取得同样的效果。溶液中磷的含量可采用磷钼酸喹啉重量法、滴定法和钒钼黄比色法，而钾可采用四苯硼钠重量法、滴定法和火焰光度计法。

2.1 H_2SO_4–HNO_3 消煮—钒钼黄比色法测定有机肥料中全磷含量原理

样品经消煮后，所有难溶性磷和有机磷均转化为无机磷。待测液中正磷酸能与偏钒酸盐和钼酸盐在酸性条件下作用，形成黄色的杂聚化合物钒钼酸盐。溶液的黄色很稳定，其深浅与磷含量成正比，可用比色法测定

磷的含量。比色时可根据溶液中磷的浓度选择比色波长 400 ~ 490nm，磷的浓度高时选择较长的波长，较低时选用较短的波长。该方法操作简便快速，准确度和重复性较好，相对误差为 1% ~ 3%；灵敏度较钼蓝法低，适测范围为 1 ~ 20mg/L；对酸的浓度要求不严格，容易控制，HNO_3、HCl、H_2SO_4、$HClO_4$ 等介质都可用；干扰离子少。因此，该方法广泛用于植物和有机肥料样品中磷的测定。

2.2 有机肥料全钾含量测定原理

有机肥料样品用硫酸和硝酸消煮后，溶液中的钾可直接用火焰光度计法测定。

[任务实施]

1 有机肥料全氮的测定（硫酸 – 水杨酸 – 催化剂消化法）

1.1 工作准备

1.1.1 明确任务

测定有机肥料中全氮含量。

1.1.2 准备所需实验设备及用品

（1）含水杨酸的浓 H_2SO_4：每升浓硫酸中加入水杨酸 [C_6H_4（OH）COOH] 32g。

（2）混合催化剂：分别称取硒（Se）粉 1g，$CuSO_4 \cdot 5H_2O$ 10g，K_2SO_4 100g 磨细，过 0.25mm 筛，混匀。

（3）混合指示剂：溴甲酚绿 0.099g 和甲基红 0.066g，溶于 100mL 乙醇中。

（4）40% NaOH 溶液：称取 NaOH 400g，加入少量的水溶解，然后补足至 1000mL。

（5）硼酸吸收液（2%）：称取硼酸（H_3BO_3）60g，溶于 2500mL 水中，

加混合指示剂 60mL，用 0.1mol/L NaOH 调节 pH 为 4.5 ~ 5.0（紫红色），然后加水至 3000mL。

（6）0.01 ~ 0.02mol/L 标准酸（$1/2H_2SO_4$）：量取浓 H_2SO_4 3mL 加入 10000mL 水中，混匀。

1.2 实验步骤

称取过 1mm 筛的风干样 0.500 ~ 1.100g，放入 100mL 开氏瓶或消煮管中，加入含水杨酸的硫酸 10mL，放置 30min 后，加入硫代硫酸钠 1.5g 及水 10mL，微热 5min，冷却。加入混合催化剂 3.5g，充分混合内容物，低温加热，至泡沫停止后，瓶口加一小漏斗，升高温度至颜色变白。继续消煮 30min，冷却后将消煮液定量地移至 100mL 容量瓶，冷却后定容。吸取 25mL 消煮液进行蒸馏、滴定（方法同土壤全氮测定）。在样品测定的同时做空白试验。

1.3 结果计算

$$\omega（全氮，g/kg）= [c（V-V_0）\times 14.01 \times 0.001 \times ts]/m$$

式中，ω为有机肥料中全氮的含量；c 为标准酸（$1/2H_2SO_4$）的浓度，mol/L；V 为样品滴定时消耗标准酸（$1/2H_2SO_4$）的体积，mL；V_0 为空白试验时消耗标准酸（$1/2H_2SO_4$）的体积，mL；14.01 为氮原子的摩尔质量，g/mol；ts 为分取倍数；m 为土样干重。

2 有机肥料全磷的测定（H_2SO_4–HNO_3 消煮 – 钒钼黄比色法）

2.1 工作准备

2.1.1 明确任务

测定有机肥料中的全磷含量。

2.1.2 准备所需实验设备及用品

（1）H_2SO_4–HNO_3 混合液：浓硫酸和浓硝酸 1 ∶ 1 混合即可。

（2）6mol/L NaOH 溶液：称 NaOH24g 溶于蒸馏水中，冷却后稀释至 100mL。

（3）2,6- 二硝基酚指示剂：称取 2,6- 二硝基酚 0.25g 溶于 100mL 蒸馏水中，在棕色瓶中保存。变色范围是 pH2.4（无色）~ 4.0（黄色），变色点为 pH3.1。

（4）钒钼酸试剂：称取钼酸铵 5g 溶于 200mL 热水中。另称取偏钒酸铵 0.625g 溶于 150mL 沸水中，冷却后加浓硝酸 125mL。待两液均冷却后，将钼酸铵溶液缓缓地注入钒酸铵溶液中，边加边搅拌，冷却后用水稀释至 500mL。

（5）50mg/L 磷（P）标准贮备液：准确称取 105℃烘干的磷酸二氢钾（分析纯）0.2197g，溶于 400mL 蒸馏水中，加浓硫酸 5mL（以防长霉菌，可长期保存），转入 1000mL 容量瓶中，用水定容至刻度，充分摇匀，放入冰箱可供长期使用。

（6）5mg/L 磷（P）标准溶液：吸取 50mg/L 磷（P）标准溶液 10.00mL 放入 100mL 容量瓶，定容。该溶液不能长期保存，现配现用。

2.2 实验步骤

（1）待测液的制备

称取过 1mm 筛的试样 1.000g 于 100mL 开氏瓶中，加入 H_2SO_4–HNO_4 混合液 13mL，先在低温下加热至棕色烟消失，然后再高温继续消煮至出现白烟后，继续消煮 5 ~ 10min。若消煮液未全部变白，稍冷后再加浓 HNO_3 3 ~ 5mL 继续消煮，直至残渣全部变清。冷却，小心沿瓶壁加入 50mL 蒸馏水，加热；微沸 1h 后，冷却，将溶液转入 100mL 容量瓶中，用水定容。放置澄清，或用干滤纸过滤到干的三角瓶中供磷、钾测定。

（2）待测液中磷含量的测定

吸取清滤液 5 ~ 10mL（含 P 0.05 ~ 1.0mg），加入 50mL 容量瓶中，置于 50mL 容量瓶中，加 2,6- 二硝基酚指示剂 2 滴，用 6mol/L NaOH 溶液中和至刚呈黄色，加入钒钼酸铵试剂 10.00mL，用水定容。放置 15min 后，在分光光度计上用波长 450nm 测光吸收，以空白液调节仪器零点。

（3）标准曲线制作

分别吸取 5mg/L 磷标准溶液 0.0、1.0、2.5、7.5、10.0、15.0mL 于 50mL 容量瓶中，操作步骤同（2）。该标准系列磷的浓度分别为 0.0、0.1、0.25、0.5、0.75、1.0、1.5mg/L，据此制作标准曲线。

2.3 结果计算

$$\omega（全P，g/kg）=（c \times V \times ts \times 0.001）/m$$

$$P_2O_5\%=P\% \times 2.291$$

式中，ω 为有机肥料中全磷的质量分数；c 为从标准曲线查得显色液 P 的质量浓度；V 为显色体积，mL；ts 为分取倍数；m 为干样品质量，g。

3 有机肥料全钾的测定（H_2SO_4–HNO_3 消煮，火焰光度计法）

3.1 工作准备

3.1.1 明确任务

测定有机肥料中的全钾含量。

3.1.2 准备所需实验设备及用品

1000mg/L 钾标准液：准确称取以 105℃干燥 6h 的 KCl 1.9067g，以水溶解并稀释至 1000mL。此液为含钾（K）1000mg/L 原始标准液。

3.2 实验步骤

（1）标准曲线的制作

用 1000mg/L 钾标准液制成含钾为 100mg/L 的标准液。分别吸取 0、10、20、30、40、50mL 标准液注入不同的 100mL 容量瓶中，各加 5mL 与待测液同样稀释后的空白消煮液，以水定容，即得到含钾为 0、5、10、20、30、40、50mg/L 的标准系列。在火焰光度计上测定读数后进行标准曲线的绘制。在制备标准系列时，每个标准需加入 2mol/L 氨水溶液 5 ~ 10mL。

（2）待测液中钾含量的测定

吸取用 H_2SO_4–HNO_3 消煮的待测液 5 ~ 10mL 于 50mL 容量瓶中，加水 20mL，摇匀，加入 2mol/L 氨水溶液 5 ~ 10mL，用水定容至刻度。后续操作同土壤钾含量的测定。

3.3 结果计算

$$\omega（全K，g/kg）=（c \times V \times ts \times 0.001）/m$$

$$K_2O\%=K\% \times 1.205$$

式中，ω 为有机肥料中全钾的质量分数；c 为从标准曲线查得显色液 K 的质量浓度 mg/L；V 为测定液体积，mL；ts 为分取倍数；m 为干样品质量，g。

项目七　测土配方施肥

[项目提出]

从20世纪50年代到70年代中期，我国科技工作人员对土壤田间速测指导施肥技术进行了研究和推广工作。20世纪70年代末在全国范围内开展了大规模的测土施肥研究和推广。第二次土壤普查野外工作基本结束后，我国土壤肥料科学工作者结合普查结果中有效养分测定结果，进行了大量肥料田间试验，在科学合理施肥方面取得了很多突破性成果。20世纪70年代末到80年代初期是测土配方施肥快速发展的时期，这一时期的测土施肥研究与推广在我国农业生产中发挥了重要的作用，20世纪90年代以后发展速度较慢。

20世纪80年代开始，由于我国经济快速发展和人民生活水平的提高，农业发生了巨大转变。首先，农业结构由单纯的粮食生产转向粮食、蔬菜和果树等经济作物并重发展；其次，肥料大量投入，一方面促进了土壤有机质的增长和土壤肥力的提高，另一方面则造成了地下水硝酸盐超标和水体富营养化。近年来，农业科技工作人员对农业生产过程中过量施肥、土壤酸化、土壤肥力下降、环境污染等问题进行了探索与研究，并建立了一些适应新形势下农业生产特点的测土配方施肥技术体系。但是，全国目前尚未形成针对不同作物，充分考虑当地作物品种特性及区域土壤和环境因素的施肥技术体系。

任务　测土配方施肥技术

[任务描述]

测土配方施肥技术是科学性和应用性都很强的农业科学技术。主要以土壤测试和肥料田间试验为基础，根据作物对土壤养分的需求规律、土壤养分的供应状况和肥料的效应，在有机无机配合施用的基础上，提出氮、磷、钾及中微量元素的施用数量、施用时期和施用方法等的一套施肥技术体系。

本任务为从田间样品采集、实验室土壤养分测定、搜集和查阅当地相关肥料田间试验结果资料，用养分平衡法计算作物施肥配方，制作一套适合当地作物的配方推荐施肥卡。

[知识准备]

1 测土配方施肥的目标和基本原则

测土配方施肥是以肥料田间试验和土壤测试为基础，根据作物需肥规律、土壤供肥特性和肥料效应，在施用有机肥的基础上，提出氮、磷、钾及中微量元素等肥料的施用品种、适宜用量和比例、相应科学施用方法的一套综合施肥技术体系。测土配方施肥以增产、优质、高效、生态环保和培肥改土为目标。

测土配方施肥遵循以下基本原则：（1）有机无机肥料配合。（2）氮、磷、钾和中微量元素配合。（3）用地与养地相结合，投入与产出相平衡。

2 测土配方施肥的基本方法

2.1 土壤和植物测试推荐施肥方法

土壤和植物测试推荐施肥方法综合了目标产量法、养分丰缺指标法和作物营养诊断法的优点。对于大田作物，主要在综合考虑有机肥料的基础上，根据氮、磷、钾和中微量元素养分的不同特性，采取不同的养分优化调控和管理。具体包括以下三种方法。

（1）氮素实时监控施肥技术

根据目标产量确定以需氮量的 30% ~ 50% 作为基肥用量。当土壤全氮含量偏高时，以需氮量的 30% 以内作为基肥用量；当土壤全氮含量居中时，以需氮量的 40% 以内作为基肥用量；当土壤全氮含量偏低时，以需氮量的 50% 以内作为基肥用量。基肥比例可根据上述方法确定，经过“3414”田间试验进行校验，建立当地不同作物的施肥指标体系。

$$\text{基肥用量（kg/亩）}=\frac{\text{（目标产量需氮量}-\text{土壤无机氮含量）}\times\text{（30\%\textasciitilde 50\%）}}{\text{肥料中养分含量}\times\text{肥料当季利用率}}$$

式中，土壤无机氮含量 = 土壤无机氮测试值（mg/kg）×0.15× 土壤校正系数。

氮肥追肥用量的确定，推荐以作物关键生育期的营养状况诊断或土壤硝态氮的测试为依据，这是实现氮肥准确推荐的关键环节，也是提高氮肥利用率和减少损失的重要措施。测试内容包括土壤全氮含量、土壤硝态氮含量、小麦拔节期茎基部硝酸盐浓度、玉米最新展开叶叶脉中部硝酸盐浓度以及水稻采用叶色卡或叶绿素仪进行叶色诊断等方法。

（2）磷、钾养分恒量监控施肥技术

该方法以磷、钾元素不成为实现目标产量的限制因子为前提。根据土壤中的有效磷和速效钾含量水平，通过土壤测试或养分平衡监控，使土壤中的有效磷和速效钾含量保持在一定水平内。通常情况下，大田作物的磷肥和钾肥做基肥应一次施入。

磷肥的施用以土壤中的有效磷测试结果和养分丰缺指标进行分级。当有效磷水平处于中等偏上时，以目标产量需要量的 100% ~ 110% 作为当季磷用量；高于中等水平时，需减少磷肥施用，甚至不施；低于中等水平时，需要适当增加磷肥施用量；在极缺磷的土壤上，可以施用需要量的 150% ~ 200%。

钾肥的施用需考虑施用钾肥的有效性，并参照磷肥的施用方法确定钾肥施用量。但注意施钾肥时，还需要考虑有机肥料或秸秆还田带入土壤中的钾含量。

（3）中微量元素养分矫正施肥技术

土壤中微量元素的含量主要受母质和该地区的地理条件等因素的影响，中微量元素的含量变幅较大，作物对其需要量也各不相同，因此，施肥时，应通过土壤测试评价中微量元素养分的丰缺状况，进行有针对性的因缺补缺的矫正施肥。

2.2 养分平衡法

2.2.1 计算方法

根据作物目标产量需肥量与土壤供肥量之差估算目标产量的施肥量。计算公式如下：

施肥量 =（目标产量所需养分量 – 土壤供肥量）/ 肥料中养分含量 × 肥料当季利用率

因土壤供肥量确定目标产量的方法不同，施肥量的计算方法还可以分为地力差减法和土壤有效养分校正系数法。

地力差减法计算公式如下：

$$施肥量=\frac{（目标产量-基础产量）\times 单位经济产量养分吸收量}{肥料中养分含量\times 肥料当季利用率}$$

土壤有效养分校正系数法计算公式如下：

$$施肥量=\frac{目标产量\times 单位产量养分吸收量-土壤养分测定值\times 2.25\times 校正系数}{肥料中养分含量\times 肥料当季利用率}$$

2.2.2 有效参数的确定

（1）目标产量：采用平均单产法确定，且利用施肥区前 3 年平均单产和年递增率为基础确定目标产量。

其计算公式为：

目标产量（kg/ 亩）=（1+ 年递增率）× 前 3 年平均单产（kg/ 亩）

一般粮食作物年递增率为 10% ~ 15%，露地蔬菜一般为 20% 左右，设施蔬菜为 30% 左右。

（2）作物需肥量

作物目标产量所需养分量（kg/ 亩）= 目标产量（kg/ 亩）/100 × 100kg 经济产量所需养分

不同作物形成 100kg 经济产量所需养分的大致数量参考表 7–1。

表 7–1　不同作物形成 100kg 经济产量所需养分的大致数量

作物		收获物	从土壤中吸取氮、磷、钾的数量（kg）*		
			N	P_2O_5	K_2O
大田作物	水稻	稻谷	2.12	1.25	3.13
	玉米	籽粒	2.57	0.86	2.14
	甘薯	块根 **	0.35	0.18	0.55
	马铃薯	块茎	0.50	0.20	1.06
	大豆 ***	豆粒	7.20	1.80	4.00
	花生	荚果	6.80	1.30	3.80
	棉花	籽棉	5.00	1.80	4.00
	油菜	菜籽	5.80	2.50	4.30
蔬菜作物	黄瓜	果实	0.40	0.35	0.55
	茄子	果实	0.81	0.23	0.68
	番茄	果实	0.45	0.50	0.50
	胡萝卜	块根	0.31	0.10	0.50
	萝卜	块根	0.60	0.31	0.50
	洋葱	葱头	0.27	0.12	0.23
	芹菜	全株	0.16	0.08	0.42
	菠菜	全株	0.36	0.18	0.52
	大葱	全株	0.30	0.12	0.40
果树	柑橘（温州蜜柑）	果实	0.60	0.11	0.40
	梨（二十世纪）	果实	0.47	0.23	0.48
	葡萄（玫瑰露）	果实	0.60	0.30	0.72
	桃（白凤）	果实	0.48	0.20	0.76

注: * 包括相应的茎、叶等营养器官的养分数量; ** 块根、块茎、果实均为鲜重，籽粒为风干重; *** 大豆、花生等豆科作物主要借助根瘤菌固氮，从土壤中吸取的氮素仅占 1/3 左右。

（3）土壤供肥量：可通过基础产量估算法和土壤有效养分校正系数估算法两种方法确定。

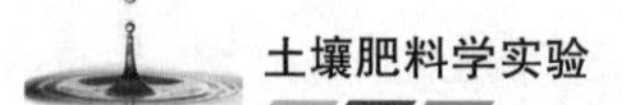

①基础产量估算法：

$$土壤供肥量（kg）=\frac{不施养分农作物产量（kg）}{100}\times 百千克产量所需养分量$$

②土壤有效养分校正系数估算法：将土壤有效养分测定值乘以一个校正系数，表示土壤真实供肥量。这个校正系数称为土壤有效养分校正系数。

$$校正系数=\frac{空白产量（kg/亩）\times 100kg经济产量养分吸收量}{100\times 土壤养分测定值（mg/kg）\times 0.15}$$

（4）肥料利用率：可通过田间试验，用差减法计算。

$$肥料利用率=\frac{施肥区作物吸收养分量-缺素区作物吸收养分量}{肥料施用量\times 肥料中养分含量}\times 100\%$$

化学肥料中氮肥、磷肥和钾肥的当季利用率分别为30% ~ 50%，15% ~ 25%和40% ~ 60%。一般有机肥料中养分的利用率为氮15% ~ 30%，磷30% ~ 40%，钾50% ~ 60%。

（5）肥料中有效养分含量：供施用的肥料包括有机肥料和化学肥料。商品有机肥料和化学肥料中的有效养分含量可根据其标明量代入施肥量的计算公式。不明养分含量的有机肥料其养分含量可参照当地不同类型有机肥养分平均含量获得。

例题：某一块玉米地，土壤养分测定值：速效氮为64mg/kg，速效磷（P_2O_5）为12mg/kg，速效钾（K_2O）为96mg/kg，土壤供肥系数N 64%、P 58%、K 48%。有机肥施用量每亩3000kg，三年平均单产为652.8kg/亩，递增率为15%。已知氮、磷、钾化肥中养分含量分别为：N 46%、P_2O_5 18%、K_2O 50%。化肥中N、P、K利用率按45%、20%、50%计算。有机肥料中养分含量分别为：N 45g/kg、P_2O_5 2.0g/kg、K_2O 5.0g/kg。有机肥料当季养分利用率分别为N 30%、P_2O_5 40%、K_2O 50%。试确定肥料配方。

解：① 确定目标产量：

目标产量=（1+年递增率）× 前3年平均单产=（1+15%）×652.8 ≈ 750（kg/亩）

② 确定单位产量养分吸收量（查表 7-1）

每生产 100kg 玉米需吸收 N、P_2O_5、K_2O 分别为 2.57、0.86、2.14kg。

③ 求出目标产量所需养分总量：

N=750×2.57/100=19.28（kg/ 亩）

P_2O_5=750×0.86/100=6.45（kg/ 亩）

K_2O=750×2.14/100=16.05（kg/ 亩）

④ 求出土壤供肥能力：土壤供肥能力 = 测定值 ×0.15× 校正系数

N=64×0.15×64%=6.14（kg/ 亩）

P_2O_5=12×0.15×58%=1.04（kg/ 亩）

K_2O=96×0.15×48%=6.91（kg/ 亩）

⑤ 求出 3000kg 有机肥养分供应能力：

N=3000×0.45%×30%=4.05（kg/ 亩）

P_2O_5=3000×0.20%×40%=2.40（kg/ 亩）

K_2O=3000×0.50%×50%=7.50（kg/ 亩）

⑥ 求施肥量：

氮肥 =[19.28-（6.14+4.05）]/（45%×46%）=43.9（kg/ 亩）

磷肥 =[6.45-（1.04+2.40）]/（20%×18%）=83.6（kg/ 亩）

钾肥 =[16.05-（6.91+7.50）]/（50%×50%）=6.56（kg/ 亩）

2.3 肥料效应田间试验（3414 试验）

农业农村部下发的《测土配方施肥技术规范》中推荐采用“3414”肥料试验方案设计，在具体实施过程中可根据研究目的的不同选择“3414”完全实施方案和部分实施方案。两种实施方法如下。

（1）“3414”完全实施方案

“3414”是指氮、磷、钾 3 个因素、4 个水平、14 个处理。4 个水平的含义：0 水平指不施肥，2 水平指当地推荐施肥量，1 水平 =2 水平 ×0.5，3 水平 =2 水平 ×1.5（该水平为过量施肥水平），见表 7-2。该方案除可应用 14 个处理外，还可分别进行氮、磷、钾中任意二元或一元效应方程的拟合。

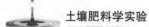

例如：进行以 P_2K_2 水平为基础的氮肥效应方程时，可选用 2、3、6、11。

表 7-2 “3414”完全实施方案

编号	代码	N	P	K
1	$N_0P_0K_0$	0	0	0
2	$N_0P_2K_2$	0	2	2
3	$N_1P_2K_2$	1	2	2
4	$N_2P_0K_2$	2	0	2
5	$N_2P_1K_2$	2	1	2
6	$N_2P_2K_2$	2	2	2
7	$N_2P_3K_2$	2	3	2
8	$N_2P_2K_0$	2	2	0
9	$N_2P_2K_1$	2	2	1
10	$N_2P_2K_3$	2	2	3
11	$N_3P_2K_2$	3	2	2
12	$N_1P_1K_2$	1	1	2
13	$N_1P_2K_1$	1	2	1
14	$N_2P_1K_1$	2	1	1

注：引自农业农村部《测土配方施肥技术规范》。

（2）“3414”部分实施方案

因其他元素无法实施“3414”完全实施方案，或试验只考虑氮、磷、钾一个或两个养分的效应，可在“3414”方案中选择相关处理，即“3414”的部分实施方案。例如，某试验考虑氮磷效果时，可在 K 选取 2 水平的情况下进行氮、磷二元肥料效应试验。具体处理见表 7-3。编号与完全实施方案一致。

表 7-3　“3414”部分实施方案 -N，P

编号	代码	N	P	K
1	$N_0P_0K_0$	0	0	0
2	$N_0P_2K_2$	0	2	2
3	$N_1P_2K_2$	1	2	2
4	$N_2P_0K_2$	2	0	2
5	$N_2P_1K_2$	2	1	2
6	$N_2P_2K_2$	2	2	2
7	$N_2P_3K_2$	2	3	2
11	$N_3P_2K_2$	3	2	2
12	$N_1P_1K_2$	1	1	2

3 测土配方施肥的技术环节

正确认识测土配方施肥技术环节对推进该技术具有积极的作用。具体的技术环节包括：土壤测试、配方设计、肥料配置、供应和施肥指导这五个核心环节，以及野外调查、田间试验、土壤测试、配方设计、校正试验、配方加工、示范推广、效果评价等重点内容。

4 测土配方施肥的主要过程

测土配方施肥在实际生产中主要包括以下三个过程。

（1）土壤测试

土壤测试应在播种栽培之前进行。土壤测试项目主要包括：土壤含水量、pH、有机质、碱解氮、有效磷、速效钾和中微量元素中的有效养分含量。

（2）配方

根据土壤测试得到的土壤养分状况、种植植物的目标产量和作物需肥规律，计算出所需肥料的种类、用量、施用时期、施用方法等。可通过测土配方施肥专家系统和咨询土壤肥料专家来制定配方，形成配方施肥卡，供用户参考施肥。

（3）施肥

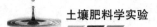

按照配方施肥卡，根据各种化学肥料和有机肥料施用技术进行施用。

[任务实施]

1 任务实施准备

1.1 明确项目任务

明确测土配方施肥的基本理论和技术要点，熟练掌握肥料定量的基本方法，运用“3414”试验开展田间试验，并编制推荐施肥卡。

1.2 组织和知识准备

以小组为单位，由教师引导，进行小组讨论，由教师释疑解惑，明确施肥的基本理论和“3414”试验的基本方法，做好“3414”试验所需知识的储备。

2 “3414”试验方案实施

2.1 试验地选择

试验地应选择地势平坦、均匀、整齐且具有代表性的不同肥力水平的地块。注意避开道路、堆肥场地等特殊地块。坡地应选择坡度平缓、土壤肥力差异不明显的地块。

2.2 试验作物品种选择

一般选择当地主栽作物品种。

2.3 试验准备

对多个采样点进行土样采集后，进行整地、设置保护行、试验地区划。

2.4 规划试验小区排列

采用随机区组排列方式，并在试验地上规划出各处理位置。

2.5 试验记录与土壤测试

具体记录和测试如下表 7–4 所示。

表 7–4　试验记录与土壤测试

<table>
<tr><td colspan="8">试验地所在位置：</td></tr>
<tr><td>GPS 定位</td><td colspan="2">东经</td><td colspan="2"></td><td>北纬</td><td colspan="2"></td></tr>
<tr><td>土壤类型</td><td colspan="2"></td><td colspan="2">土壤质地</td><td></td><td>pH</td><td></td></tr>
<tr><td rowspan="2">土壤养分含量</td><td colspan="2">有机质 g/kg</td><td colspan="2">碱解氮 /（mg/kg）</td><td>有效磷 /（mg/kg）</td><td>速效钾 /（mg/kg）</td><td>中、微量元素含量 /（mg/kg）</td></tr>
<tr><td colspan="2"></td><td colspan="2"></td><td></td><td></td><td></td></tr>
<tr><td>种植作物种类</td><td></td><td>品种</td><td></td><td>株距</td><td></td><td>行距</td><td></td></tr>
<tr><td>播种时间</td><td></td><td>移栽时间</td><td></td><td>收获时期</td><td></td><td>收获次数</td><td></td></tr>
<tr><td>灌溉方式</td><td colspan="3">□沟灌□畦灌□漫灌□滴灌□其他</td><td>施肥方式</td><td colspan="3">□沟施□穴施□撒施□冲施□滴灌施肥□其他</td></tr>
<tr><td>设施类型</td><td colspan="3">□露地□保护地（大棚 / 日光温室 / 小拱棚 / 其他）</td><td>土壤障碍因素</td><td colspan="3">□易旱□易涝□盐害□碱害□其他</td></tr>
<tr><td>种植密度 /（株 / 666.7 m²）</td><td colspan="2"></td><td colspan="2">目标经济产量 /（kg/666.7 m²）</td><td colspan="3"></td></tr>
</table>

2.6 试验统计分析

可参考常规试验和回归试验统计分析方法。

2.7 肥料配方定量

肥料配方定量可以按照下述步骤定肥：

①确定种植作物及其目标产量，有机肥料种类和氮、磷、钾等化学肥料品种。

②确定所需参数，包括单位经济产量所需养分量、土壤养分测定值、土壤养分校正系数、肥料中养分含量、肥料利用率等。

③计算所需各种肥料的用量。在养分需求与供应平衡的基础上，要坚持以有机肥为基础，大量元素和中微量元素相结合，合理选择肥料种类，确定肥料用量和肥料配方。

2.8 编制配方施肥卡

配方施肥卡是复杂的测土配方施肥技术在实际应用中的物化产品，是复杂定肥和定产过程所确定的施肥制度的简化和直观呈现，使施肥者能一目了然，看了就能做。虽然卡片格式各有不同，但包含的基本内容大同小异，具体可参考表 7–5。

表 7–5　测土配方施肥卡

地点：______县______乡（镇）_______村　编号：____________

农户姓名：____地块面积：____亩地块位置：___距村距离：_____

	测试项目	测试值	丰缺指标	养分水平评价
土壤测试数据	PH			
	有机质（g/ kg）			
	碱解氮（mg/ kg）			
	有效磷（mg/ kg）			
	速效钾（mg/ kg）			
	有效锰（mg/ kg）			
	有效铜（mg/ kg）			
	有效锌（mg/ kg）			
	有效硼（mg/ kg）			
作物		目标产量（公斤 / 亩）		

续表

		肥料名称	用量（公斤 / 亩）	施肥时间	施肥方式
推荐方案一	基肥				
	第一次追肥				
	第二次追肥				
推荐方案二	基肥				
	第一次追肥				
	第二次追肥				

[复习思考]

1. 通过“3414”方案试验可以得出哪些信息?

2. 测土配方施肥主要的参数是哪些？如何确定各个参数?

参考文献

[1] 沈其荣. 土壤肥料学通论 [M]. 北京：高等教育出版社，2008.

[2] 李云平. 土壤改良与配方施肥（项目化教材）[M]. 北京：中国农业大学出版社，2015.

[3] 鲍士旦. 土壤农化分析 [M]. 北京：中国农业出版社，2000.

[4] 吴礼树. 土壤肥料学 [M]. 第 2 版. 北京：中国农业出版社，2011.

[5] 姜佰文，戴建军. 土壤肥料学实验 [M]. 北京：北京大学出版社，2013.

[6] 张福锁. 测土配方施肥技术要览 [M]. 北京：中国农业大学出版社，2006.

[7] 朱祖祥. 土壤学（上、下册）[M]. 北京：农业出版社，1982.

[8] 王小菁. 植物生理学 [M]. 第 8 版. 北京：高等教育出版社，2019.

[9] 钟莉传. 试析高职《土壤肥料》项目课程构建 [J]. 职业教育研究，2013（10）：26–28.